计算机系统实践教程

基于LoongArch指令系统

袁春风　鲍培明 ◎ 编著

清华大学出版社
北京

内 容 简 介

本书作为《计算机系统基础：基于 LoongArch 指令系统》（主教材）配套的编程调试与分析实践教材，设计了基础级验证性实验、模块级分析性实验和综合知识运用实验。基础级验证性实验包括实验系统的安装和工具软件的使用、程序调试初步和指令系统基础、程序转换与指令系统、程序的机器级表示、程序的链接与加载执行实验；模块级分析性实验包括二进制程序分析与逆向工程、程序链接与 ELF 目标文件实验；综合知识运用实验包括程序执行时间分析、C 语言程序中整数除法运算的异常处理、标准 I/O 库函数的系统调用分析实验。

本书为主教材提供了系统性的编程调试实践项目，适合作为高等学校计算机类专业"计算机系统导论"课程的教学辅助教材，也可供计算机技术人员参考使用。

图书在版编目（CIP）数据

计算机系统实践教程：基于 LoongArch 指令系统/袁春风，鲍培明编著. -- 北京：清华大学出版社，2025.9. -- ISBN 978-7-302-69841-8

Ⅰ．TP303

中国国家版本馆 CIP 数据核字第 2025Q6D670 号

责任编辑：张瑞庆
封面设计：何凤霞
责任校对：刘惠林
责任印制：宋 林

出版发行：清华大学出版社
  网 址：https://www.tup.com.cn，https://www.wqxuetang.com
  地 址：北京清华大学学研大厦 A 座   邮 编：100084
  社 总 机：010-83470000   邮 购：010-62786544
  投稿与读者服务：010-62776969，c-service@tup.tsinghua.edu.cn
  质量反馈：010-62772015，zhiliang@tup.tsinghua.edu.cn
  课件下载：https://www.tup.com.cn，010-83470236
印 装 者：三河市铭诚印务有限公司
经 销：全国新华书店
开 本：185mm×260mm   印 张：15.25   字 数：370 千字
版 次：2025 年 9 月第 1 版   印 次：2025 年 9 月第 1 次印刷
定 价：53.90 元

产品编号：112819-01

推 荐 序

这套教材涉及两个关键词：一是计算机系统能力，二是自主核心技术。它们在现在和将来一段时间里都是我国计算机教育改革的重要内容。

一方面，在教育部高等学校计算机类专业教学指导委员会的指导和推动下，计算机系统能力培养已经成为国内高校计算机类专业最具影响力的教育教学改革热点之一。目前已经在国内上百所高校范围内进行了实践，取得了显著的人才培养成效。人们正在探讨如何进一步深化改革，以更好地满足产业界不断增长的系统能力人才需求。

另一方面，近年来我国在计算机核心技术方面取得了长足的进展，不少基于自主核心技术的产品开始具备和国际产品同台竞争的能力。在美国等西方国家不断加大卡脖子力度的背景下，基于自主核心技术的产品开始成为市场主流选择。随着市场份额的扩大，自主核心技术相关的人才需求出现了明显的缺口，这已成为我国教育界急需解决的一个问题。

这套教材将系统能力培养与国产自主核心技术相结合，对教学改革和产业发展都有着良好的推动作用。从教学角度，基于自主技术进行系统能力培养，不仅更容易获得一手资料和专家资源支持，还可以通过校企合作、实习交流等方式让抽象的理论和具体的实践更好地融会贯通。从自主技术开发企业角度，自主技术进入计算机系统教学环节，不仅更便于吸引优质人才，还能为其产业生态的长期发展奠定扎实的根基。

这套教材覆盖了从计算机系统基础到汇编、组成原理、操作系统和编译技术等系统能力培养的核心专业课程。作者们都是长期从事系统能力培养的知名高校教学专家，教材也很好地体现了他们丰富的经验，具有以下鲜明的特点。

一是自主指令系统贯通全系列。本系列所有教材都基于我国自主研发的 LoongArch 指令系统编写，不同课程之间容易实现前后贯通，能避免出现汇编讲 x86 而组成原理用 MIPS 之类的尴尬局面。LoongArch 问世虽然仅有短短 3 年时间，但它已经建成完整的产业生态，形成了规模产业。LoongArch 采用开放策略建设其生态，已经获得国际开源软件社区的普遍支持，成为与 x86、Arm 等并列的顶层软件生态之一。采用 LoongArch 进行教学，可以把思政教育自然融入教学之中，有助于提升学生的自主创新信心，培养其家国情怀。

二是强调系统思维。系统思维是高校计算机专业学生相对其他专业学生的重要优势。作为一套面向高校计算机专业课程的教材，它很好地体现了系统思维。例如，计算机系统基础教材包括可执行文件的加载和运行、程序执行过程中的存储访问以及硬件与操作系统之间的协同机制三部分，有助于学生构建从底层微结构到编译工具链、操作系统和应用软件等计算机系统各抽象层之间的系统级关联知识体系。汇编教材包括基础知识、汇编语言、LoongArch 和计算机系统三部分，把汇编语言定位为理解整个计算机系统的有效起点和高效途径，培养学生站在系统的高度考虑和解决问题。组成原理教材的核心目标是开发一个具有数十条指令的功能型 CPU，编译、操作系统等教材也通过分步实验构建完整系统。这些实验设计，一方面通过问题牵引，培养学生发现问题、定义问题、提出方法并评估优劣的研究思维能力；另一方面通过自顶向下、螺旋迭代等迭代完善系统的功能和性能，逐渐培养学生系统软件工程化开发意识，帮助他们建立起功能、复杂性与系统性能之间不断取舍的全局"系统观"。

三是内容编排充分照顾不同层次的教学需求。考虑到不同专业培养目标定位、师资队伍、学生基础等差异，建立了层层递进的理论与实验体系，从而有助于不同等级高校教学实施。例如，本系列中两本操作系统教材都进行了基础篇和提升篇等分层设计，它们又分别从内核构建和系统编程两个角度着手，能够满足不同层次、不同目标的教学需求。其他教材也都有明确的分层设计。

综上所述，我相信本系列教材将是一套特色鲜明、推广潜力大、学生培养成效好的高质量计算机系统能力教材，愿意推荐给广大教育界同仁采用。同时，也希望作者们不断吸取在教学实践过程中的反馈，持续改进，为打造精品教材不懈努力。

郑纬民

中国工程院院士
清华大学计算机科学与技术系教授、博士生导师

前　言

随着计算机信息技术的飞速发展,从早期多人一机的主机-终端模式发展为 PC 时代的一人一机模式,又发展为如今的人-机-物互联的智能化大数据并行计算模式。现在各行各业都离不开计算机信息技术,计算机信息产业对我国现代化战略目标的实现发挥着极其重要的支撑作用。这对计算机类专业人才培养提出了更高的要求,传统的计算机专业教学课程体系和教学内容已经远远不能反映现代社会对计算机类专业人才的培养要求,原先计算机类专业人才培养强调程序设计也变为更强调系统设计。这需要我们重新规划教学课程体系,调整教学理念和教学内容,加强学生系统能力培养,使学生能够深刻理解计算机系统的整体概念,更好地掌握软、硬件协同设计和程序设计技术,从而更多地培养满足业界需求的各类计算机类专业人才。不管培养计算机系统哪个层面的技术人才,计算机类专业教育都要重视学生"系统观"的培养。

2025 年由清华大学出版社出版的《计算机系统基础:基于 LoongArch 指令系统》(ISBN 978-7-302-68603-3,主教材)重点介绍了计算机系统相关的基础性知识,该教材以高级语言程序的开发和加载执行为主线,将高级语言源程序向可执行目标文件转换过程中涉及的基本概念关联起来,使读者建立起完整的计算机系统层次结构框架,初步构建计算机系统中每个抽象层及其相互转换关系,建立高级语言程序、指令集系统结构(ISA)、编译器、汇编器、链接器等系统核心层之间的相互关联,对指令在硬件上的执行过程有一定的认识和了解,从而增强读者在编程调试方面的能力,并为后续"计算机组成原理""操作系统""编译原理"等课程的学习打下坚实的基础。

主教材的内容涵盖面广、细节内容较多、篇幅较大,给教师的教学和学生的学习增加了难度。为了更好地帮助主讲教师用好主教材,也为了学生能更好地理解课程中的核心概念,特别是让学生通过"学中做、做中学"的方式更好地掌握所学的理论知识,提高和增强编程调试和分析能力,我们编写了这本实践类辅助教材,对主教材中的核心内容都设计了配套的实践项目,其主要设计思路和实践内容说明如下。

第 1 章　实验系统的安装和工具软件的使用

本章包含实验系统的安装和配置,以及常用命令和工具软件的使用两个实验。实践内容包括从网络下载虚拟机软件并安装虚拟机、下载和安装 Linux 操作系统、在 Linux 系统中配置程序开发和调试环境等操作,以完成实验系统的构建,为后续实验准备好调试执行环境,学生在实验系统构建过程中体会和理解计算机系统层次结构的基本概念。

第 2 章　程序调试初步和指令系统基础

本章包含程序调试初步和在 C 语言程序中嵌入 LoongArch 汇编指令两个实验。通过所设计的实践项目,学生能基于 LoongArch+Linux 平台,在机器级代码层执行单步调试操作,通过对照 C 语句和对应机器级代码逐步熟悉 LoongArch 指令系统中的基础内容,如汇编指令格式、通用寄存器结构、指令基本寻址方式等,为后续实验的开展奠定良好的基础。

第 3 章　程序转换与指令系统

本章包含整型常量的赋值语句、浮点型常量和字符串的存储和访问、数据的宽度与存放顺序、整数加减运算、使用 ftrapv 编译选项进行溢出检测、整数乘运算、基础浮点指令和浮点数运算 7 个实验。其中,基础浮点指令和浮点数运算为可选实验。通过基于 LoongArch+Linux 平台以及 GCC 编译驱动程序和 gdb 调试工具等对 C 语言程序中数据的机器级表示及运算方面的内容进行实验,学生能更好地理解数据的真值和机器数之间的对应关系,理解 C 语言程序中的运算、机器级代码中的运算指令、基本运算电路三者之间的关系,掌握数据在计算机内部的存储、运算和传送机制,从而掌握计算机系统中整数运算和浮点数运算的实现方法,进一步熟悉 LoongArch 架构中的常用指令,并更好地掌握指令的基本寻址方式。

第 4 章　程序的机器级表示

本章安排了 5 个实验,其中实验 5 为选做实验。前 4 个实验主要基于 LoongArch+Linux 平台以及 GCC 编译驱动程序和 gdb 调试工具等,对 C 语言源程序中的函数调用语句、循环结构和选择结构等各类流程控制语句,以及各种复杂数据类型的分配和访问等的机器级代码表示和实现进行实验,以帮助学生理解 C 语言程序在计算机系统中的底层实现机制,从而深刻理解高级语言程序、语言处理工具和环境、操作系统、指令集系统结构之间的关联关系。实验 5 通过对 C 语言程序及其机器级代码中缓冲区溢出漏洞的调试分析,以及利用缓冲区溢出漏洞进行模拟攻击的过程分析,将数据的表示、数据的运算和程序的机器级表示等内容贯穿起来,进一步巩固学生对主教材相关内容的理解。

第 5 章　程序的链接与加载执行

本章设计了可重定位目标文件格式、可执行目标文件格式、LoongArch 代码的重定位 3 个实验。基于 LoongArch+Linux 平台以及 GCC 编译驱动程序、gdb 调试和 objdump、readelf 等工具软件,通过对可重定位目标文件和可执行目标文件中的相关内容进行显示和分析,学生能够充分理解 ELF 文件的格式、可重定位和可执行两种不同视图目标文件的异同,并深刻理解可执行文件及其存储器映像、LoongArch 架构中的重定位方法和动态链接实现思想。

第 6 章　二进制程序分析与逆向工程

本章包含了 8 个实验,通过对二进制程序的构成与运行逻辑的分析,旨在将理论课程中关于程序的机器级表示的教学内容各部分贯穿起来,加深对其中各重要知识点的理解,并进一步巩固和掌握反汇编、跟踪/调试等常用编程技能。

第 7 章　程序链接与 ELF 目标文件

本章包含 ELF 文件中的数据节、ELF 文件中的代码节、符号与符号解析 3 个实验。通过对一组可重定位目标文件中相关内容的分析和修改,将其链接成为可正确运行的程序,从而加深学生对理论课程中关于 ELF 目标文件的基本结构和组成、程序链接过程(如符号解析与重定位)等基础知识和基本概念的理解,并掌握用于链接和目标文件解析等常用工具软件的使用。

第 8 章　程序执行时间分析

本章设计了一个由于递归过程调用而发生栈溢出的程序执行时间分析综合性实验,该实验涉及对于带符号整数的表示、递归过程调用的执行过程、栈帧结构和栈溢出、计算机系统性能、虚拟地址空间划分、流水线 CPU、C 语言语句对应的机器级表示等相关知识点和概念的综合理解以及综合运用与分析。

第 9 章　C 语言程序中整数除法运算的异常处理

本章通过对同一个 C 语言程序分别选用不同的编译选项进行编译转换,设计了两个整数除法运算异常的相关实验。实验 1 通过对整数除法运算中存在的结果溢出和除数为 0 等异常问题进行分析,强化学生对于带符号整数的表示、整数除法指令、break 指令、Linux 中的信号机制、LoongArch+Linux 系统中的异常处理等相关知识的综合理解和综合运用能力;实验 2 通过设置相应的编译选项,使编译器对整数除法运算是否存在异常进行专门的检测和处理,学生能够了解 C/C++ 标准中未定义行为及其编译处理方法。

第 10 章　标准 I/O 库函数的系统调用分析

本章设计了一个实验,通过跟踪 printf( ) 函数执行过程中在用户态被调用执行的相关函数,以及实现系统调用的陷阱指令 SYSCALL 的执行过程,观察系统调用时入口参数、系统调用号和系统调用的返回值等信息及其所存放的位置,学生能够深刻理解 LoongArch+Linux 系统平台中 C 语言标准 I/O 库函数的底层实现原理、系统调用执行机制和 I/O 子系统的层次化结构。

本书设计的实验中,第 1～5 章的实验内容属于基础级验证性实验,第 6、7 章的实验内容属于模块级分析性实验,第 8～10 章的实验内容属于综合知识运用实验。配套实验代码可通过清华大学出版社网站或配套数字资源介质获取。

本书的编写得到了南京大学"计算机系统基础"课程组教师和各届学生的大力支持,同时国内许多使用《计算机系统基础》和《计算机系统导论》等教材进行教学的老师也都提供了积极的反馈和宝贵的意见,在此表示衷心的感谢!

特别感谢清华大学出版社为本书的编写和出版工作提供了极大的支持,特别感谢本书的责任编辑,她极其专业和非常细致的审校和编辑工作,为本书的出版质量提供了可靠的保证。

由于计算机系统相关的基础理论和技术在不断发展,新的思想、概念、技术和方法不断涌现,加之作者水平有限,在编写中难免存在不当或疏漏之处,恳请同行专家和广大读者对本书的不足之处给予指正,以便在后续的版本中予以改进。

作　者
2025 年 5 月于南京

目 录

CONTENTS

第一部分
基础级验证性实验

第 1 章

实验系统的安装和工具软件的使用

本章安排两个实验,包括实验系统的安装和配置以及 Linux 常用命令和工具软件的使用。通过从网络下载虚拟机软件并安装虚拟机、下载并安装 Linux 操作系统、在 Linux 系统中配置程序开发和调试环境等操作过程构建实验系统,为后续的实验准备好调试执行环境,并在实验系统构建过程中体会和理解计算机系统层次结构的概念。

实验 1　实验系统的安装和配置

一、实验目的

1. 了解虚拟机软件的下载和安装过程。
2. 学会在虚拟机中安装和配置 Linux 系统。
3. 学会在 Linux 系统中配置程序开发和调试环境。

二、实验要求

1. 在自己的机器中创建和配置实验所用的虚拟机(如 VirtualBox 或 VMware)。
2. 在创建的虚拟机上安装和配置实验所用的 Linux 系统(如 Ubuntu)。
3. 在 Linux 系统中配置实验所需的程序开发和调试环境。

三、实验准备

准备一台台式计算机或笔记本电脑,可以是支持虚拟机软件的任何系统平台,如 x86-64＋Windows、macOS 等。

虚拟机软件可以在计算机系统平台和终端用户之间建立一种环境,终端用户基于虚拟机软件所建立的环境来操作计算机。本书设计的实验可以基于 x86-64＋Linux 平台开展,安装虚拟机软件后,可在 x86-64＋Windows 或 macOS 等不同系统平台计算机上安装 Linux 操作系统。安装虚拟机软件的物理计算机称为主机(host),主机上的操作系统称为主机操作系统(host OS),如 Windows 操作系统,运行在虚拟机软件上的操作系统称为客户机操作系统(guest OS),如 Linux 操作系统。

四、实验步骤

实验系统的安装和配置主要包括 3 个任务：①下载虚拟机软件并安装虚拟机；②下载并安装 Linux 操作系统；③在 Linux 系统中配置程序开发和调试环境。

常见的虚拟机软件有 VirtualBox 和 VMware 等，在虚拟机上可以安装 Ubuntu 或 Debian 等 Linux 操作系统，以下对实验的描述主要基于 VirtualBox 虚拟机软件。当然也可以使用其他虚拟机软件作为实验环境，其安装和使用与本书给出的 VirtualBox 类似，具体内容可自行参阅相关软件的说明文档。

安装的 Linux 系统可以是 Ubuntu(64-bit)或 Debian(64-bit)等。本书介绍 Ubuntu(64-bit)版本的虚拟机安装。由于主机环境和所安装软件版本的不同，具体步骤可能与书中说明有部分差异。

步骤 1：下载虚拟机软件并安装 VirtualBox 虚拟机。

首先，打开 VirtualBox 官方网站链接 https://www.virtualbox.org/wiki/Downloads，出现如图 1.1 所示的网页。然后，根据实际所用的主机操作系统类型，在网页中选择单击相应的 VirtualBox 版本安装包，下载 VirtualBox 虚拟机软件并安装到主机。在下载并安装 VirtualBox platform packages 后，可以继续下载并安装 VirtualBox Extension Pack，以更好地与主机操作系统集成。

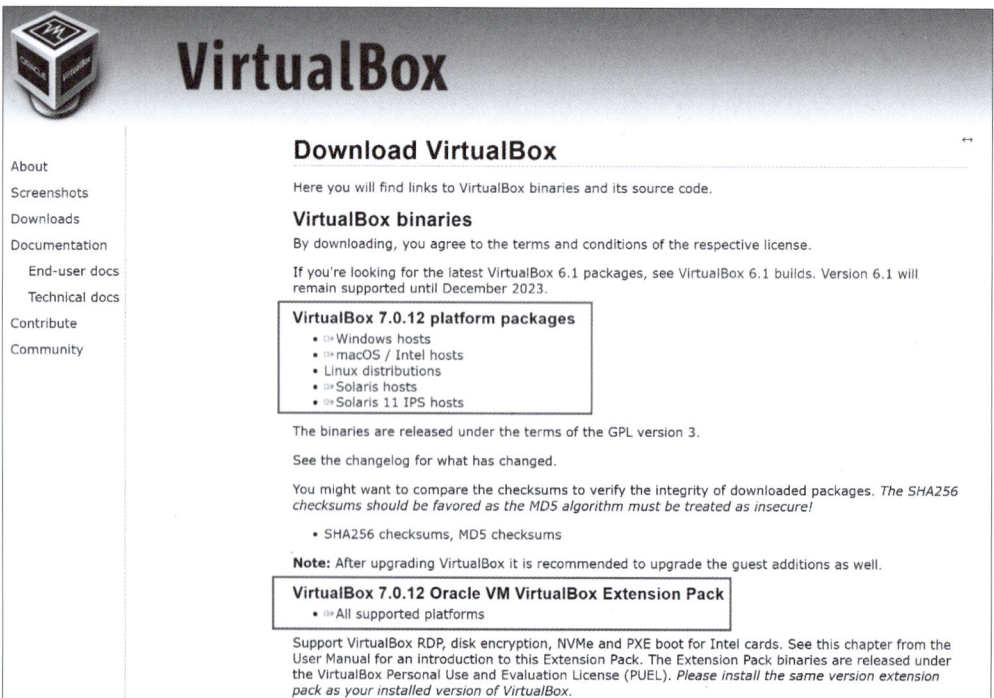

图 1.1　VirtualBox 官方网站网页

VirtualBox 下载完成后，双击安装包，安装过程中跳出任何警告和弹窗都选择"下一步"、"是"或"安装"选项，在其过程中可以设置 VirtualBox 安装的盘符和目录，最后完成安装。

步骤 2：下载并安装 Ubuntu(64-bit)操作系统。

（1）下载 Ubuntu(64-bit)Linux 安装的 ISO 文件。

从 Ubuntu 官方网站（网址为 https://cn.ubuntu.com/download）下载 Ubuntu 桌面版，下载的 Ubuntu 桌面版都是 64 位 Linux 安装的 ISO 文件。Ubuntu 桌面版本有很多，不一定需要安装最新版本，选择稳定版本即可。本实验安装的是 ubuntu-22.04.4-desktop-amd64.iso。

（2）在 VirtualBox 上安装 Ubuntu(64-bit)操作系统。

运行 VirtualBox 软件，出现如图 1.2 所示的 VirtualBox 管理器主界面，单击"新建"按钮（或选择"控制"-"新建"菜单项），出现如图 1.3 所示的"虚拟电脑名称与操作系统"对话框。

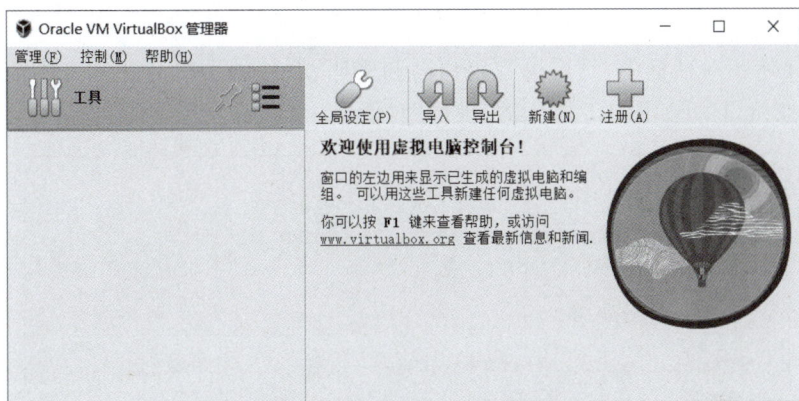

图 1.2　VirtualBox 管理器主界面

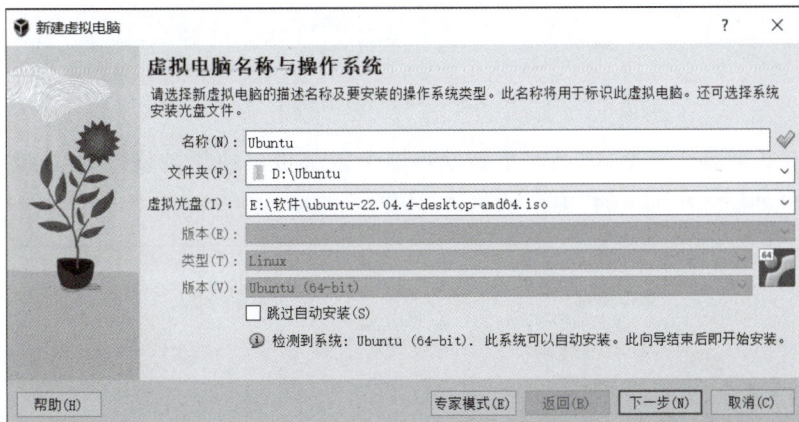

图 1.3　"虚拟电脑名称与操作系统"对话框

在图 1.3 所示对话框中，"名称"可填写为"Ubuntu"；"文件夹"设置为安装 Ubuntu 虚拟机的目录；单击"虚拟光盘(I)："右侧的下拉列表按钮，在下拉列表中选择"其他"，打开文件管理器对话框，选择 ubuntu-22.04.4-desktop-amd64.iso 文件。此时，版本(E)、类型(T)和版本(V)变为灰色，即不可设置状态。单击"下一步"按钮，打开如图 1.4 所示的"自动安装"对话框。

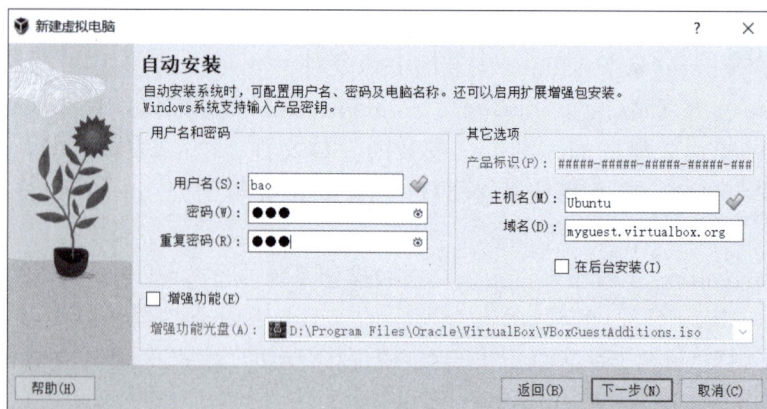

图 1.4 "自动安装"对话框

在图 1.4 所示对话框中，只需填写用户名和密码，右侧的主机名和域名不需要更改，单击"下一步"按钮，打开如图 1.5 所示的"硬件"对话框。

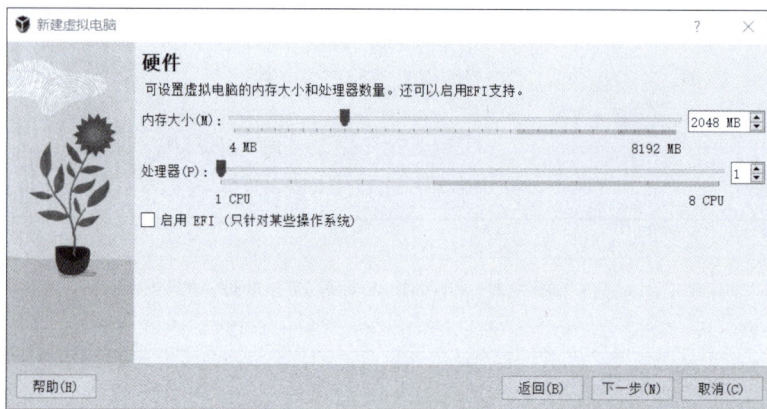

图 1.5 "硬件"对话框

在图 1.5 所示对话框中，内存大小和处理器个数都可以使用默认选项，直接单击"下一步"按钮，打开如图 1.6 所示的"虚拟硬盘"对话框。

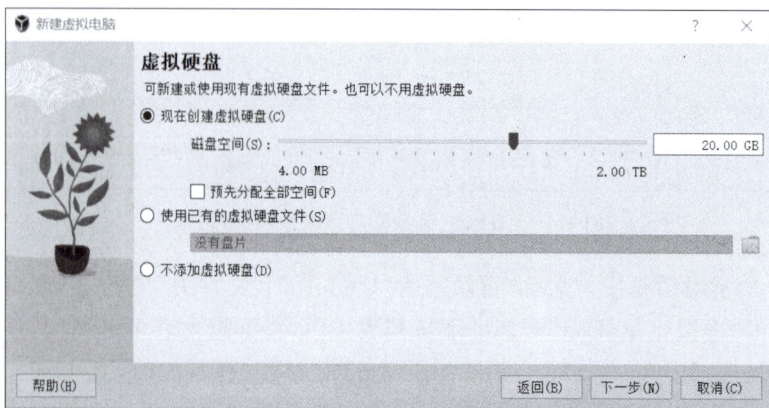

图 1.6 "虚拟硬盘"对话框

在图 1.6 所示对话框中,选择默认的"现在创建虚拟硬盘",20GB 即可满足实验需求,单击"下一步"按钮后,出现如图 1.7 所示的"摘要"对话框。

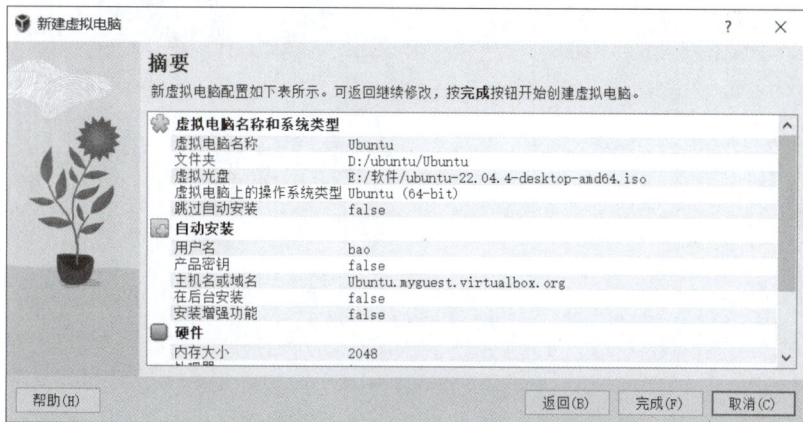

图 1.7 "摘要"对话框

在图 1.7 所示对话框中,单击"完成"按钮,开始 Ubuntu 的自动安装过程,安装界面显示安装进度,如图 1.8 所示。

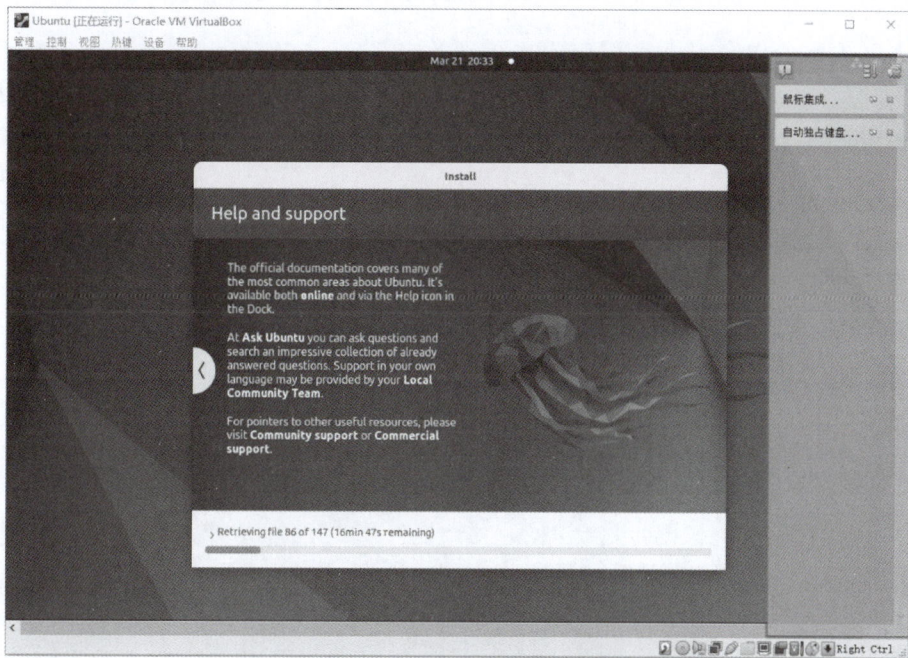

图 1.8 Ubuntu 的安装界面

安装结束前,会显示用户名并要求输入密码,输入密码后出现一些对话框,可通过单击右上角的"skip"、"next"或"done"按钮跳过,或使用默认选项设置,最后出现图 1.9 所示的界面,表示整个安装过程结束,并已启动 Ubuntu。

步骤 3:为 Ubuntu 虚拟机配置程序开发和调试环境。

(1) 解决 Terminal(终端)打不开的问题。

图 1.9　Ubuntu 系统启动后的主界面

对于新安装的 Ubuntu，从应用列表中单击 Terminal（终端），左上角任务栏会出现 Terminal，并且鼠标光标在转圈，但是过一会儿左上角的 Terminal 会消失。Ubuntu 中不能打开 Terminal 可能是系统语言设置的问题，Ubuntu 自动安装时设置的默认语言是 English，需将语言更改为 Chinese。操作步骤如下。

在图 1.9 的主界面中，单击左下角应用列表按钮▦，出现如图 1.10 所示的界面。

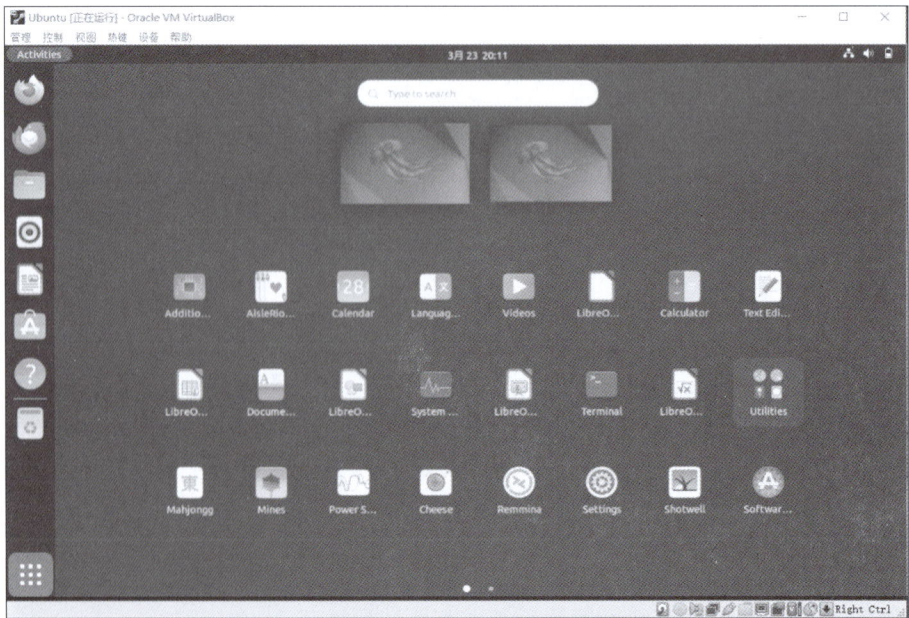

图 1.10　应用列表界面

在图 1.10 中,单击界面图标列表的"Settings"图标,出现如图 1.11 所示的界面。在其中左侧的 Settings 列表中滚动鼠标,选中"Region & Language"选项后,在图 1.11 所示界面右侧出现"Region & Language"选项界面。

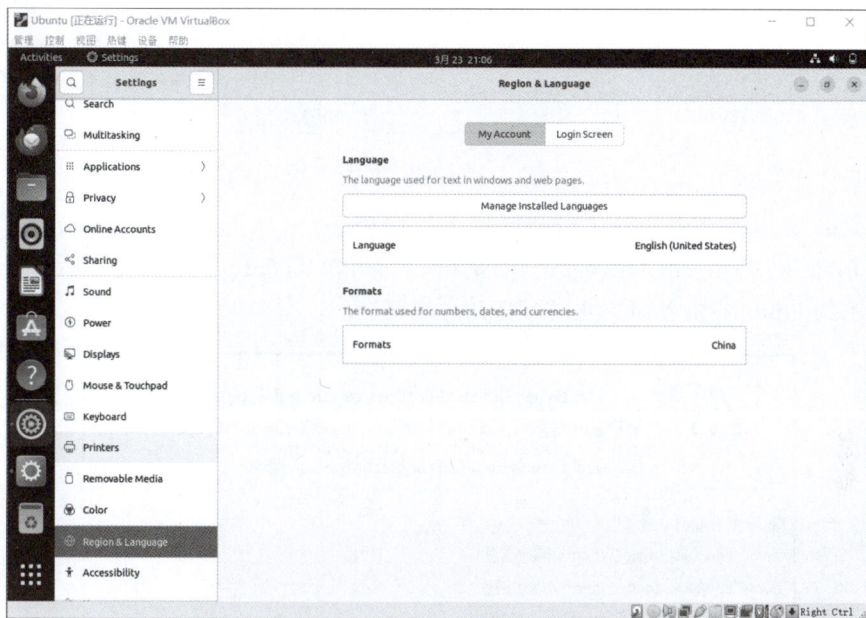

图 1.11　"Region & Language"选项界面

在图 1.11 所示的"Region & Language"选项界面中单击"Language"按钮,打开"Select Language"对话框,在其中选择"Chinese"选项,此时,"Region & Language"选项界面变成如图 1.12 所示的界面。

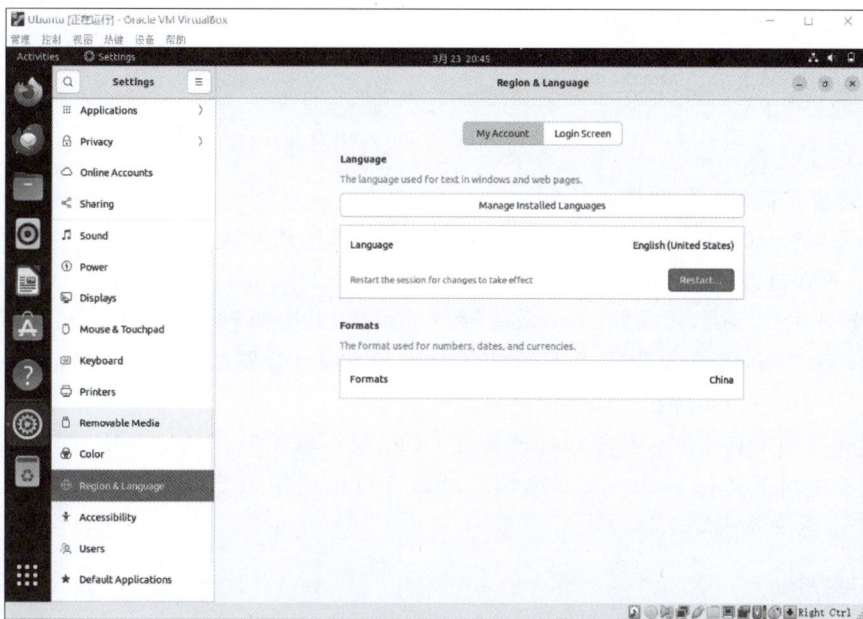

图 1.12　更改后的"Region & Language"选项界面

在图 1.12 中单击"Restart"按钮，弹出如图 1.13 所示的"Log Out bao"对话框，单击"Log Out"按钮或者等待 8 秒后自动执行 Log Out 操作。

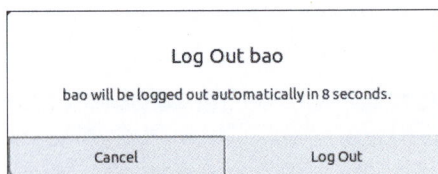

Log Out bao

bao will be logged out automatically in 8 seconds.

| Cancel | Log Out |

图 1.13　"Log Out bao"对话框

Log Out 操作后会要求输入密码。输入正确密码后，弹出如图 1.14 所示的"Update standard folders to current language?"对话框，可单击"Update Names"按钮，就会回到如图 1.9 所示的 Ubuntu 主界面。此时可打开终端窗口。

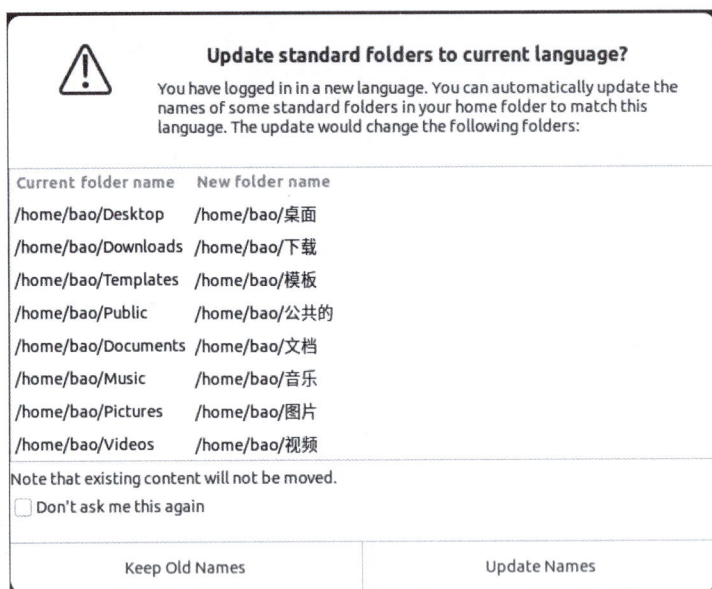

⚠ **Update standard folders to current language?**

You have logged in in a new language. You can automatically update the names of some standard folders in your home folder to match this language. The update would change the following folders:

Current folder name	New folder name
/home/bao/Desktop	/home/bao/桌面
/home/bao/Downloads	/home/bao/下载
/home/bao/Templates	/home/bao/模板
/home/bao/Public	/home/bao/公共的
/home/bao/Documents	/home/bao/文档
/home/bao/Music	/home/bao/音乐
/home/bao/Pictures	/home/bao/图片
/home/bao/Videos	/home/bao/视频

Note that existing content will not be moved.
☐ Don't ask me this again

| Keep Old Names | Update Names |

图 1.14　"Update standard folders to current language?"对话框

（2）安装需要的工具软件。

安装 Ubuntu 时会自动安装部分工具软件，其他工具软件需要手动安装。手动安装工具软件时，可在打开的 Ubuntu 系统终端（Terminal）窗口中 shell 命令行提示符下输入如下命令：①输入命令"su"，切换到 root 系统管理员用户，此时需输入密码；②输入命令"apt-get install xxx"，其中 xxx 为需要安装的工具软件包名称，例如输入命令"apt-get install vim"可安装 Vim 文本编辑工具软件。

实验必需的工具软件包括编译处理套件 GCC、反汇编工具 OBJDUMP、调试工具 GDB 和十六进制编辑工具 hexedit。文本编辑处理软件可以使用系统自带的 Text Editor，也可以安装 Vim 等文本编辑工具。

五、实验报告

本实验报告包括但不限于以下内容。

1. 简要描述在自己的机器中安装和配置实验系统的过程。要求明确说明自己的实验系统中的主机操作系统、客户机操作系统的类型和版本,安装了哪些程序开发和调试工具,并给出关键步骤的截图。

2. 在安装和配置实验系统过程中遇到了哪些问题? 这些问题最终是如何解决的?

3. 基于在自己机器上安装和配置实验系统的过程,阐述你所理解的计算机系统层次结构,例如,虚拟机软件相对于主机操作系统和客户机操作系统各属于哪个层次? 所安装的程序开发和调试工具软件在虚拟机中属于哪个层次?

4. 回答以下问题。

(1) 为什么要先安装虚拟机软件再安装客户机操作系统?

(2) 客户机操作系统和其上的程序开发/调试工具软件之间是什么关系?

实验 2　常用命令和工具软件的使用

一、实验目的

1. 了解和熟悉常用文件/目录操作命令的功能和使用方法。

2. 了解和熟悉一种或多种文本查看/编辑命令的功能和使用方法。

3. 了解和熟悉文件/目录打包和解压缩工具的功能和使用方法。

4. 了解和熟悉程序开发和调试工具软件的功能和使用方法。

二、实验要求

1. 使用文件/目录操作命令进行指定的操作。

2. 使用文本查看/编辑命令查看指定文件,并对文件进行指定的编辑修改。

3. 使用文件/目录打包和解压缩工具对指定的文件/目录进行打包和解压缩操作。

三、实验准备

在进行实验之前,首先学习和了解 Linux 系统平台常用命令和工具软件的功能和使用方法。在 Linux 系统中,用户通常使用命令行界面(Command-Line Interface,CLI)进行交互,打开终端窗口,出现 shell 命令行提示符,如"username@Linux32:～/workspace/lab01 $"。其中,username 表示当前登录的用户名;Linux32 表示主机名;～/workspace/lab01 表示当前目录;Linux 用户通常分为两类:管理员用户(root)和普通用户,提示符中最后的字符 $ 表示当前用户是普通用户,若字符为 ♯ 则表示当前用户是 root 系统管理员。

在命令提示符下可输入文件/目录操作命令、进程管理命令、软件包管理命令、文本编辑命令等。Linux 命令格式为"command [-options] [parameter]",方括号[ ]表示可以不出现或者出现一次或多次。其中,command 表示命令的名称,不可缺失;options 为命令的选项,是可选的,以-开头;parameter 表示命令的参数,也是可选的。每部分之间用一个以上空格隔开,最后按"Enter"键启动命令的执行。

1. 常用文件/目录操作命令

在 Linux 系统中,根目录是最顶层的目录,用"/"表示,所有目录、文件和设备都在根目录之下；主目录也称为家目录，指根目录下的 home 目录，即"/home/"，该目录下是所有用户的信息，如用户 zhangshan 的主目录是"/home/zhangshan"，一般用"～"表示。"."和".."分别代表当前目录和上一级目录。注意，有些系统中将目录称为文件夹，即目录和文件夹是同一个含义。表 1.1 列出了常用文件和目录操作命令及说明。

表 1.1　常用文件和目录操作命令及说明

命令名	含　义	举　例	说　明
mkdir	创建新目录	mkdir my_dir	在当前目录下创建 my_dir 子目录
cd	改变当前目录	cd my_dir	进入当前目录的子目录 my_dir
ls	列出目录内容	ls -l	列出当前目录中文件和子目录的详细信息
rm	删除文件或目录	rm file.txt	删除当前目录下的文件 file.txt
cp	复制文件或目录	cp check.txt new_dir/	将文件 check.txt 复制到目录 new_dir/中
mv	移动文件或目录	mv check.txt new_dir/	将文件 check.txt 移动到目录 new_dir/中
pwd	显示当前工作目录的完整路径	—	—

2. 常用文件查看/编辑命令和工具软件

1）查看文件内容的命令

用于查看文件内容的常用命令如下。

- cat：查看文件内容或将多个文件合并为一个文件，如命令"cat -n test.txt"用于显示 text.txt 文件内容，并在所有行开头附加显示行号。
- more：按页向下滚动查看文件内容。
- less：按行/页查看内容，可使用上/下箭头键（PgUp/PgDn 翻页键）向上/向下滚动（翻页），或按 Space 键向下翻页。

2）文件搜索和过滤命令

用于文件搜索和过滤的常用命令如下。

- grep：在文件中搜索指定的文本模式，如命令"grep -n "hello" test.txt"用于在文件 test.txt 中搜索包含字符串"hello"的行，并同时输出匹配行的行号和所在行文字。
- find：在指定目录下查找符合条件的文件，如命令"find -name test.txt"用于在当前目录及其子目录下查找名为 text.txt 的文件，选项-name 表示按文件名匹配查找。

3）文本编辑器

Gedit 是 Linux 系统默认的文本编辑器，有直观的用户界面，可通过菜单栏和工具栏完成大多数编辑任务，支持多种编程语言的自动缩进、语法高亮显示、代码折叠等，能帮助用户更好地阅读和编辑代码，适合作为新手用户的程序编辑器。

Text Editor 是 GNOME 桌面中的文本编辑器，双击文本文件时自动打开 Text Editor（或 Gedit）。在有的 Linux 系统中，如 Ubuntu，Text Editor 与 Gedit 是同一个文本编辑器。

nano 是一个简单易用的文本编辑器，适合新手使用，可以根据需要使用不同的选项和参数执行 nano 文本编辑器，在编辑文本的过程中，可使用快捷键进行剪切、复制、粘贴、搜索和替换等基本操作，具体的快捷键使用信息可以通过快捷键 Ctrl＋G 或 F1 键查看。

vi 或 Vim 是一个功能强大的文本编译器,广泛用于 Linux 系统终端环境下进行文本编辑,Vim 是 vi 的增强版。vi 和 Vim 文本编译器具有插入、删除、复制、粘贴、搜索及替换、分割窗口等各种强大的编辑和操作功能。详细的快捷键操作和命令信息可以参考 Vim 的帮助文档。

4) 十六进制编辑器

如果要直接以十六进制形式查看和修改目标文件的内容,可以使用编辑器 hexedit 或 bless 等。打开编辑器后,可以看到二进制文件以十六进制形式显示的内容,然后可通过键盘和鼠标直接对文件内容进行修改。

3. 文件/目录打包和解压缩工具软件

tar 命令是 Linux 系统中使用较广泛的打包和解压缩命令,用于将多个文件或目录打包归档在单个归档文件中,归档文件可以进一步使用 gzip 或 bzip2 进行压缩。tar 命令的基本用法为"tar [-options] [filename]"。表 1.2 列出了常用选项及含义说明。

表 1.2　常用选项及含义说明

选　　项	含　　义
-c	创建新的归档文件(打包)
-x	从归档文件中提取文件(解包)
-f	指定归档文件名
-z	调用 gzip 进行压缩或解压缩归档文件
-j	调用 bzip2 进行压缩或解压缩归档文件

表 1.3 列出了 tar 命令的使用举例及说明。

表 1.3　tar 命令的使用举例及说明

命　　令	说　　明
tar -jcf a.tar.bz2 ./	将当前目录下的所有文件和目录归档并压缩到当前目录下的文件 a.tar.bz2 中
tar -zcf a.tar.gz ./	将当前目录下的所有文件和目录归档并压缩到当前目录下的文件 a.tar.gz 中
tar -jxf a.tar.bz2	从 a.tar.bz2 中提取文件和目录,并存放在当前目录下
tar -zxf a.tar.gz	从 a.tar.gz 中提取文件和目录,并存放在当前目录下

4. 程序开发和调试工具软件

程序开发和调试过程涉及源程序文件的编辑、源程序的预处理/编译/汇编/链接、程序的调试和执行等。其中,源程序文件的编辑操作可以使用上述提到的 Gedit 和 vi/Vim 等文本编辑器实现,目标文件的编辑操作可以使用上述提到的 hexedit 等十六进制编辑器实现。

1) 源程序文件的转换处理

对于源程序文件的预处理、编译、汇编、链接等转换处理大多使用 GNU 编译器套件(GNU Compiler Collection,GCC)实现。gcc 命令的基本用法是"gcc [-options] [filenames]"。表 1.4 列出了 gcc 命令的常用选项及说明。

表 1.4 gcc 命令的常用选项及说明

选 项	说 明
-E	预处理并生成以 .i 为后缀的预处理文件
-S	编译并生成以 .s 为后缀的汇编语言源文件
-c	汇编并生成以 .o 为后缀的可重定位目标文件
-o	指定输出文件名
-g	生成调试辅助信息
-O	用于指定编译优化级别
-pg	编译时加入剖析代码以产生供 gprof 剖析用的统计信息

此外,也可以分别采用预处理命令(cpp)、编译命令(cc1)、汇编命令(as)和链接命令(ld)将转换过程的每一步分开进行处理。

2) 目标文件的反汇编工具

源程序文件经预处理、编译、汇编、链接处理后生成的目标文件中的代码是不可显示的二进制形式,通过反汇编工具软件 objdump 可以将可重定位目标文件或可执行目标文件中的二进制代码转换成可显示的汇编代码形式。objdump 命令的基本用法是"objdump [-options][filenames]",例如,选项-d 表示将指定目标文件中的代码节(.text 节)进行反汇编;-D 表示将指定目标文件中的所有节(section)进行反汇编;-S 表示在生成的反汇编代码中显示源代码,这需要在 gcc 命令进行编译时使用-g 选项。

3) 程序调试工具

在 Linux 系统中大多采用 gdb 调试工具进行程序调试。可在 shell 命令行提示符下输入命令"gdb <可执行文件名>"或"gdb"启动 gdb 调试工具。启动 gdb 后进入调试状态,此时可直接输入调试命令进行程序调试。大部分调试命令可利用补齐功能以简便方式输入,如 quit 可简写为 q,list 可以简写为 l 等,按回车键将重复上一个调试命令。表 1.5 列出了常用的 gdb 调试命令及说明。

表 1.5 常用的 gdb 调试命令及说明

命 令 名	含 义
file	指定需加载并调试的可执行文件。例如,命令"file ./hello"表示指定加载并调试当前目录下的 hello 程序
run	运行程序直到程序结束或遇到断点以等待下一个命令
list	显示一段源程序代码。例如,命令"list 2"显示行号 2 前后的 10 行源代码;命令"list main"显示函数 main() 源代码
break	设置断点。例如,命令"break main"在函数 main() 名处设置断点;命令"break 6"在当前程序的第 6 行处设置断点
enable、disable	使某断点有效或无效
delete	删除某断点

续表

命 令 名	含 义
info break	查看所有断点的详细信息
info source	查看当前源程序文件名、目录、行数等信息
info stack	查看当前栈帧信息
info args	查看当前参数信息
info register	查看寄存器中的内容。例如,命令"info register"查看定点寄存器组中所有寄存器的内容;命令"info register r22 pc"查看指定的 r22 和 PC 的内容;命令"info all-register"可查看定点寄存器、浮点寄存器、向量寄存器等的内容
print	显示表达式的值
step	继续执行下一条语句,若当前语句中包含函数调用,则跟踪进入函数内部执行
next	继续执行下一条语句,若当前语句中包含函数调用,则不会进入函数内部,而是完成对当前语句中的函数调用,跟踪到下一条语句之前
stepi	继续执行下一条机器指令
continue	继续运行程序直到程序结束或执行到下一个断点处
help	显示指定调试命令的用法
quit	退出调试状态
x /NFU address	检查内存单元的内容。其中,x 是 examine 的缩写,N 表示数据个数,F 表示输出格式,U 表示每个数据单位的大小,"/NFU address"表示从地址 address 开始以 F 格式显示 N 个大小为 U 的数据,若不指定 N,则默认为 1;若不指定 U,则默认为每个数据单位为 4 字节。F 可以是 x(十六进制整数)、d(带符号十进制整数)、u(无符号十进制整数)或 f(浮点数格式);U 可以是 b(字节)、h(2 字节)、w(4 字节)或 g(8 字节)。例如,命令"x /4xw 0x8049000"表示以十六进制整数格式(x)显示 4 个 4 字节(w),即分别显示存储单元 0x8049000、0x8049004、0x8049008 和 0x804900c 开始的 4 个字节的内容

4) ELF 文件显示工具

readelf 是一个在 Linux 下用于显示 ELF 文件内容的工具,命令中必须指定选项和 ELF 文件名,不同的选项表示显示不同的内容,例如,-h 选项用于显示 ELF 头;-l 用于显示程序头表;-S 用于显示节头表;-s 用于显示符号表;-r 用于显示重定位节;-a 用于显示所有节信息。

5) make 命令和 makefile 文件

make 命令和 makefile 文件相结合,可以实现一个大型工程的自动化编译链接,以生成可执行文件。通常,复杂工程中有大量的源文件,按类型、功能、模块等分别存放在若干目录中,makefile 文件用于定义一系列规则来指定哪些源文件需要先编译生成.o 文件,哪些源文件可以后编译生成.o 文件,在哪种情况下需要重新编译某个源文件等,其中可包含各种 shell 命令,因而 makefile 文件类似一个 shell 脚本。一旦存在一个适合的 makefile 文件,只需执行 make 命令,整个工程就可以完全自动编译链接生成可执行目标文件,从而能极大提高软件开发效率。make 命令的基本格式是"make [-f makefile 文件名][-options][宏定义][目标]",这里的目标是指 make 命令要生成的目标文件或达成的目的,可以是 makefile

文件中指定的要生成的可执行目标文件，也可以是一个伪目标。以下是常用的 make 命令："make clean"表示删除所有生成的目标文件以便重新生成；"make cleanall"表示删除所有生成的目标文件、配置文件和临时文件，以便重新开始构建；"make install"表示将生成的目标文件复制到指定的目录中。

5. 管道和输入输出重定向

在 Linux 命令行中可以使用管道和输入输出重定向等来实现更加便捷和高效的文件操作。其中，管道"|"用于将前面一个命令的输出作为下一个命令的输入；输出重定向">file"用于将命令执行后的输出结果存入文件 file 中，而不是输出到默认的标准输出 stdout（即终端设备）。例如，命令行"ls -t | head -n 5 > /tmp/last-ten.txt"表示将当前目录中的文件，按修改时间显示最近修改过的 5 个文件的文件名，每行出现一个文件名，显示的结果不出现在标准输出 stdout 上，而是保存在文件/tmp/last-ten.txt 中。在该命令行中，ls 和 head 命令之间是管道连接，因此 ls 命令的输出结果是 head 命令的输入文件；head 命令后面是输出重定向操作，因此 head 命令执行后的输出结果将存入文件/tmp/last-ten.txt 中。ls 中的-t 选项指定按修改时间由近及远进行排序和显示；head 中的-n 5 选项指定显示文件的前 5 行，若不指定行数，则默认显示前 10 行。

上述对相关命令和工具软件的描述和说明都是最基本、最简单的内容，实际包含的选项及其功能描述还有很多内容，具体使用时可通过 man（manual 的缩写）命令查看帮助信息，或者自行查找相关的网络资源或相应资料，以进一步了解其各个选项的使用方式及其功能。

四、实验步骤

步骤 1：在主目录下创建工作目录 workspace，在 workspace 目录下创建目录 lab01 和 lab02，在 lab01 下创建以自己学号命名的目录，如 2412010。

打开终端窗口，在命令行提示符下输入以下命令，可以完成上述任务。

（1）pwd：显示当前的主目录为/home/bao，即用户名为 bao 的主目录。

（2）ls：显示当前主目录下的内容。

（3）mkdir workspace：在主目录下创建目录 workspace。

（4）mkdir workspace/lab01：在目录 workspace 下创建目录 lab01。

（5）mkdir workspace/lab02：在目录 workspace 下创建目录 lab02。

（6）mkdir workspace/lab01/2412010：在目录 lab01 下创建目录 2412010。

（7）ls：显示当前主目录下的内容，找到目录 workspace。

（8）cd workspace：进入目录 workspace。

（9）ls：显示目录 workspace 下的内容，找到目录 lab01 和 lab02。

（10）cd lab01：进入目录 lab01。

（11）ls：显示目录 lab01 下的内容，找到目录 2412010。

上述命令完整的操作界面如图 1.15 所示。

图 1.15 中执行的命令序列是完成相应任务的一种操作过程，也可以使用其他命令序列完成同样的任务。上述过程描述的是在终端窗口中使用系统命令完成任务的方式，也可以打开 Ubuntu 的文件管理器窗口，在图形用户界面中完成上述任务。

步骤 2：使用 Vim 文本编辑器创建文件 hello.c，并将该文件保存到目录～/workspace/

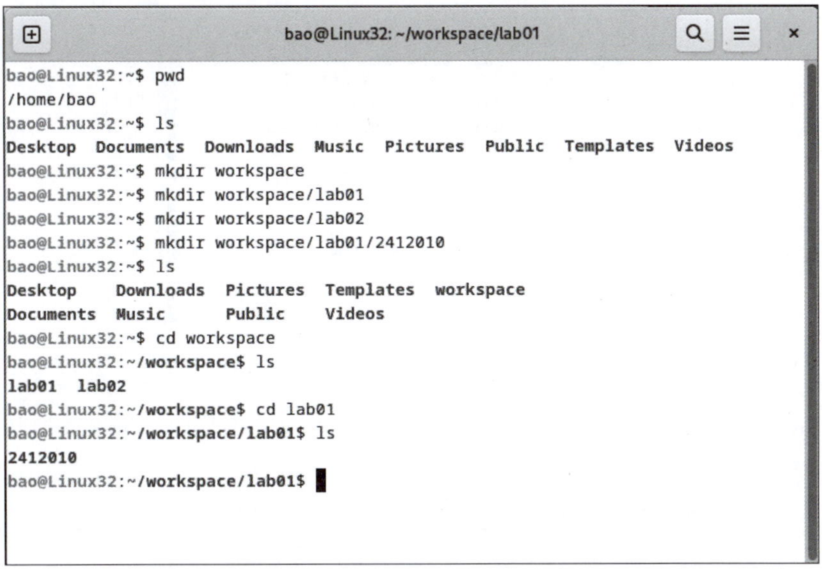

图 1.15　步骤 1 中命令对应的完整操作界面

lab01 下。

文件 hello.c 的内容如下。

```
#include "stdio.h"
void main() {
    printf("Hello! World! \n");
}
```

打开终端窗口,输入下列命令可以完成上述任务。

(1) 在命令行提示符下输入命令"cd workspace/lab01",进入目录 ～/workspace/ lab01。

(2) 在命令行提示符下输入命令"vim hello.c",创建文件 hello.c 并进入 Vim 文本编辑环境。

(3) 在 Vim 编辑环境中,按 I 键,使 Vim 进入插入文本模式,然后输入上述 hello.c 的内容,按"Esc"键表示输入结束,最后输入命令":wq"退出 Vim 环境,并将输入文本内容保存到 hello.c 文件中。

(4) 在命令行提示符下输入命令"cat hello.c",显示 hello.c 文件的内容。

上述操作的部分界面内容如图 1.16 所示。

步骤 3:使用 gcc 命令对程序 ～/workspace/lab01/hello.c 进行编译转换,生成可执行目标文件 hello,然后执行 hello 以查看程序输出结果。使用 objdump 工具对 hello 进行反汇编,并将反汇编结果保存到当前目录下的 hello.txt 文件。

在终端窗口的命令行提示符下依次输入下列命令可完成上述任务。

(1) cd workspace/lab01:若当前已处于该目录下,则可省略该步骤。

(2) gcc -g hello.c -o hello:使用 gcc 命令生成可执行目标文件 hello。

(3) ./hello:启动当前目录下的 hello 执行。

图 1.16 步骤 2 生成文件 hello.c 的部分操作界面

（4）objdump -S hello > hello.txt：将对 hello 进行反汇编后的结果保存到 hello.txt 中。上述终端窗口的操作界面如图 1.17 所示。

图 1.17 终端窗口的操作界面

步骤 4：使用 Text Editor(或 Gedit)文本编辑器打开 hello.txt，查看该文件中的 C 语言语句及其对应的反汇编结果。按以下操作过程可以实现上述任务：打开 Ubuntu 文件管理器窗口，进入目录～/workspace/lab01，找到并双击 hello.txt 文件图标，从而打开 Text Editor(或 Gedit)编辑器并进入文本编辑器窗口，文件 hello.txt 的内容显示在窗口中，在窗口中移动鼠标指针可查看 hello.txt 文件中不同部分的内容。

步骤 5：使用 tar 工具提供的命令，将目录～/workspace/lab01 下的所有文件和目录归档并压缩到文件 hello.tar.bz2 中，该文件位于目录～/workspace/lab01 下；将压缩文件 hello.tar.bz2 复制到目录～/workspace/lab02 下，再将文件～/workspace/lab02/hello.tar.bz2 中的内容解压缩到目录～/workspace/lab02 下。在终端窗口的命令行提示符下依次输入下列命令，可完成上述任务并通过查看相应目录下的内容来验证操作结果。

（1）cd workspace/lab01：若当前已处于该目录下，则可省略该步骤。

（2）ls：查看～/workspace/lab01 下的文件和目录。

（3）tar -jcf hello.tar.bz2 ./：生成压缩文件 hello.tar.bz2。

（4）cp hello.tar.bz2 ../lab02：将 hello.tar.bz2 复制到目录～/workspace/lab02 中。

（5）cd ../：返回上一级目录～/workspace。

（6）cd lab02：进入目录～/workspace/lab02。

（7）ls：查看目录～/workspace/lab02 中的内容。

（8）tar -jxf hello.tar.bz2：解压缩文件 hello.tar.bz2。

（9）ls：查看目录～/workspace/lab02 中的内容。

上述操作完成后终端窗口的部分内容如图 1.18 所示。

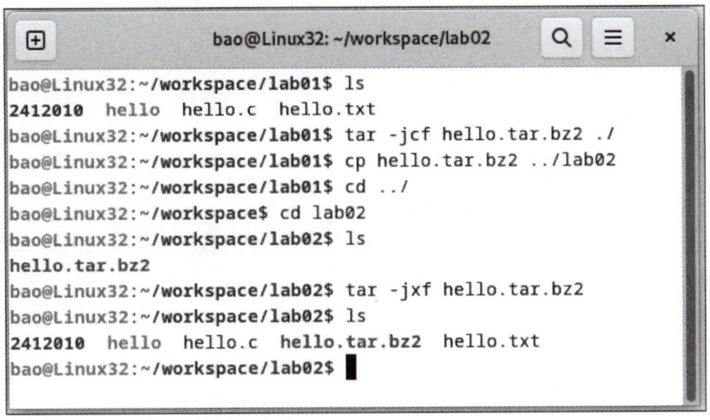

```
⊕                    bao@Linux32: ~/workspace/lab02    🔍  ≡  ✕

bao@Linux32:~/workspace/lab01$ ls
2412010  hello  hello.c  hello.txt
bao@Linux32:~/workspace/lab01$ tar -jcf hello.tar.bz2 ./
bao@Linux32:~/workspace/lab01$ cp hello.tar.bz2 ../lab02
bao@Linux32:~/workspace/lab01$ cd ../
bao@Linux32:~/workspace$ cd lab02
bao@Linux32:~/workspace/lab02$ ls
hello.tar.bz2
bao@Linux32:~/workspace/lab02$ tar -jxf hello.tar.bz2
bao@Linux32:~/workspace/lab02$ ls
2412010  hello  hello.c  hello.tar.bz2  hello.txt
bao@Linux32:~/workspace/lab02$ ▊
```

图 1.18　步骤 5 完成后对应的终端窗口的部分内容

五、实验报告

本实验报告包括但不限于以下内容。

1. 简述自己在实验过程中遇到不熟悉的命令和工具软件时是通过哪些方式解决的，你认为哪些方式更有效。

2. 简述开发软件所需要的开发环境，以及从源程序文件的编辑生成到编译转换为可执行文件的过程中所需要的每个处理环节及其在 Linux 系统环境下你所用的命令。

3. 基于自己所完成的指定程序开发和运行过程，阐述在该过程中所体现的计算机系统层次结构，例如，编辑生成源程序文件过程中所使用的文本编辑软件属于哪个层次？编辑生成的源程序文件和编译转换生成的可执行文件的抽象程度有什么差别？

4. 回答以下问题。

（1）Linux 系统中 root 系统管理员的权限和普通用户的权限有什么不同？

（2）Linux 系统中，命令是否区分大小写？

（3）目录的作用是什么？你认为应如何合理地存放实验中的各类文件？

（4）在进行高级语言程序设计时，需要有相应的应用程序开发支撑环境，其中包括用于执行各类程序的用户界面。这种具有人机交互功能的用户界面是由计算机系统中哪个抽象层提供的？GUI 方式下的图形用户界面和 CLI 方式下的命令行用户界面各自的特点是什么？你更喜欢在哪种方式下进行人机交互？

第 2 章

程序调试初步和指令系统基础

本章安排两个实验,通过上机练习,希望读者能基于 LA64＋Linux 平台,掌握 C 语言程序在机器级代码层执行单步调试操作的方法。通过对照 C 语言语句和对应机器级代码,逐步熟悉 LA64 指令系统的基础内容,如汇编指令格式、通用寄存器组织、指令基本寻址方式等,为后续实验的开展打下良好的基础。

后续所有实验操作步骤的演示都基于 Loongson-3A6000 处理器＋Loongnix GNU/Linux 的龙芯计算机系统实现,这些实验也可通过虚拟机连接龙芯服务器完成,操作命令相同,界面也基本一致。

实验 1　程序调试初步

一、实验目的

1. 熟练使用 gcc 命令、objdump 反汇编命令、gdb 调试命令。
2. 理解 C 语言语句与 LA64 机器级指令之间的对应关系。
3. 理解指令的顺序执行和跳转执行两种方式。

二、实验要求

单步调试和执行 C 语言程序 exec.c 及其机器级指令序列,代码如下。

```
#include "stdio.h"
void main()
{   int x, y, z;
    x=2;
    y=5;
    if (x>=y)
        z=x;
    else
        z=y;
    printf("z=%d\n", z);
}
```

三、实验准备

1. 编辑生成源程序文件 exec.c,并将其存放于目录"～/LA64/ch2"中。

2. 打开文本编辑器、文件和终端窗口,平铺于屏幕中。在文本编辑器窗口中打开 exec.c 文件,如图 2.1 所示。

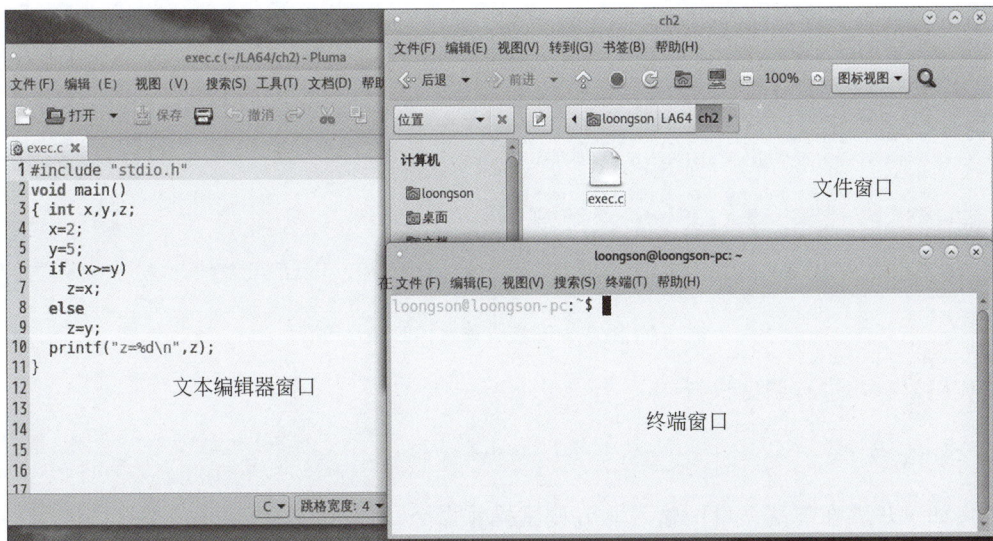

图 2.1　文本编辑器窗口、文件窗口和终端窗口

3. 设置当前目录,并执行 gcc 命令和 objdump 反汇编命令,得到机器级代码。

(1) 在终端窗口输入命令"cd LA64/ch2",设置"～/LA64/ch2"为当前目录。

(2) 在终端窗口输入命令"gcc -g exec.c -o exec",将 exec.c 编译转换为可执行目标文件 exec,确认文件窗口的当前目录中多出了一个文件 exec。

(3) 在终端窗口输入命令"objdump -S exec > exec.txt",对可执行文件 exec 进行反汇编,并将反汇编结果输出到文本文件 exec.txt 中,确认文件窗口的当前目录中多出了一个文件 exec.txt。

(4) 在文件窗口双击 exec.txt 文件图标,使该文件显示在文本编辑器窗口中。

(5) 在文本编辑器窗口中移动鼠标指针,使该窗口中能显示出函数 main() 的内容。

上述操作完成后各窗口的部分内容如图 2.2 所示。

图 2.2 中,在文本编辑器窗口显示的反汇编结果由 3 列组成:左侧一列是指令的地址,用十六进制表示;中间一列是机器指令,也用十六进制表示;右侧一列是 LoongArch 机器指令对应的汇编指令。

LoongArch 指令具有 RISC 指令特征,采用 32 位固定长度,指令的地址均要求按 4 字节边界对齐。例如,图 2.2 中第一条指令的地址为 0x1 2000 0670,后续指令的地址依次为 0x1 2000 0674、0x1 2000 0678、0x1 2000 067c、0x1 2000 0680 等。

因为在 objdump 命令中使用了 -S 选项,所以反汇编结果中包含了 C 语言源代码,这样便于理解 C 语言语句与机器级代码之间的对应关系。objdump 命令中还使用了输出重定向操作命令"> exec.txt",因而反汇编结果被输出到文件 exec.txt 中保存,这样方便对照反

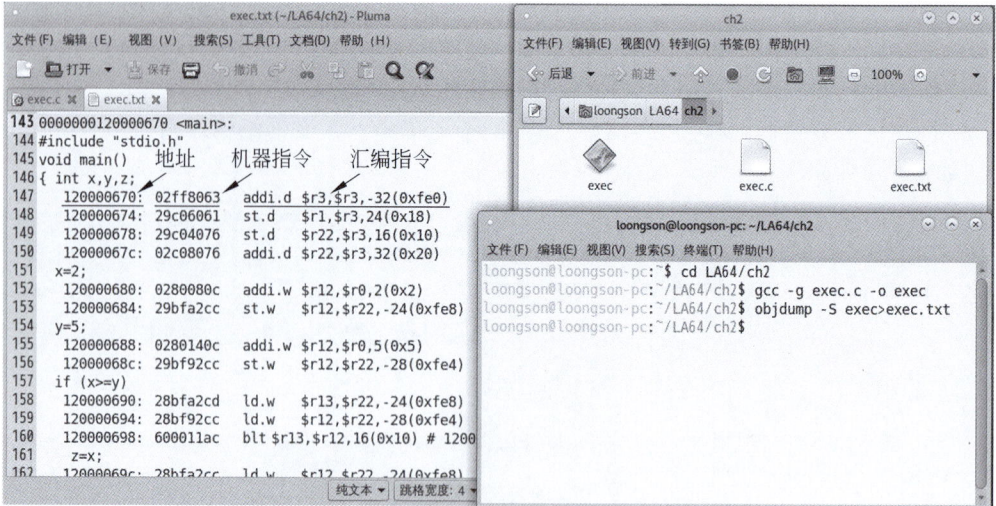

图 2.2 第 3 步完成后各窗口的部分内容

汇编代码对程序进行调试执行。

四、实验步骤

按如下步骤在终端窗口中输入 gdb 调试操作命令，对可执行文件 exec 进行调试。

步骤 1：启动 gdb 调试命令，使程序执行到设置的断点处停下。具体操作如下。

（1）在 shell 命令行提示符下，输入命令"gdb exec"，启动 gdb 命令并加载可执行文件 exec。

（2）在 gdb 调试状态下，输入命令"break main"或"b main"，在函数 main()处设置断点。

（3）输入命令"run"或"r"，启动程序运行，并在设置的断点处停下。

（4）输入命令"info register pc"，查看 PC 内容（当前程序的断点位置）。

上述操作完成后各窗口的部分内容如图 2.3 所示。其中，下画线处为输入的命令，方框处为程序断点。

在图 2.3 中，经过（1）～（4）4 步操作使得程序的执行停留在 exec.txt 文件中的第 152 行（即函数 main()中第 1 条语句）处。PC 为程序计数器，存放下一条将要执行指令的地址。在终端窗口的 gdb 调试操作"info register pc"执行后，显示当前 PC 的内容为 0x1 2000 0680，即 PC = 0x1 2000 0680，说明地址为 0x1 2000 0680 的指令"addi.w $r12, $r0, 2(0x2)"是将要执行的指令。

步骤 2：输入 gdb 调试命令，查看程序 exec 执行过程中的其他信息。

（1）输入命令"step"或"s"，执行 C 语言语句"x＝2;"。

（2）输入命令"step"或"s"，执行 C 语言语句"y＝5;"。

（3）输入命令"info register pc"或"i r pc"，查看当前 PC 内容。

（4）输入命令"stepi"或"si"，执行指令"ld.w $r13, $r22, −24(0xfe8)"。

（5）输入命令"stepi"或"si"，执行指令"ld.w $r12, $r22, −28(0xfe4)"。

（6）输入命令"stepi"或"si"，执行指令"blt $r13, $r12, 16(0x10)"。

（7）输入命令"info register pc"或"i r pc"，查看当前 PC 内容。

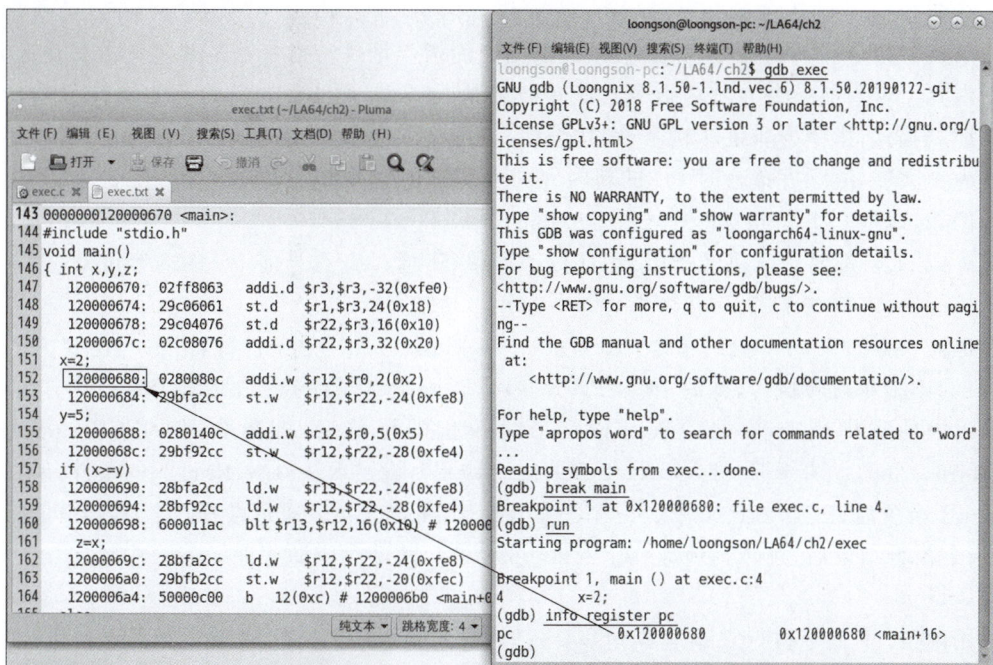

图 2.3　步骤 1 完成后各窗口的部分内容

（8）输入命令"stepi"或"si"，执行指令"ld.w ＄r12,＄r22,－28(0xfe4)"。

（9）输入命令"stepi"或"si"，执行指令"st.w ＄r12,＄r22,－20(0xfec)"。

（10）输入命令"info register r22"或"i r r22"，查看寄存器 r22 的内容。

（11）输入命令"x/3xw 0xffffff6f24"，查看地址 0xff ffff 6f24 开始的存储单元内容。

（12）输入命令"info register pc"或"i r pc"，查看当前 PC 内容。

上述操作完成后各窗口的部分内容如图 2.4 所示。其中，下画线处为输入的命令，方框中为各 s 或 si 操作所执行的机器指令，箭头指向机器指令对应的汇编指令或当前程序执行断点。

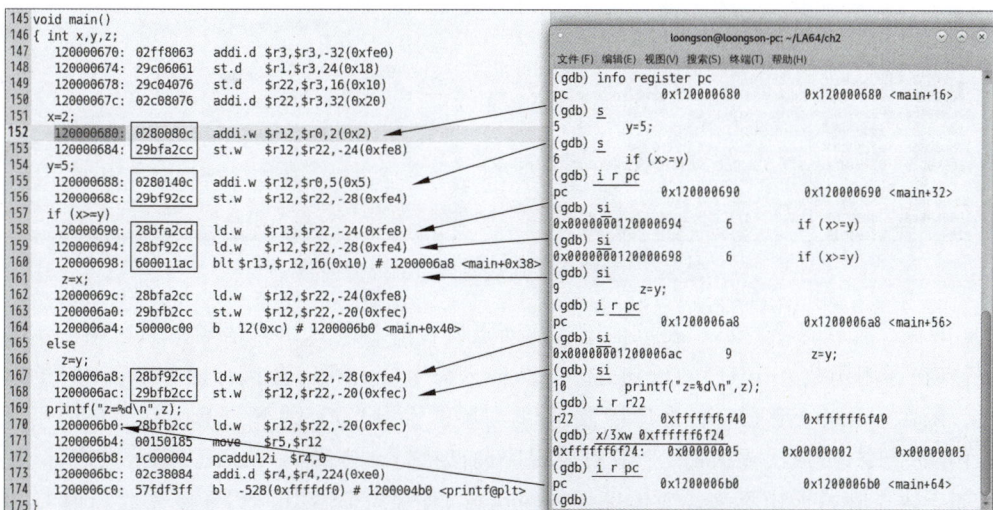

图 2.4　步骤 2 完成后各窗口的部分内容

在图 2.4 中，输入命令"s"会执行一条 C 语言语句，输入命令"si"会执行当前 PC 所指向的一条机器指令。当前指令执行结束后，根据当前指令是跳转指令还是非跳转指令确定 PC 的新内容。若当前指令为跳转指令且满足跳转执行条件，则 PC 的新内容为跳转目的指令的地址；若当前指令为非跳转指令，则按顺序执行。LA64 属于 RISC 架构，每条机器指令的长度为 4 字节，故顺序执行时 PC 的新内容为当前 PC 内容加 4，即 PC＝PC+4。

例如，地址 0x1 2000 0680、0x1 2000 0684、0x1 2000 0688、0x1 2000 068c 处的 4 条指令 addi.w 或 st.w 都属于非跳转指令，因此按顺序执行，通过查看当前 PC 的内容可知，这 4 条指令执行后，PC＝0x1 2000 0680+4×4＝0x1 2000 0690。

地址 0x1 2000 0698 处的指令"blt \$r13,\$r12,16(0x10)"是条件跳转指令，若 R[r13]< R[r12]，则指令跳转执行，此时 PC＝PC+0x10，否则指令顺序执行，此时 PC＝PC+4。汇编表示中的立即数 16(0x10) 表示以字节为单位的位移量，即指令码中的 SignExtend ({offs16, 2'b0})。由于 R[r13]＝x＝2，R[r12]＝y＝5，满足 R[r13]<R[r12] 的条件，所以执行该 blt 指令后，PC＝0x1 2000 0698+0x10＝0x1 2000 06a8。通过查看 PC 的内容可知，该 blt 指令执行结束后，跳转到地址 0x1 2000 06a8 处。此处对应源程序 exec.c 中语句"z＝y;"的开始点。

用两条"si"命令执行 C 语言语句"z＝y;"对应的指令序列，命令"i r r22"查看帧指针 r22 的内容为 0xff ffff 6f40。根据第 153、156、168 行的 st.w 指令中目的操作数的寻址方式，可知变量 x、y、z 的地址分别为 R[r22]－24、R[r22]－28、R[r22]－20，即 0xff ffff 6f28、0xff ffff 6f24、0xff ffff 6f2c。命令"x/3xw 0xffffff6f24"显示以地址 0xff ffff 6f24 开始的 3 个 4 字节单元内容分别为 0x0000 0005、0x0000 0002、0x0000 0005，即变量 y、x、z 的机器数。

步骤 3：输入 gdb 调试命令，以输出程序 exec 执行结果并退出 gdb 调试过程。

(1) 输入命令"next"，执行语句"printf("z＝%d/n", z);"，从而输出程序执行结果"z＝5"。

(2) 输入命令"quit"后，系统询问"Quit anyway?（y or n）"，输入 y 退出 gdb 调试过程。

上述操作完成后各窗口的部分内容如图 2.5 所示。其中，下画线处为输入的操作命令，方框中是函数 printf() 的调用语句和输出结果。

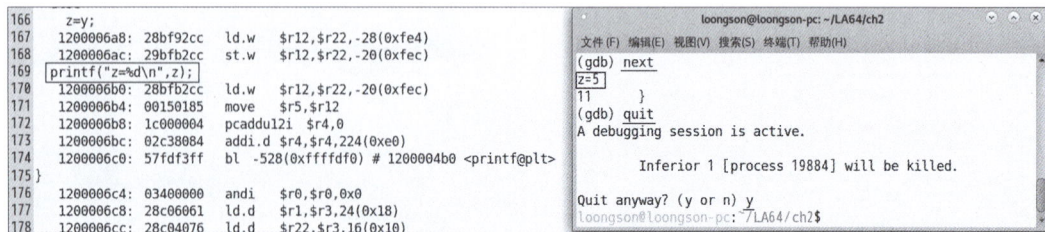

图 2.5　步骤 3 完成后各窗口的部分内容

gdb 调试操作命令"next"表示执行当前断点所在的一条 C 语言语句。上述第 2 步结束时，断点在调用函数 printf() 的语句处，因此，输入命令"next"后会执行函数 printf() 的过程调用。函数 printf() 是 I/O 标准库函数，若此时输入命令"si"，则下一条执行的是调用函数 printf() 的指令，再依次输入命令"si"将使程序调试执行轨迹进入 printf() 库函数内部，这样便犹如走了迷宫而出不来。对于库函数的执行，通常用命令"next"直接完成当前 C 语言语句中的函数调用，从而跟踪执行到下一条 C 语言语句的起始处。

五、实验报告

本实验报告包括但不限于以下内容。

1. 如何查询 gdb 调试工具中常用的调试操作命令的功能和使用方式？查询相关资料并说明以下调试操作命令的含义：step(或 s)、stepi(或 si)、next(或 n)、nexti(或 ni)、clear、continue(或 c)、print(或 p)、finish、watch、kill。

2. 对于步骤 2，尝试用命令"s"替代命令"si"，观察每次执行命令"s"后 PC 内容的变化，调试执行直到程序输出结果"z=5"后结束调试，将终端窗口中整个调试执行过程进行截图，并对截图中每一步操作过程进行解释说明。

3. 修改程序 exec.c，将其中 C 语言语句"x=2;"和"y=5;"分别修改为"x=5;"和"y=2;"，将修改后的源程序文件保存为 exec2.c，并用 gcc 命令将 exec2.c 编译转换为可执行文件 exec2。模仿上述实验步骤单步调试执行 exec2，将终端窗口中整个调试执行过程进行截图，并对截图中每一步操作过程及其结果进行解释说明。

4. 回答下列问题。

(1) 在 LA64 中，当前将要执行指令的地址存放在哪个寄存器中？

(2) 已知当前指令的地址，若当前指令是非跳转类指令，则执行当前指令后，如何计算得到下一条将要执行指令的地址？

(3) 跳转类指令分为无条件跳转(如图 2.4 中 1 2000 06a4 处的 b 指令)和条件跳转(如图 2.4 中 0x1 2000 0698 处的 blt 指令)两类，这两类指令的主要区别是什么？

实验 2　在 C 程序中嵌入汇编指令

一、实验目的

1. 初步了解软件逆向工程分析方法。

2. 了解在 C 语言源程序中嵌入汇编指令的方法。

3. 提升使用 gcc 命令、objdump 反汇编命令、gdb 调试命令的能力。

二、实验要求

单步调试和执行 C 语言程序 asm.c 及其对应的机器级指令序列，代码如下。

```
#include "stdio.h"
void main()
{   int x=2, y=3, z=4;
    asm (   "ld.w $r12,$r22,-20\n\t"
            "ld.w $r13,$r22,-24\n\t"
            "st.w $r12,$r22,-24\n\t"
            "st.w $r13,$r22,-20\n\t"
            "add.w $r12,$r13,$r12\n\t"
            "st.w $r12,$r22,-28\n\t"
            );
    printf("x=%d, y=%d, z=%d\n", x, y, z);
}
```

三、实验准备

1. 编辑生成 C 语言源程序文件 asm.c，并将其存放在目录"～/LA64/ch2"中。

2. 打开文件、文本编辑器和终端窗口，平铺于屏幕中。在文本编辑器窗口中打开文件 asm.c。

3. 设置当前目录并执行 gcc 命令和 objdump 反汇编命令，得到机器级代码。

（1）在终端窗口输入命令"cd LA64/ch2"，设置"～/LA64/ch2"为当前目录。

（2）在终端窗口输入命令"gcc -g asm.c -o asm"，将 asm.c 编译转换为可执行目标文件 asm，确认文件窗口的当前目录中多出了一个文件 asm。

（3）在终端窗口输入命令"objdump -S asm > asm.txt"，对可执行文件 asm 进行反汇编，并将反汇编结果输出到文本文件 asm.txt 中，确认文件窗口的当前目录中多出了一个文件 asm.txt。

（4）在终端窗口输入命令"./asm"，执行可执行目标文件 asm。

以上操作完成后各窗口的部分内容如图 2.6 所示。

```
 1 #include "stdio.h"
 2 void main()
 3 { int x=2,y=3,z=4;
 4   asm (    "ld.w $r12,$r22,-20\n\t"
 5            "ld.w $r13,$r22,-24\n\t"
 6            "st.w $r12,$r22, -24\n\t"
 7            "st.w $r13,$r22,-20\n\t"
 8            "add.w $r12,$r13,$r12\n\t"
 9            "st.w $r12,$r22,-28\n\t"
10          );
11   printf("x=%d,y=%d,z=%d\n",x,y,z);
12 }
```

```
            loongson@loongson-pc: ~/LA64/ch2
文件(F) 编辑(E) 视图(V) 搜索(S) 终端(T) 帮助(H)
loongson@loongson-pc:~$ cd LA64/ch2
loongson@loongson-pc:~/LA64/ch2$ gcc -g  asm.c -o asm
loongson@loongson-pc:~/LA64/ch2$ objdump -S asm>asm.txt
loongson@loongson-pc:~/LA64/ch2$ ./asm
x=3,y=2,z=5
loongson@loongson-pc:~/LA64/ch2$
```

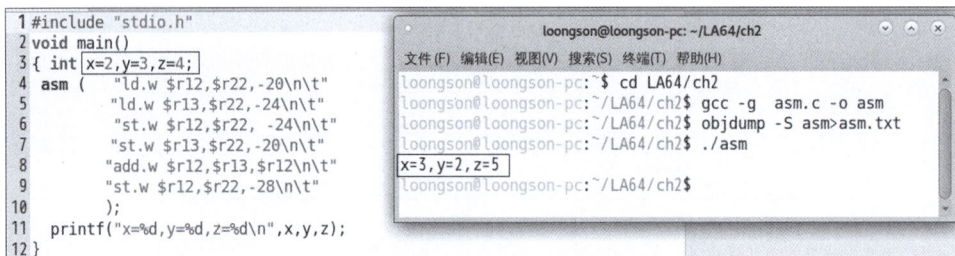

图 2.6　第 3 步操作完成后各窗口的部分内容

图 2.6 中用方框标出了变量 x、y、z 的初始值和程序输出结果。对照两处方框中的内容可知，程序输出的变量 x、y、z 的值并不等于程序对这些变量所赋的初始值。这是因为在 C 语言程序 asm.c 中嵌入的汇编指令代码更改了变量 x、y、z 的值。

在程序设计时可以将汇编语言和 C 语言结合起来编程，发挥各自的优点。这样，既能满足实时性要求又能实现所需的功能，同时兼顾程序的可读性和编程效率。可使用编译器的内联汇编（inline assembly）功能，用 asm 命令将一些简短的汇编代码直接插入 C 语言程序中。

要理解文件 asm.c 中嵌入的汇编指令如何更改变量 x、y、z 的值，就需通过调试执行来理解嵌入指令序列所实现的功能，推导出这些机器级代码对应的 C 语言语句，从而在更高抽象层的高级语言程序层次来理解程序的功能。这种根据机器级代码反推对应高级语言程序功能的任务称为逆向工程分析。

4. 进行以下操作为单步跟踪调试准备好环境。

（1）在文件窗口双击 asm.txt 文件图标，使该文件显示在文本编辑器窗口中。

（2）在文本编辑器窗口中移动鼠标，使该窗口中能显示出函数 main()代码的内容。

上述操作完成后各窗口的部分内容如图 2.7 所示。

5. 基于文件 asm.txt 检查反汇编代码与嵌入汇编代码之间是否一致，以判断是否需要修正源程序 asm.c。

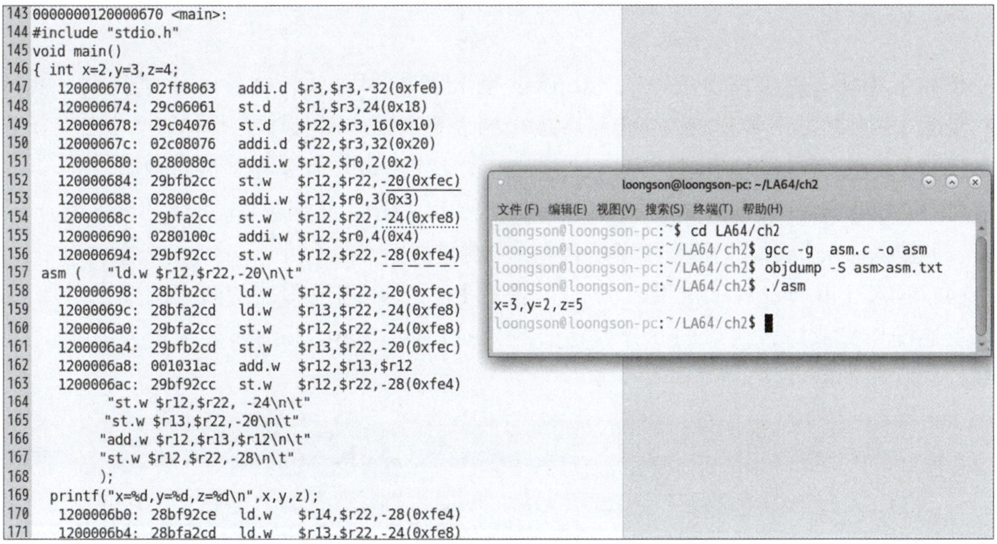

```
143 0000000120000670 <main>:
144 #include "stdio.h"
145 void main()
146 { int x=2,y=3,z=4;
147   120000670:  02ff8063    addi.d  $r3,$r3,-32(0xfe0)
148   120000674:  29c06061    st.d    $r1,$r3,24(0x18)
149   120000678:  29c04076    st.d    $r22,$r3,16(0x10)
150   12000067c:  02c08076    addi.d  $r22,$r3,32(0x20)
151   120000680:  0280080c    addi.w  $r12,$r0,2(0x2)
152   120000684:  29bfb2cc    st.w    $r12,$r22,-20(0xfec)
153   120000688:  02800c0c    addi.w  $r12,$r0,3(0x3)
154   12000068c:  29bfa2cc    st.w    $r12,$r22,-24(0xfe8)
155   120000690:  0280100c    addi.w  $r12,$r0,4(0x4)
156   120000694:  29bf92cc    st.w    $r12,$r22,-28(0xfe4)
157 asm (    "ld.w $r12,$r22,-20\n\t"
158   120000698:  28bfb2cc    ld.w    $r12,$r22,-20(0xfec)
159   12000069c:  28bfa2cd    ld.w    $r13,$r22,-24(0xfe8)
160   1200006a0:  29bfa2cc    st.w    $r12,$r22,-24(0xfe8)
161   1200006a4:  29bfb2cd    st.w    $r13,$r22,-20(0xfec)
162   1200006a8:  001031ac    add.w   $r12,$r13,$r12
163   1200006ac:  29bf92cc    st.w    $r12,$r22,-28(0xfe4)
164       "st.w $r12,$r22, -24\n\t"
165       "st.w $r13,$r22,-20\n\t"
166       "add.w $r12,$r13,$r12\n\t"
167       "st.w $r12,$r22,-28\n\t"
168       );
169 printf("x=%d,y=%d,z=%d\n",x,y,z);
170   1200006b0:  28bf92ce    ld.w    $r14,$r22,-28(0xfe4)
171   1200006b4:  28bfa2cd    ld.w    $r13,$r22,-24(0xfe8)
```

终端窗口内容:
```
                    loongson@loongson-pc: ~/LA64/ch2
文件(F) 编辑(E) 视图(V) 搜索(S) 终端(T) 帮助(H)
loongson@loongson-pc:~$ cd LA64/ch2
loongson@loongson-pc:~/LA64/ch2$ gcc -g  asm.c -o asm
loongson@loongson-pc:~/LA64/ch2$ objdump -S asm>asm.txt
loongson@loongson-pc:~/LA64/ch2$ ./asm
x=3,y=2,z=5
loongson@loongson-pc:~/LA64/ch2$
```

图 2.7　第 4 步操作完成后各窗口的部分内容

在图 2.7 中,用 3 种不同的下画线分别标出了 3 条 st.w 指令的立即数字段。在反汇编代码文件 asm.txt 中查看这 3 条 st.w 指令的立即数字段是否分别为−20、−24 和−28。若是,则直接进入"四、实验步骤";若不是,则修改源程序文件 asm.c。

用反汇编文件 asm.txt 中这 3 条 st.w 指令的立即数字段来更新 asm.c 中嵌入的汇编指令的立即数字段,如图 2.8 中箭头线所指。修改后要保证相同形式下画线标出的立即数是一致的。对修正后的源程序文件 asm.c 重新执行上述第 3 步和第 4 步。

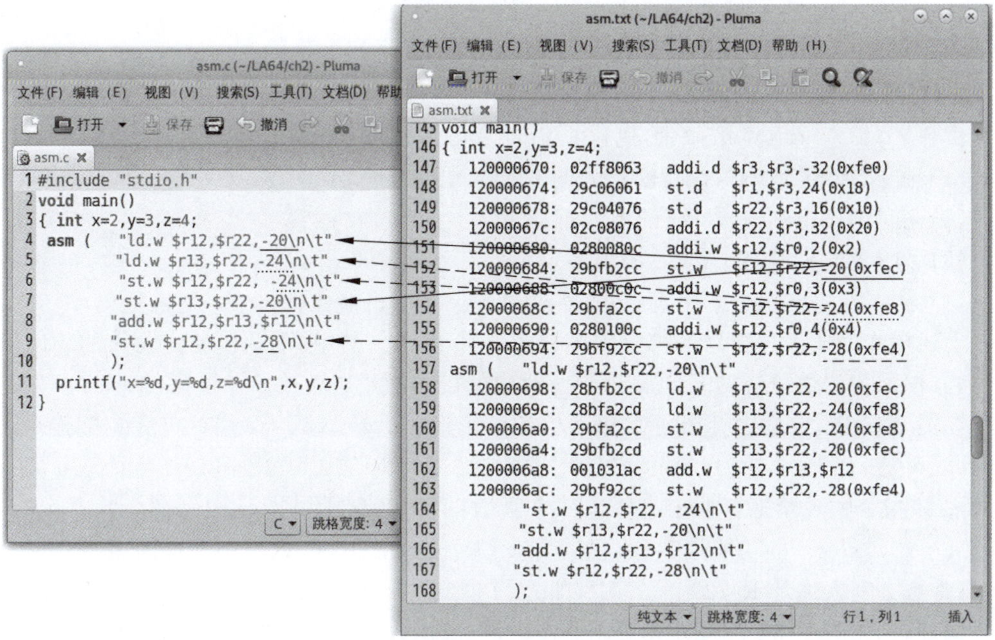

asm.c 窗口内容:
```
           asm.c (~/LA64/ch2) - Pluma
文件(F) 编辑(E) 视图(V) 搜索(S) 工具(T) 文档(D) 帮助
  打开    保存   撤消
 asm.c
1 #include "stdio.h"
2 void main()
3 { int x=2,y=3,z=4;
4   asm (    "ld.w $r12,$r22,-20\n\t"
5       "ld.w $r13,$r22,-24\n\t"
6       "st.w $r12,$r22, -24\n\t"
7       "st.w $r13,$r22,-20\n\t"
8       "add.w $r12,$r13,$r12\n\t"
9       "st.w $r12,$r22,-28\n\t"
10      );
11  printf("x=%d,y=%d,z=%d\n",x,y,z);
12 }
                                    C  跳格宽度: 4
```

asm.txt 窗口内容:
```
           asm.txt (~/LA64/ch2) - Pluma
文件(F) 编辑(E) 视图(V) 搜索(S) 工具(T) 文档(D) 帮助(H)
  打开    保存   撤消
 asm.txt
145 void main()
146 { int x=2,y=3,z=4;
147   120000670:  02ff8063    addi.d  $r3,$r3,-32(0xfe0)
148   120000674:  29c06061    st.d    $r1,$r3,24(0x18)
149   120000678:  29c04076    st.d    $r22,$r3,16(0x10)
150   12000067c:  02c08076    addi.d  $r22,$r3,32(0x20)
151   120000680:  0280080c    addi.w  $r12,$r0,2(0x2)
152   120000684:  29bfb2cc    st.w    $r12,$r22,-20(0xfec)
153   120000688:  02800c0c    addi.w  $r12,$r0,3(0x3)
154   12000068c:  29bfa2cc    st.w    $r12,$r22,-24(0xfe8)
155   120000690:  0280100c    addi.w  $r12,$r0,4(0x4)
156   120000694:  29bf92cc    st.w    $r12,$r22,-28(0xfe4)
157 asm (    "ld.w $r12,$r22,-20\n\t"
158   120000698:  28bfb2cc    ld.w    $r12,$r22,-20(0xfec)
159   12000069c:  28bfa2cd    ld.w    $r13,$r22,-24(0xfe8)
160   1200006a0:  29bfa2cc    st.w    $r12,$r22,-24(0xfe8)
161   1200006a4:  29bfb2cd    st.w    $r13,$r22,-20(0xfec)
162   1200006a8:  001031ac    add.w   $r12,$r13,$r12
163   1200006ac:  29bf92cc    st.w    $r12,$r22,-28(0xfe4)
164       "st.w $r12,$r22, -24\n\t"
165       "st.w $r13,$r22,-20\n\t"
166       "add.w $r12,$r13,$r12\n\t"
167       "st.w $r12,$r22,-28\n\t"
168       );
                              纯文本    跳格宽度: 4     行1, 列1     插入
```

图 2.8　asm.c 中嵌入汇编指令的修正示意图

四、实验步骤

按如下步骤在终端窗口中输入 gdb 调试操作命令，对可执行文件 asm 进行调试执行。

步骤 1：启动 gdb 调试命令，使程序执行到设置的断点处停下。具体操作如下。

（1）在 shell 命令行提示符下输入"gdb asm"，启动 gdb 命令并加载可执行文件 asm。

（2）在 gdb 调试状态下输入"break main"或"b main"，在函数 main()处设置断点。

（3）输入"run"或"r"，启动程序运行，并在设置的断点处停下。

（4）输入"info register pc"或"i r pc"，查看 PC 内容（当前程序的断点位置）。

上述操作完成后各窗口的部分内容如图 2.9 所示。其中，下画线处为输入的调试命令，方框处为程序的断点。

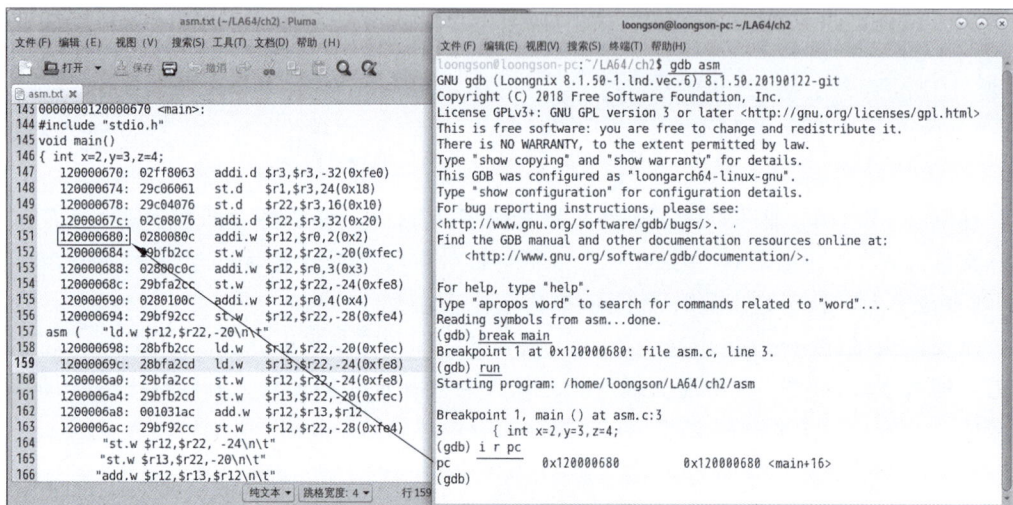

图 2.9　步骤 1 完成后各窗口的部分内容

步骤 2：输入 gdb 调试命令，执行 C 语言语句"x＝2，y＝3，z＝4;"。

（1）输入"step"或"s"，执行断点处的 C 语言语句"x＝2，y＝3，z＝4;"。

（2）输入"i r pc"，查看 PC 的内容。

（3）输入"i r r22"，查看 r22 的内容。

（4）输入"x/3xw 0xffffff6f54"，查看变量 x、y、z 的机器数。

上述操作完成后各窗口的部分内容如图 2.10 所示。其中，下画线处为输入的 gdb 调试命令，方框处为调试执行的 C 语言语句所对应的机器级代码。

在图 2.10 中，方框中标出了 C 语言语句"int x＝2，y＝3，z＝4;"对应的 6 条指令。指令"addi.w \$r12，\$r0，2(0x2)"的功能用 RTL 描述为 R[r12]←R[r0]＋2，由于 r0 的内容为 0，故该指令实现给寄存器 r12 传送一个常数的功能，即 R[r12]←2。指令"st.w \$r12，\$r22，−20(0xfec)"的功能用 RTL 描述为 M[R[r22]−20]←R[r12]。这两条指令配合使用，将常数 2 写入地址 R[r22]−20 中，即 M[R[r22]−20]←2。

同理，第 153～156 行两对指令"addi.w \$r12，\$r0，3(0x3)""st.w \$r12，\$r22，−24(0xfe8)"和"addi.w \$r12，\$r0，4(0x4)""st.w \$r12，\$r22，−28(0xfe4)"实现的功能分别为 M[R[r22]−24]←3 和 M[R[r22]−28]←4。根据传送的常数 2、3、4 可知，变量 x、y、z

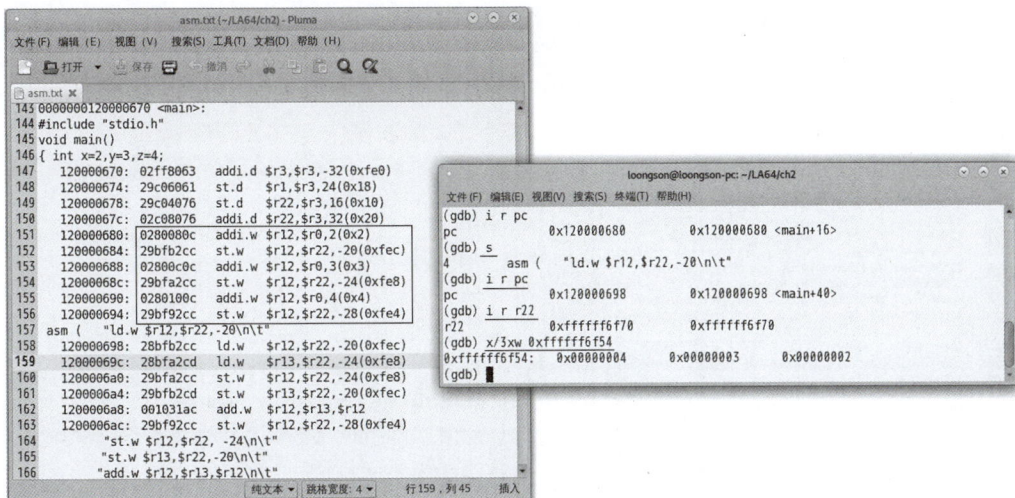

图 2.10　步骤 2 完成后各窗口的部分内容

的地址分别为 R[r22]−20、R[r22]−24、R[r22]−28。

使用 gdb 命令"s"执行完 C 语言语句"int x＝2，y＝3，z＝4；"后，用命令"i r pc"查看 PC 内容为 0x1 2000 0698，说明当前程序断点位于汇编指令嵌入语句"asm()；"的起始处。

使用命令"i r r22"查看 r22 内容为 R[r22]＝0xff ffff 6f70，因此，x 的地址为 R[r22]−20＝0xff ffff 6f70−20＝0xff ffff 6f5c，y 的地址为 R[r22]−24＝0xff ffff 6f70−24＝0xff ffff 6f58，z 的地址为 R[r22]−28＝0xff ffff 6f70−28＝0xff ffff 6f54。

通过命令"x/3xw 0xffffff6f54"查看从地址 0xff ffff 6f54 开始的 3 个 4 字节内容，确认从地址 R[r22]−20、R[r22]−24、R[r22]−28 开始的 4 字节存储单元中分别存放着变量 x、y、z 的初始值 2、3、4。

步骤 3：输入 gdb 调试命令，执行 C 语言语句"asm()；"中的前 4 条指令。

(1) 输入命令"stepi"或"si"，执行指令"ld.w \$r12，\$r22，−20(0xfec)"。

(2) 输入命令"stepi"或"si"，执行指令"ld.w \$r13，\$r22，−24(0xfe8)"。

(3) 输入命令"i r r12 r13"，查看 r12 和 r13 的内容。

(4) 输入命令"stepi"或"si"，执行指令"st.w \$r12，\$r22，−24(0xfe8)"。

(5) 输入命令"stepi"或"si"，执行指令"st.w \$r13，\$r22，−20(0xfec)"。

(6) 输入命令"x/3xw 0xffffff6f54"，查看变量 x、y、z 的机器数。

上述操作完成后各窗口的部分内容如图 2.11 所示。其中，下画线处为输入的 gdb 调试命令，方框中为调试执行的 C 语言语句"asm()；"中嵌入的前 4 条指令。

指令"ld.w \$r12，\$r22，−20(0xfec)"的功能用 RTL 描述为 R[r12]←M[R[r22]−20]，该指令执行后 R[r12]＝x。指令"ld.w \$r13，\$r22，−24(0xfe8)"的功能用 RTL 描述为 R[r13]←M[R[r22]−24]，该指令执行后 R[r13]＝y。

指令"st.w \$r12，\$r22，−24(0xfe8)"的功能用 RTL 描述为 M[R[r22]−24]←R[r12]，该指令执行后将变量 x 的机器数写入变量 y 的地址单元。指令"st.w \$r13，\$r22，−20(0xfec)"的功能用 RTL 描述为 M[R[r22]−20]←R[r13]，该指令执行后将变量 y 的机器数写入变量 x 的地址单元。

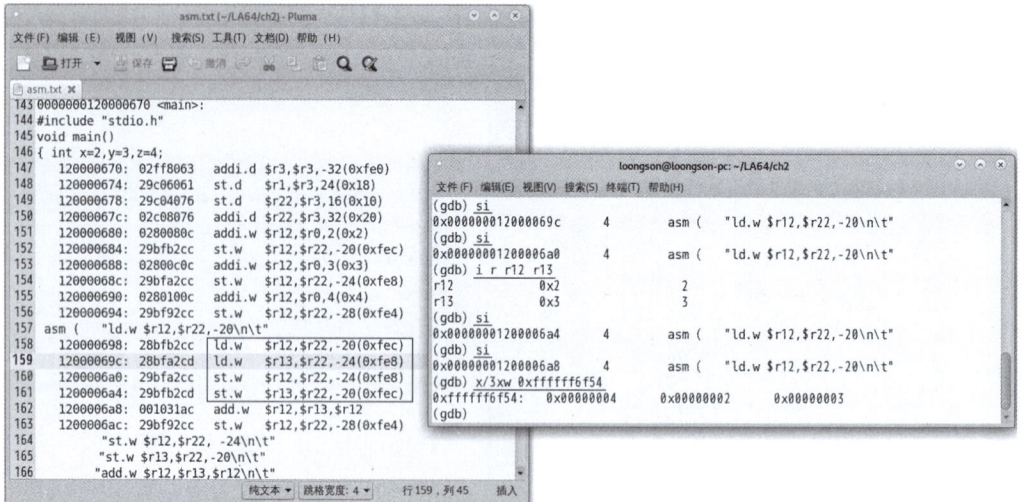

图 2.11　步骤 3 完成后各窗口的部分内容

综上可知，这 4 条指令实现了变量 x 和 y 的机器数互换，使得地址 0xff ffff 6f58 中变量 y 的机器数改写为 0x0000 0002，而地址 0xff ffff 6f5c 中变量 x 的机器数改写为 0x0000 0003。

步骤 4：输入 gdb 调试命令，执行 C 语言语句"asm();"中的最后两条指令。

（1）输入命令"stepi"或"si"，执行指令"add.w $r12,$r13,$r12"。

（2）输入命令"stepi"或"si"，执行指令"st.w $r12,$r22,−28(0xfe4)"。

（3）输入命令"x/3xw 0xffffff6f54"，查看变量 x、y、z 的机器数。

上述操作完成后各窗口的部分内容如图 2.12 所示。其中，下画线处为输入的 gdb 调试命令，方框中为调试执行的两条指令。

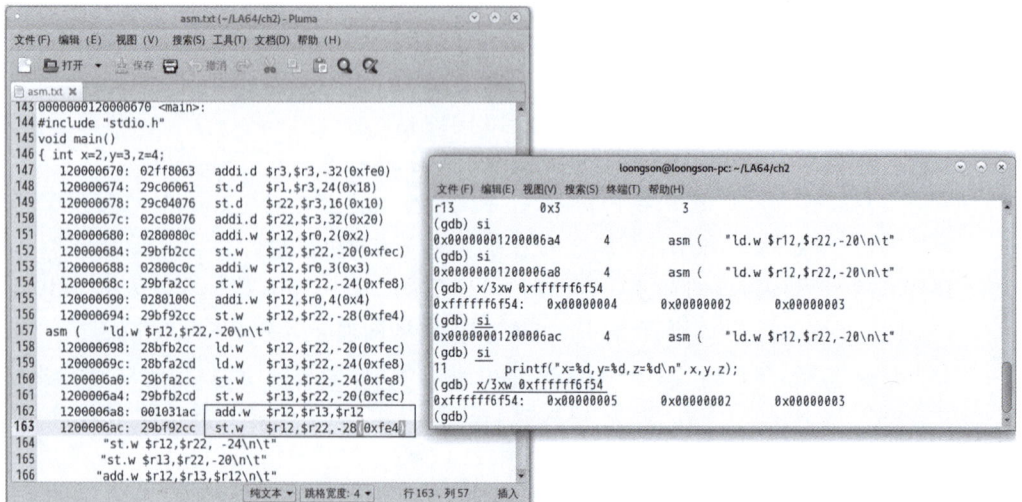

图 2.12　步骤 4 完成后各窗口的部分内容

指令"add.w $r12,$r13,$r12"的功能用 RTL 描述为 $R[r12] \leftarrow R[r12] + R[r13]$。

根据步骤 3 可知，R[r12]＝x，R[r13]＝y，故该指令执行后 R[r12]＝x＋y。指令"st.w $r12，$r22，−28(0xfe4)"的功能用 RTL 描述为 M[R[r22]−28]←R[r12]，该指令将 x＋y 的结果写入变量 z 的地址单元中。

逆向分析可知，这两条指令实现了 C 语言语句"z＝x＋y；"的功能，地址 0xff ffff 6f54 中变量 z 的机器数改写为 0x0000 0005。

步骤 5：输入 gdb 调试命令，输出程序 asm 执行结果并退出 gdb 调试过程。

(1) 输入命令"next"，执行语句"printf("x＝%d，y＝%d，z＝%d\n"，x，y，z)；"。

(2) 输入命令"quit"后，系统询问"Quit anyway？(y or n)"，输入 y 退出 gdb 调试过程。

上述操作完成后各窗口的部分内容如图 2.13 所示。其中，方框中为 next 命令执行的 printf() 函数调用语句和输出结果。

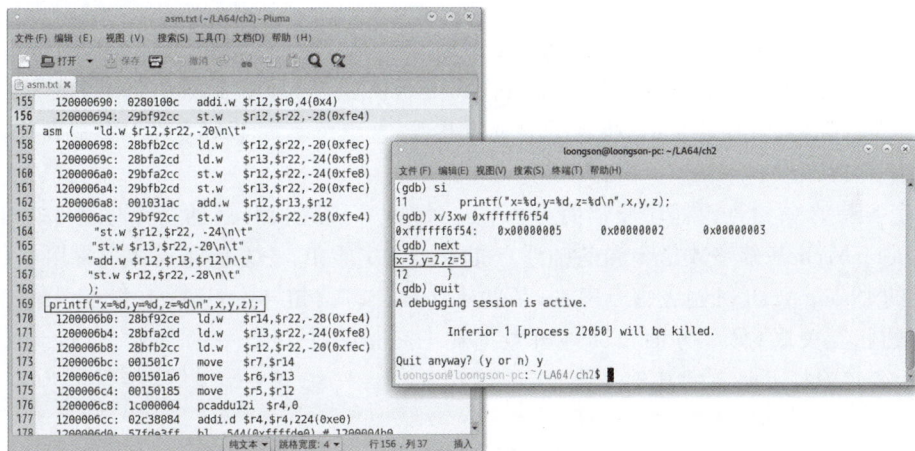

图 2.13　步骤 5 完成后各窗口的部分内容

综上可知，嵌入的汇编指令交换了变量 x 和 y 的机器数，并实现了"z＝x＋y；"的功能，因此，程序的输出结果应是"x＝3，y＝2，z＝5"，与图 2.13 中显示的输出结果完全一致。

五、实验报告

本实验报告包括但不限于以下内容。

1. 根据逆向工程分析结果，写出与程序 asm.c 功能相同的另一个 C 语言源程序文件 asm2.c，要求其中不包含汇编指令嵌入语句"asm()；"。用 gcc 命令将 asm2.c 编译转换为可执行文件 asm2，模仿上述实验步骤单步调试执行 asm2，将文本编辑窗口和终端窗口中整个调试执行过程进行截图，并对截图中的每一步操作过程及其结果进行解释说明。

2. 在本实验准备阶段的第 5 步，需要通过对照反汇编代码与 C 语言程序中嵌入的汇编代码来对 asm.c 源程序进行修正。简述这样操作的原因。试问函数 main() 中的局部变量 x、y、z 一定依次分配在地址 R[r22]−20、R[r22]−24、R[r22]−28 开始的 3 个存储单元吗？为什么？

3. 如果 asm.c 文件中的函数 main() 第一行语句改变为"short x＝3，y＝2，z＝5；"，则汇编指令嵌入语句"asm()；"中哪些指令会发生变化？如何变化？为什么？可通过将变化后的 C 语言源程序文件进行相应的编译转换和调试执行来验证你的答案。

第 3 章

程序转换与指令系统

本章安排 7 个实验,实验 7 为选做实验。通过 GCC 编译驱动程序和 gdb 调试工具,将 C 语言源程序转换为 LA64 架构的机器级代码进行实验,以理解 LA64 架构中的机器指令格式、操作数类型、寄存器组织、指令的寻址方式等,并熟练掌握 LA64 架构中基础整数指令和基础浮点指令。

7 个实验的 C 语言源程序非常简单,C 语言源程序编译换转后的指令序列基本涵盖常用的 LoongArch 基础整数指令和基础浮点指令。在实验中,一方面注重体现常用 C 语言语句对应的 LoongArch 机器级指令序列,帮助建立 C 语言语句、LoongArch 指令系统、编译器等之间的相互关联;另一方面帮助理解数据在 LoongArch 机器中的表示、存储、访问和运算,为后续实验打下坚实的基础。

实验 1　整型常量的赋值语句

一、实验目的

1. 掌握整型数据的编码表示。
2. 掌握 LoongArch 指令系统的机器指令格式,以及指令格式的特征。
3. 掌握 LA64 架构的整数运算类指令、基础整数指令涉及的寄存器。
4. 理解 C 语言程序中整型常量赋值语句的实现方法。

二、实验要求

给定 C 语言程序 intecons.c,代码如下。

```
#include "stdio.h"
void main()
{ int a,b,c,d,e;
  a=500; b= -500;
  c=2048;
  d= -2049;
  e=8191;
  printf("a=%d,b=%d,c=%d,d=%d,e=%d\n", a,b,c,d,e);
}
```

编辑生成上述 C 语言源程序,然后对其进行编译转换,生成可执行文件,理解整数常量赋值运算对应的机器级指令表示,并完成下列任务。

1. 填写表 3.1 中整型常量的 32 位机器数表示(用十六进制表示)。

表 3.1　整型常量的 32 位机器数表示

真值(十进制)	机 器 数	真值(十进制)	机 器 数
500		2048	
−500		−2049	
8191			

2. 填写表 3.2 中各 C 语言语句对应的机器指令(用二进制表示)序列和汇编指令序列,并对机器指令中的立即数字段加下画线表示。

表 3.2　C 语言语句对应的机器指令和汇编指令

C 语言语句	LA64 机器指令	汇 编 指 令
a＝500;		
b＝−500;		
c＝2048;		
d＝−2049;		
e＝8191;		

三、实验准备

1. 通过文本编辑器编辑生成 C 语言源程序文件 intecons.c,并将其保存在目录"～/LA64/ch3"中。

2. 打开终端窗口,设置终端窗口的当前目录为"～/LA64/ch3"。在终端窗口中进行以下操作。

(1) 输入命令"gcc -g intecons.c -o intecons",将 intecons.c 编译转换为可执行目标文件 intecons。

(2) 输入命令"objdump -S intecons > intecons.txt",对 intecons 进行反汇编,并将反汇编结果保存在文件 intecons.txt 中。

(3) 输入命令"./intecons",启动可执行文件 intecons 的执行。

3. 在文本编辑器窗口中打开 intecons.txt 文件,显示函数 main() 的代码内容。

上述操作完成后各窗口的部分内容如图 3.1 所示。

基础整数指令涉及的寄存器包括通用寄存器和程序计数器(PC)。通用寄存器有 32 个,汇编指令中记为 \$r0～\$r31。例如,图 3.1 中第 152 行的指令"addi.w \$r12,\$r0,500(0x1f4)"中,\$r12 和 \$r0 分别是 12 号和 0 号寄存器,0 号寄存器 r0 内容恒为 0。LA64 架构下,通用寄存器和程序计数器的宽度均为 64 位,故后续实验中 GRLEN 均为 64。

程序计数器没有编号,因而不能在指令中通过直接指定进行修改。顺序执行时,每执行

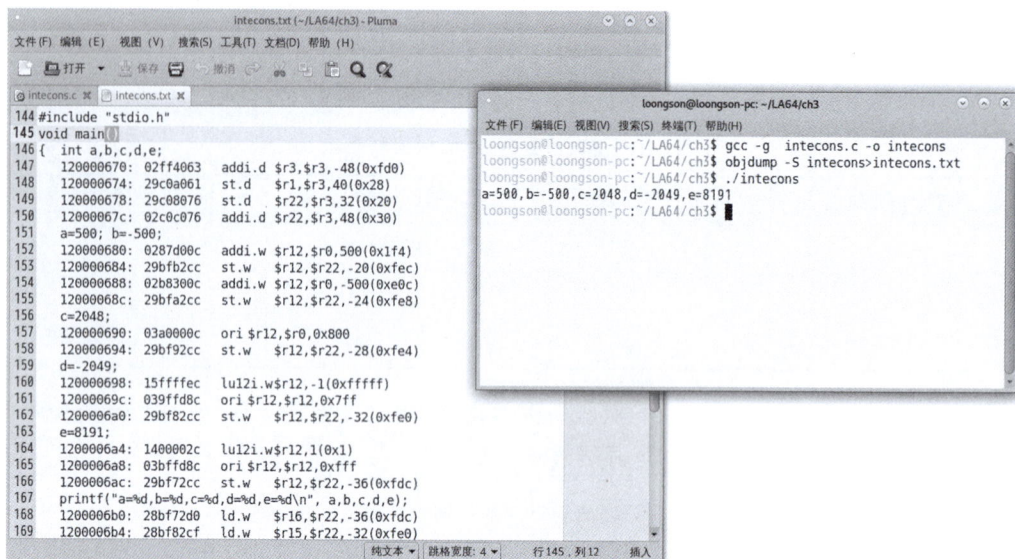

图 3.1　各窗口的部分内容

一条指令,PC 的内容加 4;执行到跳转指令或过程调用等非顺序执行指令时,将会把程序计数器的内容修改为跳转目标地址。

四、实验步骤

按如下步骤在终端窗口中输入 gdb 调试操作命令,对可执行文件进行调试执行。

步骤 1：启动 gdb 调试命令,使程序执行到设置的断点处停下。具体操作如下。

（1）在 shell 命令行提示符下输入命令"gdb intecons",启动 gdb 命令并加载可执行文件 intecons。

（2）在 gdb 调试状态下输入命令"break main"或"b main",在函数 main() 处设置断点。

（3）输入命令"run"或"r",启动程序运行,并在设置的断点处停下。

上述操作完成后各窗口的部分内容如图 3.2 所示。其中,下画线处为输入的调试命令。

步骤 2：输入 gdb 调试命令,执行 C 语言语句"a＝500；b＝－500；"对应的指令序列。

（1）输入命令"i r pc",查看 PC 的内容（当前程序的断点位置）。

（2）输入命令"si",执行指令"addi.w ＄r12,＄r0,500(0x1f4)"。

（3）输入命令"si",执行指令"st.w ＄r12,＄r22,－20(0xfec)"。

（4）输入命令"i r r22",查看当前 r22 寄存器的内容。

（5）输入命令"x/1xw 0xffffff6f4c",查看变量 a 的机器数。

（6）输入命令"si",执行指令"addi.w ＄r12,＄r0,－500(0xe0c)"。

（7）输入命令"si",执行指令"st.w ＄r12,＄r22,－24(0xfe8)"。

（8）输入命令"x/1xw 0xffffff6f48",查看变量 b 的机器数。

上述操作完成后各窗口的部分内容如图 3.3 所示。其中,下画线处为输入的调试命令,

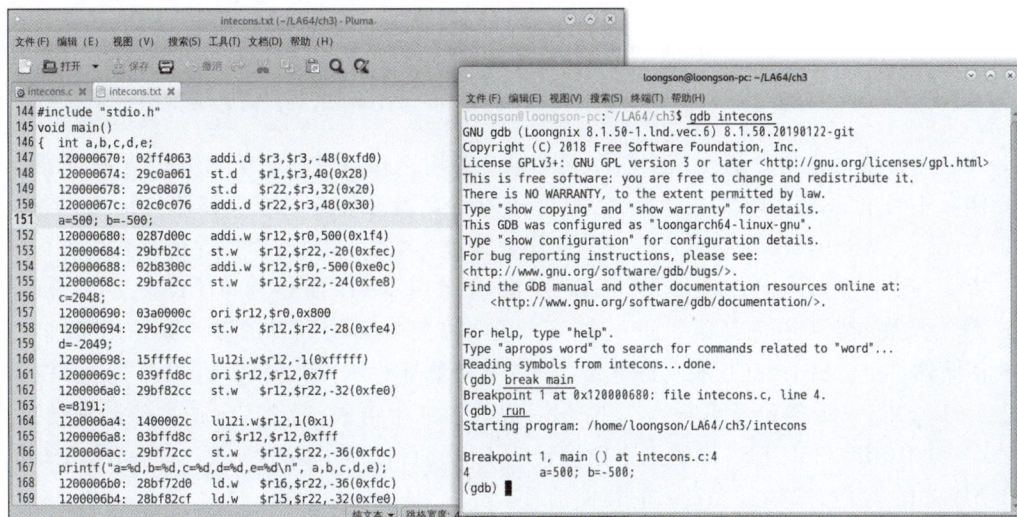

图 3.2　步骤 1 完成后各窗口的部分内容

方框中是 C 语言语句"a＝500；b＝－500；"对应的指令序列。

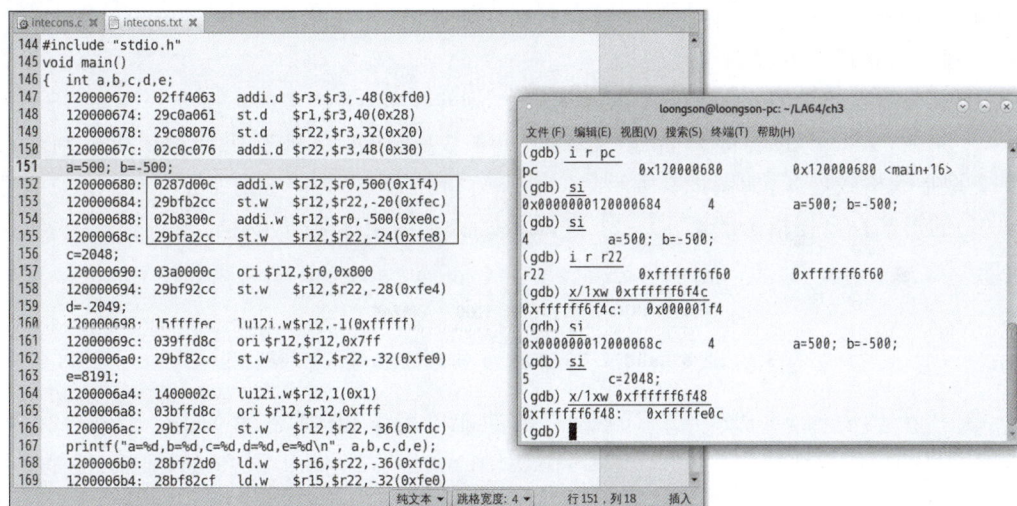

图 3.3　步骤 2 完成后各窗口的部分内容

从图 3.3 中知，指令"addi.w ＄r12，＄r0，500（0x1f4）"和"st.w ＄r12，＄r22，－20(0xfec)"实现 C 语言语句"a＝500；"的功能。

指令"addi.w ＄r12，＄r0，500（0x1f4）"实现整数加法运算，其功能可用 RTL 描述为 R[r12]←R[r0]＋500，0x1f4 是 500 的补码表示，加运算的两个源操作数分别采用寄存器寻址方式和立即数寻址方式。由于 r0 寄存器的内容始终为 0，因此该指令的功能等价于 R[r12]←500。该 addi.w 指令机器码为 0x0287 d00c（十六进制形式），按 2RI12 型指令格式展开，如图 3.4 所示。C 语言语句"a＝500；"中的常量 500 以立即数（0x1f4）的形式存放在指令的第 10～21 位，如图 3.4 中的粗体字所示。12 位的立即数字段能表示的带符号整数范围为－2048～2047，这也是用 addi.w 指令中立即数字段所表示的源操作数的范围。

31	22	21	10	9	5	4	0
00 0000 1010		**0001 1111 0100**		00000		01100	

图 3.4　指令"addi.w $r12，$r0，500(0x1f4)"的机器码

目的操作数是指指令执行结束时保存到某个通用寄存器或存储单元中的结果，因此，目的操作数不可能采用立即数寻址方式，只能采用寄存器寻址方式或存储器寻址方式，指令"addi.w $r12，$r0，500(0x1f4)"的目的操作数地址为 r12，采用寄存器寻址方式。

指令"st.w $r12，$r22，−20(0xfec)"的功能用 RTL 描述为 $M[R[r22]−20]←R[r12]$。源操作数采用寄存器寻址方式，存放在 r12 寄存器中。目的操作数采用基址加位移的存储器寻址方式，r22 为基址寄存器，存储单元地址为 $R[r22]−20$，0xfec 是 −20 的补码表示，$R[r22]−20$ 等价于 $R[r22]+0xfec$。从图 3.3 中可知，命令"i r r22"的调试结果为 $R[r22]=0xff\ ffff\ 6f60$，因此，目的操作数地址为 $R[r22]−20=0xff\ ffff\ 6f60+0x\ ff\ ffff\ ffec=0xff\ ffff\ 6f4c$，显然，这就是变量 a 的存储地址。

使用命令"x/1xw 0xffffff6f4c"可查看变量 a 的机器数，调试结果如图 3.3 所示，a 的机器数为 0x0000 01f4。

综上所述，对于将一个表示范围为 −2048～2047 的整型常量赋值给一个整型变量的赋值语句，可用指令 addi.w 先将整型常量存入通用寄存器，再用指令 st.w 将该通用寄存器的内容保存到变量所在的存储单元中。

同理，C 语言语句"b=−500;"也可用指令 addi.w 和 st.w 实现。指令"addi.w $r12，$r0，−500(0xe0c)"的功能等价于 $R[r12]←−500$，其指令机器码为 0x02b8 300c，按 2RI12-型指令格式展开，如图 3.5 所示。C 语言语句"b=−500;"中的常量 −500 以立即数 (0xe0c) 的形式存放在指令的第 10～21 位，如图 3.5 中的粗体字所示。

31	22	21	10	9	5	4	0
00 0000 1010		**1110 0000 1100**		00000		01100	

图 3.5　指令"addi.w $r12，$r0，−500(0xe0c)"的机器码

指令"st.w $r12，$r22，−24(0xfe8)"的功能可用 RTL 描述为 $M[R[r22]−24]←R[r12]$，目的操作数地址为 $R[r22]−24=0xff\ ffff\ 6f60−24=0xff\ ffff\ 6f48$，显然，这是变量 b 的存储地址。

使用命令"x/1xw 0xffffff6f48"可查看变量 b 的机器数，如图 3.3 调试结果所示，b 的机器数为 0xffff fe0c。

步骤 3：输入 gdb 调试命令，执行 C 语言语句"c=2048;"对应的指令序列。

(1) 输入命令"i r pc"，查看 PC 的内容(当前程序的断点位置)。

(2) 输入命令"s"，执行 C 语言语句"c=2048;"对应的指令序列。

(3) 输入命令"x/1xw 0xffffff6f44"，查看变量 c 的机器数。

上述操作完成后各窗口的部分内容如图 3.6 所示。其中，下画线处为输入的调试命令，方框中为命令"s"所执行的指令序列。

从图 3.6 可知，指令"ori $r12，$r0，0x800"和"st.w $r12，$r22，−28(0xfe4)"实现 C 语言语句"c=2048;"的功能。

指令"ori $r12，$r0，0x800"实现逻辑或运算，其功能用 RTL 描述为 $R[r12]←R[r0]$ |

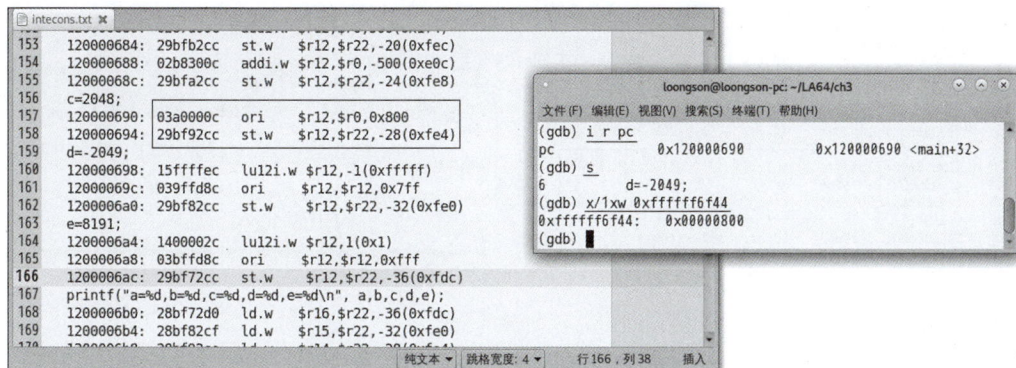

图 3.6　步骤 3 完成后各窗口的部分内容

0x800,0x800 是 2048 的十六进制表示。或运算的两个源操作数分别采用寄存器寻址方式和立即数寻址方式,由于 r0 寄存器的内容始终为 0,故该指令的功能等价于 R[r12]←0x800。该 ori 指令的机器码为 0x03a0 000c,按 2RI12-型指令格式展开,如图 3.7 所示。C语言语句"c=2048;"中的常量 2048 以立即数(0x800)的形式存放在指令的第 10~21 位,如图 3.7 中的粗体字所示。12 位的立即数字段能表示的无符号整数范围为 0~4095,这也是 ori 指令中立即数字段能表示的源操作数范围。

31 22	21 10	9 5	4 0
00 0000 1110	**1000 0000 0000**	00000	01100

图 3.7　指令"ori $ r12, $ r0,0x800"的机器码

指令"ori $ r12, $ r0,0x800"的目的操作数地址为 r12,采用寄存器寻址方式。

指令"st.w $ r12, $ r22,−28(0xfe4)"的功能可用 RTL 描述为 M[R[r22]−28]←R[r12]。目的操作数地址为 R[r22]−28=0xff ffff 6f60−28=0xff ffff 6f44,这是变量 c 的存储地址。

使用命令"x/1xw 0xffffff6f44"可查看变量 c 的机器数,如图 3.6 所示,c 的机器数为0x0000 0800。

综上所述,对于将一个范围在 0~4095 的无符号整型常量赋值给一个整型变量的赋值语句,可先用指令 ori 将整型常量存入通用寄存器,再用指令 st.w 将该通用寄存器的内容保存到变量所在的存储单元中。

步骤 4:输入 gdb 调试命令,执行 C 语言语句"d=−2049;"对应的指令序列。

(1) 输入命令"i r pc",查看 PC 的内容(当前程序的断点位置)。

(2) 输入命令"s",执行 C 语言语句"d=−2049;"对应的指令序列。

(3) 输入命令"x/1xw 0xffffff6f40",查看变量 d 的机器数。

上述操作完成后各窗口的部分内容如图 3.8 所示。其中,下画线处为输入的调试命令,方框中为命令"s"所执行的指令序列。

从图 3.8 可知,指令"lu12i.w $ r12,−1(0xfffff)""ori $ r12, $ r12,0x7ff""st.w $ r12, $ r22,−32(0xfe0)"实现 C 语言语句"d=−2049;"的功能。

指令"lu12i.w $ r12,−1(0xfffff)"实现将立即数加载到通用寄存器中的运算,其功能

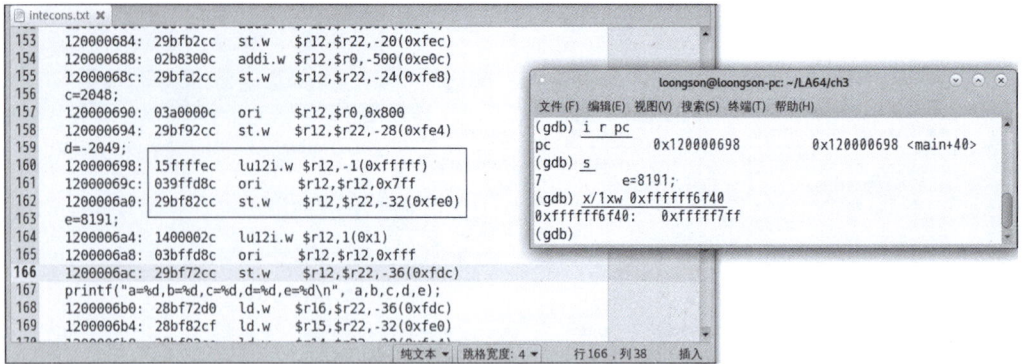

图 3.8　步骤 4 完成后各窗口的部分内容

用 RTL 描述为 R[r12]←SignExtend({0xfffff, 12'b0})，0xfffff 是−1 的补码表示。lu12i.w 的源操作数采用立即数寻址方式，该 lu12i.w 指令的机器码为 0x15ff ffec，按 1RI20-型指令格式展开，如图 3.9 所示，其中第 5～24 位为 20 位立即数 0xfffff。该指令的目的操作数地址为 r12，采用寄存器寻址方式。

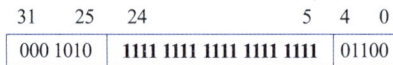

31　25	24	5　4　0
000 1010	1111 1111 1111 1111 1111	01100

图 3.9　指令"lu12i.w $ r12，−1(0xfffff)"的机器码

指令"ori $ r12，$ r12，0x7ff"实现逻辑或运算，其功能用 RTL 描述为 R[r12]←R[r12]| 0x7ff。该 ori 指令的机器码为 0x039f fd8c，按 2RI12 型指令格式展开，如图 3.10 所示，其中第 10～21 位为 12 位立即数 0x7ff。

31　22	21	10 9　5 4　0
00 0000 1110	0111 1111 1111	01100 01100

图 3.10　指令"ori $ r12，$ r12，0x7ff"的机器码

−2049 的 32 位补码表示为 0xffff f7ff，对于小于−2048 的 32 位常量，LoongArch 编译器通常将该常量的高 20 位(0xfffff)放在指令 lu12i.w 的 20 位立即数字段，低 12 位(0x7ff) 放在指令 ori 的 12 位立即数字段。指令 lu12i.w 执行后 R12[31:0]=0xffff f000，指令 ori 执行后 R12[31:0]=0xffff f7ff，即指令 lu12i.w 和 ori 的配合使用可将两条指令中的立即数字段拼接为一个完整的 32 位机器数。

指令"st.w $ r12，$ r22，−32(0xfe0)"的功能用 RTL 描述为 M[R[r22]−32]← R[r12]，目的操作数地址为 R[r22]−32=0xff ffff 6f60−32=0xff ffff 6f40，这是变量 d 的存储地址。

使用命令"x/1xw 0xffffff6f40"可查看变量 d 的机器数，如图 3.8 调试结果所示，d 的机器数为 0xffff f7ff。

综上所述，对于将一个数值范围大于 4095 或小于−2048 的 32 位整型常量赋值给一个整型变量的赋值语句，可先使用指令 lu12i.w 和 ori 将整数常量存入通用寄存器，再用指令 st.w 将该通用寄存器的内容保存到变量所在的存储单元中。

步骤 5：输入 gdb 调试命令，执行 C 语言语句"e=8191;"对应的指令序列。

（1）输入命令"i r pc"，查看 PC 的内容（当前程序的断点位置）。

（2）输入命令"s"，执行 C 语言语句"e=8191;"对应的指令序列。

（3）输入命令"x/1xw 0xffffff6f3c"，查看变量 e 的机器数。

上述操作完成后各窗口的部分内容如图 3.11 所示。其中，下画线处为输入的调试命令，方框中为命令"s"所执行的指令序列。

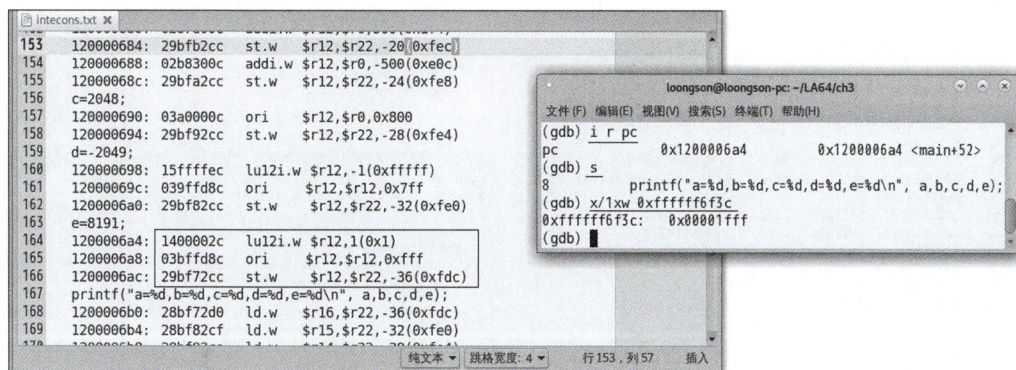

图 3.11　步骤 5 完成后各窗口的部分内容

指令"lu12i.w $r12,1(0x1)"的功能用 RTL 描述为 R[r12]←SignExtend({0x1，12'b0})，用于将立即数 0x1000 存入通用寄存器 r12。该 lu12i.w 指令的机器码为 0x1400 002c，按 1RI20-型指令格式展开，如图 3.12 所示，其中第 5～24 位为 20 位立即数 0x00001。

31	25	24		5	4	0
000 1010		0000 0000 0000 0000 0001			01100	

图 3.12　指令"lu12i.w $r12,1(0x1)"的机器码

指令"ori $r12,$r12,0xfff"实现逻辑或运算，其功能用 RTL 描述为 R[r12]←R[r12]|0xfff。该 ori 指令的机器码为 0x03bf fd8c，按 2RI12-型指令格式展开，如图 3.13 所示，其中第 10～21 位为 12 位立即数 0xfff。

31	22	21		10	9	5	4	0
00 0000 1110		1111 1111 1111			01100		01100	

图 3.13　指令"ori $r12,$r12,0xfff"的机器码

对于大于 4095 的 32 位常量，LoongArch 编译器通常将其高 20 位放在指令 lu12i.w 的 20 位立即数字段，低 12 位放在指令 ori 的 12 位立即数字段。例如，对于常量 8191，其 32 位补码表示为 0x0000 1fff，对应指令 lu12i.w 执行后，R12[31:0]＝0x0000 1000，对应指令 ori 执行后 R12[31:0]＝0x0000 1fff，指令 lu12i.w 和 ori 的配合使用可将两条指令中的立即数字段拼接为一个完整的 32 位机器数。

指令"st.w $r12,$r22,−32(0xfe0)"的功能用 RTL 描述为 M[R[r22]−36]←R[r12]，目的操作数地址为 R[r22]−36＝0xff ffff 6f60−36＝0xff ffff 6f3c，这是变量 e 的存储地址。

使用命令"x/1xw 0xffffff6f3c"可查看变量 e 的机器数，如图 3.11 所示，M[0xffffff6f3c]＝0x0000 1fff，执行 C 语言语句"e=8191;"后，变量 e 的机器数为 0x0000 1fff。

步骤 6：输入 gdb 调试命令，输出程序执行结果并退出 gdb 调试过程。

（1）输入命令"next"，执行 C 语言语句"printf("a＝％d,b＝％d,c＝％d,d＝％d,e＝％d\n", a,b,c,d,e);"，从而输出程序执行结果。

（2）输入命令"quit"后，系统询问"Quit anyway？（y or n)"，输入 y 退出 gdb 调试过程。

上述操作完成后各窗口的部分内容如图 3.14 所示。其中，下画线处为输入的调试命令。

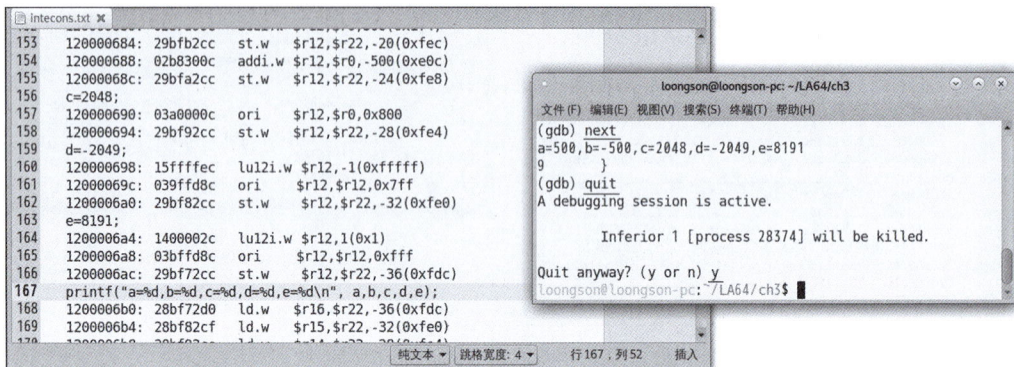

图 3.14　步骤 6 完成后各窗口的部分内容

从上述例子可看出，LoongArch 编译器将整型常量以立即数寻址方式存放在指令中，整型变量的初始化通常用指令 addi.w、ori 或 lu12i 等实现。区间[－2048,2047]内的整型常量可直接放在指令 addi.w 的 12 位立即数字段，即指令 addi.w 可将区间[－2048,2047]内的整型常量写入通用寄存器。区间[0,4095]内的整型常量可直接放在指令 ori 的 12 位立即数字段，即指令 ori 可将区间[0,4095]内的整数常量写入通用寄存器。小于－2048 或大于4095 的 32 位整型常量可拆分后分别放在指令 lu12i.w 和 ori 的立即数字段，指令 lu12i.w、lu32i.d、lu52i.d 与 ori 的配合使用，可将超过 12 位的整型常量写入通用寄存器。

五、实验报告

本实验报告包括但不限于以下内容。

1. 回答以下问题。

（1）立即数寻址方式和寄存器寻址方式下的操作数各自存放在哪里？

（2）基址加位移寻址方式下的操作数存放在哪里？操作数所在的地址、基址和位移三者之间的关系是什么（要求用计算公式或图示方式来表示关系）？基址和位移各自存放在哪里？

（3）LoongArch 指令系统中，立即数字段是否按小端方式存放？

（4）指令顺序执行时，PC＝PC＋4，说明这里加 4 的含义。

2. 修改程序 intecons.c，将其中赋值语句分别修改为"a＝2047;"、"b＝－2048;"、"c＝4095;"和"c＝－8191;"，将修改后的源程序文件保存为 intecons2.c。用 gcc 命令将intecons2.c 编译转换为可执行文件 intecons2，对可执行文件 intecons2 进行反汇编，并将反汇编结果保存为文件 intecons2.txt，查看 intecons2.txt 中各条赋值语句对应的指令机器码和汇编指令序列，指出其指令机器码中哪几位属于立即数字段。LoongArch 编译器能否用一条 ori 指令加载常量－2048 到通用寄存器中？说明理由。

3. 调试执行下列 C 语言程序,说明在 LA64 中如何把 64 位的整型常量赋值给变量 a。

```
#include "stdio.h"
void main()
{  long a=0x1234567890abcdef;
   printf("a=%ld\n", a);
}
```

实验 2   浮点型常量和字符串的存储和访问

一、实验目的

1. 掌握 LA64 架构中的整数运算类指令。
2. 掌握 IEEE 754 标准单精度浮点格式。
3. 掌握浮点型常量和字符串的存储和访问。
4. 理解 LA64 架构中指针型变量的位宽和边界对齐方式。

二、实验要求

给定 C 语言程序 floatstr.c,代码如下。

```
#include "stdio.h"
void main()
{  float f=5.0;
   char * s="abc123";
   printf("f=%f, * s=%s\n", f,s);
}
```

编辑生成上述 C 语言源程序,然后对其进行编译转换,生成可执行文件,并对可执行文件进行调试,根据程序调试结果填写表 3.3 中各常量的地址(十六进制表示)、存储内容(十六进制表示),以及 C 语言语句对应的汇编指令序列和指令的含义。

表 3.3   常量的地址及存储内容、语句的机器级表示

常　　量	地　　址	存 储 内 容
5.0		
"abc123"		
C 语言语句	汇编指令序列	指令的含义
floatf=5.0;		
char * s="abc123";		

三、实验准备

1. 通过文本编辑器编辑生成 C 语言源程序文件 floatstr.c,并将其保存在目录"～/

LA64/ch3"中。

2. 打开终端窗口，设置终端窗口的当前目录为"～/LA64/ch3"。在终端窗口中进行以下操作。

（1）输入命令"gcc -g floatstr.c -o floatstr"，将 floatstr.c 编译转换为可执行目标文件 floatstr。

（2）输入命令"objdump -S floatstr > floatstr.txt"，对 floatstr 进行反汇编，并将反汇编结果保存在文件 floatstr.txt 中。

（3）输入命令"./floatstr"，执行可执行文件 floatstr。

3. 在文本编辑器窗口中打开文件 floatstr.txt，并使窗口显示函数 main() 的代码内容。上述操作完成后各窗口的部分内容如图 3.15 所示。

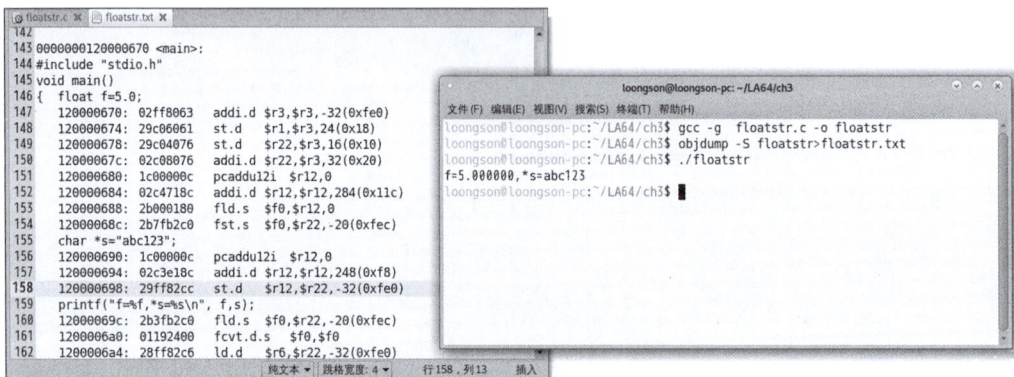

图 3.15　各窗口的部分内容

图 3.15 中第 153 和第 154 行的指令 fld.s 和 fst.s 属于基础浮点指令，浮点指令涉及的浮点寄存器有 32 个，汇编指令中记为 $f0～$f31，位宽皆为 64。例如，对于图 3.15 中的指令"fld.s $f0,$r12,0"和"fst.s $f0,$r22,-20(0xfec)"，其中 $f0 是指 0 号浮点寄存器。对于单精度浮点数运算指令，其操作数位宽为 32，因而使用浮点寄存器中的低 32 位，如 R[f0][31:0]，浮点寄存器中高 32 位，如 R[f0][63:32]，可以是任意值。

四、实验步骤

按如下步骤在终端窗口中输入 gdb 调试操作命令，对可执行文件进行调试执行。

步骤 1：启动 gdb 调试命令，使程序执行到设置的断点处停下。具体操作如下。

（1）在 shell 命令行提示符下输入命令"gdb floatstr"，启动 gdb 命令并加载可执行文件 floatstr。

（2）在 gdb 调试状态下输入命令"break main"或"b main"，在函数 main() 处设置断点。

（3）输入命令"run"或"r"，启动程序运行，并在设置的断点处停下。

步骤 2：输入 gdb 调试命令，执行 C 语言语句"f=5.0;"对应的指令序列。

（1）输入命令"i r pc"，查看 PC 的内容（当前程序的断点位置）。

（2）输入命令"si"，执行指令"pcaddu12i $r12,0"。

（3）输入命令"i r r12"，查看 r12 的内容。

（4）输入命令"si"，执行指令"addi.d $r12,$r12,284(0x11c)"。

（5）输入命令"i r r12"，查看 r12 的内容。

（6）输入命令"x/1xw 0x12000079c"，查看地址 0x1 2000 079c 处的内容。

（7）输入命令"si"，执行指令"fld.s ＄f0，＄r12，0"。

（8）输入命令"si"，执行指令"fst.s ＄f0，＄r22，−20(0xfec)"。

（9）输入命令"i r r22"，查看 r22 的内容。

（10）输入命令"x/1xw 0xffffff6f4c"，查看变量 f 的机器数。

上述操作完成后各窗口的部分内容如图 3.16 所示。其中，箭头指向命令"si"执行的指令，虚下画线和实下画线分别标出相同的内容，方框标出 C 语言语句"f=5.0;"对应的 4 条指令序列。

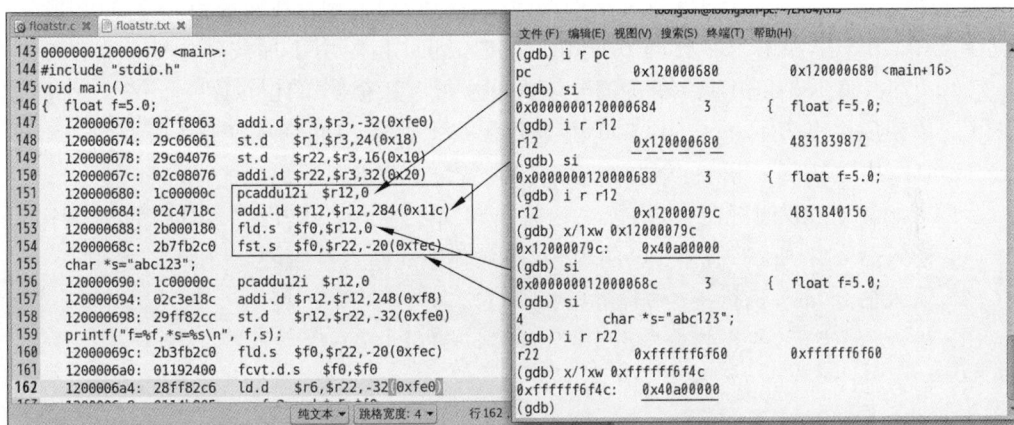

图 3.16　步骤 2 完成后各窗口的部分内容

对上述操作（1）～（6）分析如下。

指令"pcaddu12i ＄r12，0"属于 1RI20-型格式指令，其功能用 RTL 描述为 R[r12]←PC+0×2¹²，将 20 位的立即数（0）乘以比例因子 2^{12} 后与当前 PC 内容相加，结果送入寄存器 r12。由于指令 pcaddu12i 中的立即数字段为 0，故该指令等价于将当前 PC 内容加载到通用寄存器 r12 中。从图 3.16 中可看出，第 151 行的指令 pcaddu12i 执行前 PC=0x1 2000 0680，执行后 R[r12]=0x1 2000 0680，即该指令实现 R[r12]←PC。

指令"addi.d ＄r12，＄r12，284(0x11c)"功能用 RTL 描述为 R[r12]←R[r12]+284，该指令执行后 R[r12]=R[r12]+284=0x1 2000 0680+284=0x1 2000 079c。命令"i r r12"可验证 R[r12]=0x1 2000 079c。

使用命令"x/1xw 0x12000079c"查看地址 0x1 2000 079c 处的内容为 0x40a0 0000。因为 5.0=1.01B×2²，所以 5.0 对应的单精度浮点数为 0 1000 0001 010 0000 0000 0000 0000 0000B=0x40a0 0000，地址 0x1 2000 079c 处存储的 0x40a0 0000 就是 5.0 的单精度浮点数。

综上可知，通过指令 pcaddu12i 和 addi.d 可将浮点型常量 5.0 的存储地址 0x1 2000 079c 写入通用寄存器 r12 中。LA64 中通常将指令 pcaddu12i 和 addi.d 配合使用，以实现加载一个地址到通用寄存器的功能。

对上述操作（7）～（10）分析如下。

指令"fld.s ＄f0，＄r12，0"从地址为 R[r12]+0 的存储单元取出 32 位数据并送入浮点寄存器 f0 的低 32 位,其功能用 RTL 描述为 R[f0][31:0]←M[R[r12]+0，WORD]。从上述分析已知,R[r12]=0x1 2000 079c,M[0x12000079c,WORD]=0x40a0 0000,故该指令执行后 R[f0][31:0]=0x40a0 0000。

指令"fst.s \$f0,\$r22,-20(0xfec)"将浮点寄存器 f0 中低 32 位写入地址为 R[r22]-20 的存储单元,其功能用 RTL 描述为 M[R[r22]-20，WORD]←R[f0][31:0]。从图 3.16 中命令"i r r22"的调试结果可知 R[r22]=0xff ffff 6f60,因此,目的操作数地址 R[r22]-20=0xff ffff 6f60-20=0xff ffff 6f4c,显然,这就是变量 f 的存储地址。

使用命令"x/1xw 0xffffff6f4c"可查看变量 f 的机器数,如图 3.16 所示,变量 f 的机器数为 0x40a0 0000。

综上所述,LoongArch 编译器将浮点型常量 5.0 编码后存放在地址为 0x1 2000 079c 的存储单元中;第 151 和第 152 行的 pcaddu12i 和 addi.d 指令用于加载常量 5.0 的存储地址 0x1 2000 079c;第 153 和第 154 行的 fld.s 和 fst.s 指令从存储单元 0x1 2000 079c 中取出常量 5.0 的单精度浮点表示 0x40a0 0000,并通过浮点寄存器 f0 传送到变量 f 所在的存储单元 0xff ffff 6f4c 中。执行 C 语言语句"f=5.0;"后,变量 f 的机器数为 0x40a0 0000。

步骤 3：输入 gdb 调试命令,执行 C 语言语句"char *s="abc123";"对应的指令序列。

(1) 输入命令"i r pc",查看 PC 的内容(当前程序的断点位置)。

(2) 输入命令"si",执行指令"pcaddu12i \$r12,0"。

(3) 输入命令"si",执行指令"addi.d \$r12,\$r12,248(0xf8)"。

(4) 输入命令"i r r12",查看 r12 的内容。

(5) 输入命令"x/7xb 0x120000788",查看 0x1 2000 0788 地址开始的 7 字节内容。

(6) 输入命令"si",执行指令"st.d \$r12,\$r22,-32(0xfe0)"。

(7) 输入命令"x/2xw 0xffffff6f40",查看变量 s 的内容。

上述操作完成后各窗口的部分内容如图 3.17 所示。其中,箭头指向命令"si"执行的指令,方框中标出 C 语言语句"char *s="abc123";"对应的 3 条指令序列。

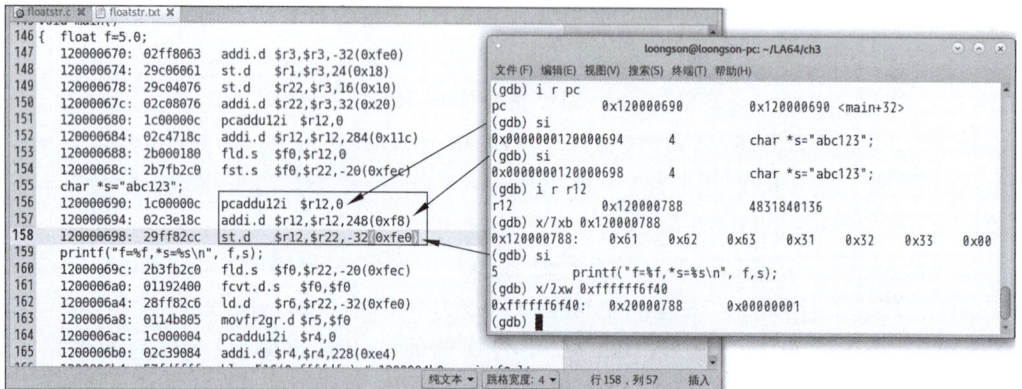

图 3.17 步骤 3 完成后各窗口的部分内容

在图 3.17 中,指令"pcaddu12i \$r12,0"和"addi.d \$r12,\$r12,248(0xf8)"用于将相对于指令 pcaddu12i(PC=0x1 2000 0690) 位移量为 248 处的地址存入通用寄存器 r12。从命令"i r r12"的执行结果可知,执行指令 pcaddu12i 和 addi.d 后,R[r12]=0x1 2000 0788。

由命令"x/7xb 0x120000788"的执行结果可知,地址 0x1 2000 0788 处的存储内容为 0x61 0x62 0x63 0x31 0x32 0x33 0x00,其中,前 6 字节对应字符串"abc123"的 ASCII 码,最后字节 0x00 表示字符串结束符。这说明指令 pcaddu12i 和 addi.d 存入寄存器 r12 中的 0x1 2000 0788 是字符串"abc123"的首地址。

指令"st.d $r12, $r22, −32(0xfe0)"的功能用 RTL 描述为 M[R[r22]−32]← R[r12],目的操作数地址为 R[r22]−32=0xff ffff 6f60−32=0xff ffff 6f40,这是变量 s 的地址。使用命令"x/2xw 0xffffff6f40"查看变量 s 的内容为 0x0000 0001 2000 0788。在 LA64 架构中,指针类型是 64 位,且按 8 字节对齐,因此,指针型变量 s 的内容有 8 字节,且变量 s 应按 8 字节对齐。

综上所述,LoongArch 编译器将字符串"abc123"存放在从地址 0x1 2000 0788 开始的存储单元中;第 156 和第 157 行的 pcaddu12i 和 addi.d 指令用于加载字符串的首地址 0x1 2000 0788;第 158 行的 st.d 指令将地址 0x1 2000 0788 存入变量 s 的存储单元中。执行 C 语言语句"char * s="abc123""后,变量 s 的内容是一个指向字符串"abc123"的 64 位指针 0x0000 0001 2000 0788。

步骤 4:输入 gdb 调试命令,输出程序执行结果并退出 gdb 调试过程。

(1) 输入命令"next",执行 C 语言语句"printf("f=%f, * s=%s\n", f,s);",输出程序执行结果。

(2) 输入命令"quit"后,系统询问"Quit anyway? (y or n)",输入 y 以退出 gdb 调试过程。

五、实验报告

本实验报告包括但不限于以下内容。

1. 通常 LoongArch 编译器将指令"pcaddu12i rd, si20"和"addi.d rd, rj, si12"配合使用,以实现将相对于当前 pcaddu12i 指令的、位移量由 si20 和 si12 确定的地址存入通用寄存器,该地址可能是跳转目标指令的地址(称为跳转目标地址)或某个常数所在的地址。

某代码中为加载当前指令的跳转目标地址使用了如下所示的两条指令,给出的 3 列分别为指令地址、机器指令和对应的汇编指令。

```
120000690: _____    pcaddu12i    $r12,10(0xa)
_____: _____    addi.d       $r12,$r12,248(0xf8)
```

(1) 填写下画线处的内容。

(2) 跳转目标地址相对于指令 pcaddu12i 的位移量是多少?

2. 分析两条指令"pcaddu12i rd, si20"和"addi.d rd, rj, si12"可加载的地址范围。

3. 给定 C 语言程序:

```c
#include "stdio.h"
void main()
{   float f=1e20;
    double d=1e20;
    printf("f=%f\n", f);
    printf("d=%f\n", d);
}
```

编辑生成上述 C 语言源程序文件，然后对其进行编译转换，生成可执行文件，并对可执行文件进行调试执行，查看各变量的存储情况和程序输出结果。要求将整个调试过程截图，并根据调试结果回答以下问题。

（1）变量 f 和 d 的机器数分别是什么？

（2）程序输出的 f 和 d 的值分别是多少？为什么 f 和 d 的输出值不同？要求通过对 f 和 d 两个变量的机器数估算出对应输出值之间的差，以说明和验证程序输出结果的正确性。

实验 3　数据的宽度与存放顺序

一、实验目的

1. 理解 LA64 架构中整型数据存储的字节宽度。

2. 理解 LA64 架构中数据存储的字节排列顺序。

3. 理解 LA64 架构中整型数据存储的对齐方式。

二、实验要求

给定 C 语言程序 store.c，代码如下。

```
#include "stdio.h"
void main()
{ struct record{
    char xc;
    int xi;
    long xl;
    short xs;
    long long xll;
    char yc;
} ;
struct record R[2] ;
R[0].xc=100; R[0].xi=100; R[0].xl=100; R[0].xs=100; R[0].xll=100; R[0].
yc=0xff;
R[1].xc=0x11; R[1].xi=0x12345678; R[1].xl=0x2233aabbccddeeff; R[1].
xs=0x4455;
R[1].xll=0x6677abcdefabcdef;R[1].yc=0x88;
printf("char:%dB, short:%dB, int:%dB\n", sizeof(R[0].xc), sizeof(R[0].xs),
sizeof(R[0].xi));
printf("long:%dB, long long:%dB\n",sizeof(R[0].xl),sizeof(R[0].xll));
printf("R:%dB\n",sizeof(R));
}
```

编辑生成上述 C 语言源程序，然后对其进行编译转换，生成可执行文件，并对可执行文件进行调试，根据程序调试结果思考下列问题或完成下列任务。

1. R[0]中成员 R[0].xc、R[0].xi、R[0].xl、R[0].xs、R[0].xll 的初始值均是 100，属于不同的整数类型，它们所占字节数是否相同？在表 3.4 中填写相应的机器数（用十六进制表示）。

表 3.4　R[0]中部分成员初始值的机器数表示

R[0]中的成员	机器数	R[0]中的成员	机器数
R[0].xc		R[0].xl	
R[0].xi		R[0].xll	
R[0].xs			

2. 通常计算机采用按字节编址方式,即每个存储单元占一个字节。已知 R[0].xi 为 int 型,因此占 4 字节,这 4 字节如何排列? 你的计算机采用的是大端方式还是小端方式?

3. 数组 R 占用的存储空间有多少字节? 如何优化程序 store.c 使数组 R 尽量占用更小的存储空间? 优化后数组 R 占用的存储空间是多少字节?

三、实验准备

1. 通过文本编辑器编辑生成 C 语言源程序文件 store.c,并将其保存在目录"～/LA64/ch3"中。

2. 打开终端窗口,设置终端窗口的当前目录为"～/LA64/ch3"。在终端窗口中进行以下操作。

(1) 输入命令"gcc -g store.c -o store",将 store.c 编译转换为可执行目标文件 store。

(2) 输入命令"objdump -S store > store.txt",对 store 进行反汇编,并将反汇编结果保存在文件 store.txt 中。

(3) 输入命令"./store",执行可执行文件 store。

3. 在文本编辑器窗口中打开 store.txt 文件,并使窗口显示函数 main()的代码内容。

上述操作完成后各窗口的部分内容如图 3.18 所示。其中,下画线标出部分 C 赋值语句,方框中是它们对应的汇编指令序列。

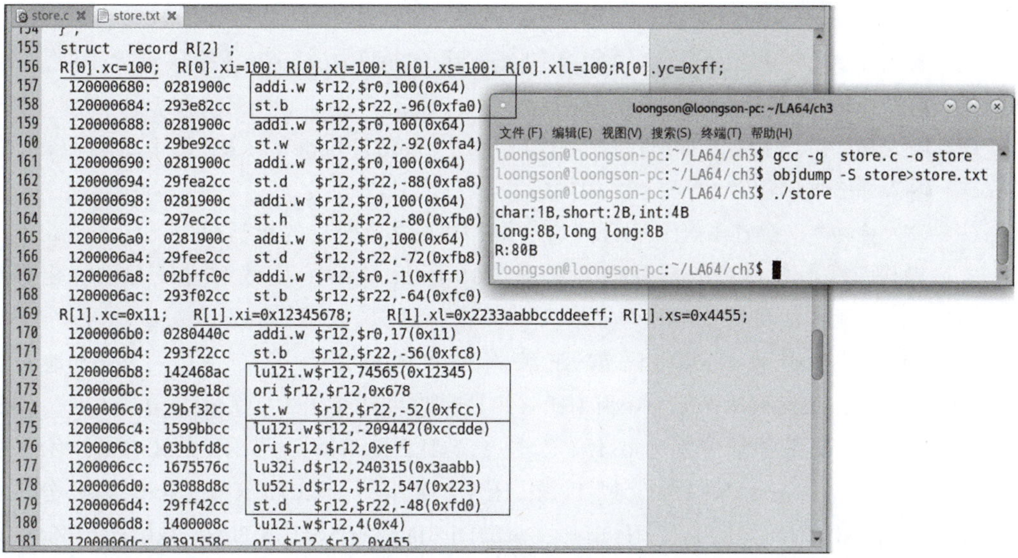

图 3.18　各窗口的部分内容

对于图 3.18 中的 store.txt 代码，观察 R 成员变量的赋值语句。参照本章实验 1 可知，12 位的整型常量可用 addi.w 或 ori 指令存入通用寄存器，32 位的整型常量可用 lu12i.w 和 ori 指令存入通用寄存器，64 位的整型常量可用 lu52i.d、lu32i.d、lu12i.w 和 ori 指令存入通用寄存器。

从图 3.18 中的程序输出结果可知，在 LA64 架构中，char 型、short 型、int 型、long 型、long long 型数据的字节宽度分别为 1B、2B、4B、8B、8B。

在 store.c 中对 R[0].xc、R[0].xi、R[0].xl、R[0].xs、R[0].xll 所赋初始值都是 100，但数据的字节宽度不同，其机器数各是什么？ 在计算机中存储多个字节时，应该按什么顺序排列呢？ record 结构体的成员 xc、xi、xl、xs、xll、yc 分别是 char 型、int 型、long 型、short 型、long long 型、char 型数据，那么数组 R 所占存储空间应是(1+4+8+2+8+1)×2＝48B，但在图 3.18 的程序输出结果中，为什么数组 R 的字节数是 80？

四、实验步骤

按如下步骤在终端窗口中输入 gdb 调试操作命令，对可执行文件进行调试执行。

步骤 1：启动 gdb 调试命令，使程序执行到设置的断点处停下。具体操作如下。

(1) 在 shell 命令行提示符下，输入命令"gdb store"，启动 gdb 命令并加载 store 可执行文件。

(2) 在 gdb 调试状态下，输入命令"break main"或"b main"，在函数 main()处设置断点。

(3) 输入命令"run"或"r"，启动程序运行，并在设置的断点处停下。

步骤 2：输入 gdb 调试命令，查看 R 中各成员变量的机器数。

(1) 输入命令"i r pc"，查看 PC 的内容(当前程序的断点位置)。

(2) 输入命令"s"，执行 C 语言语句"R[0].xc＝100；R[0].xi＝100；R[0].xl＝100；R[0].xs＝100；R[0].xll＝100；R[0].yc＝0xff；"。

(3) 输入命令"s"，执行 C 语言语句"R[1].xc＝0x11；R[1].xi＝0x12345678；R[1].xl＝0x2233aabbccddeeff；R[1].xs＝0x4455；"。

(4) 输入命令"s"，执行 C 语言语句"R[1].xll＝0x6677abcdefabcdef；R[1].yc＝0x88；"。

(5) 输入命令"i r r22"，查看 r22 的内容。

(6) 输入命令"x/80xb 0xffffff6f10"，查看 R 中各成员变量的机器数。

上述操作完成后各窗口的部分内容如图 3.19 所示。其中，实线和虚线分别标出数组 R[0] 和 R[1] 元素各成员变量的机器数。

对照 store.txt 中的 C 语言语句、汇编指令和调试信息可知，R[0].xc 的地址为 R[r22]−96＝0xff ffff 6f70−96＝0xff ffff 6f10，同理，可计算出 R[0].xi、R[0].xl、R[0].xs、R[0].xll 和 R[0].yc 的地址分别为 0xff ffff 6f14、0xff ffff 6f18、0xff ffff 6f20、0xff ffff 6f28 和 0xff ffff 6f30，R[1].xc、R[1].xi、R[1].xl、R[1].xs、R[1].xll 和 R[0].yc 的地址分别为 0xff ffff 6f38、0xff ffff 6f3c、0xff ffff 6f40、0xff ffff 6f48、0xff ffff 6f50 和 0xff ffff 6f58。从地址分布和图 3.19 均可看出，这些变量并没有紧挨着存储。

在 LA64 架构中，为变量分配存储空间及数据存储时具有以下两方面的特点。

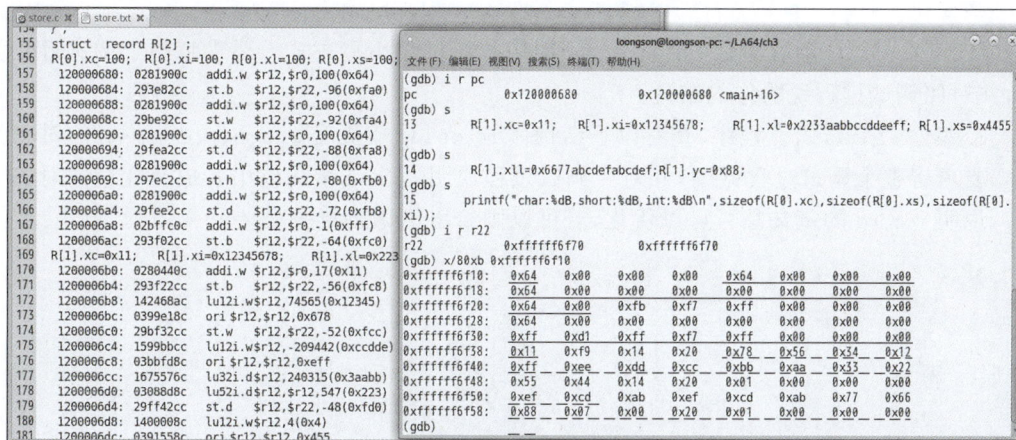

图 3.19　步骤 2 完成后各窗口的部分内容

（1）采用小端方式进行存放。如图 3.19 所示，当变量的机器数占用多个字节时，机器数按字节倒序存放。例如，R[1].xi 的机器数 0x1234 5678 存储在从地址 0xff ffff 6f3c 开始的 4 个存储单元中，其中，最低有效字节 78H 存储在低地址 0xff ffff 6f3c 中，最高有效字节 12H 存储在高地址 0xff ffff 6f3f 中。又如，R[1].xs 的机器数 0x4455 存储在从地址 0xff ffff 6f48 开始的两个存储单元中，55H(LSB)存储在低地址 0xff ffff 6f48 中，0x44(MSB)存储在高地址 0xff ffff 6f49 中。LoongArch 架构中操作数在存储空间的存放采用小端方式。

（2）按边界对齐方式分配空间。从图 3.19 可看出，结构体的各成员变量之间并不是连续存放，有些数据之间插入了空闲单元。这是因为编译器采用了某种对齐方案，不同的 ABI 规范可能规定不同的对齐要求。LA64 架构按如下对齐方式分配空间：char 型变量无须对齐；short 型变量地址是 2 的倍数；int 型变量地址是 4 的倍数；long 型和 long long 型变量地址是 8 的倍数。例如，R[0].xc 与 R[0].xi 之间空闲 3 字节，使得 R[0].xi 地址为 4 的倍数；R[0].xs 与 R[0].xll 之间空闲 6 字节，使得 R[0].xll 地址为 8 的倍数。

数组 R 的每个元素都是一个结构体，编译器为结构体变量分配存储空间时，结构体变量的对齐方式与其中对齐方式最严格的成员相同。例如，R[1].xc 虽然是 char 型，但它并没有紧接着 R[0].yc 存放，而是在 R[0].yc 后面插入了 7 个空闲字节，以使 R[1].xc 按 8 的倍数地址存放。

综上可知，数组 R 的每个元素占 1+3+4+8+2+6+8+1+7=40B，故数组 R 占用的总存储空间为 40B×2=80B，这与图 3.18 中程序输出结果一致。

步骤 3：输入 gdb 调试命令，输出程序执行结果并退出 gdb 调试过程。

（1）输入命令"continue"或"c"，继续执行 C 语言语句，输出程序执行结果。

（2）输入命令"quit"，退出 gdb 调试过程。

五、实验报告

本实验报告包括但不限于以下内容。

1. 优化程序 store.c 以使数组 R 占用最少的存储空间。调试执行该新程序，查看各变量的存储情况。要求将整个调试过程截图，并对照调试过程说明数组 R 所占存储空间发生了哪些变化。

2.编写一个 C 语言程序，验证 LA64 架构计算机是小端方式。要求将整个调试过程截图，并对照调试过程说明你的结论。

3.编写一个 C 语言程序，查看以下结构体 record 中成员变量 a、b、c、d、e、f、g 的对齐方式。要求将整个调试过程截图，并对照调试过程说明 record 结构体中各成员变量的对齐方式。说明 record 的定义是否可以优化，若可以则给出优化后新的定义。

```
struct record {
    char      a;
    int       b;
    char      c;
    short     d;
    char      e;
    int       f;
    char      g;
};
```

实验 4   整数加减运算

一、实验目的

1.掌握整数加减运算指令格式及其功能。

2.掌握整数加减运算电路及其与相应指令之间的对应关系。

3.理解整数加减运算结果正确性判断方法。

二、实验要求

给定 C 语言程序 addsub.c，代码如下。

```
#include "stdio.h"
void main()
{   int a=100, b=2147483647, c, d;
    unsigned int ua=100, ub=2147483647, uc, ud;
    c=a+b; uc=ua+ub;
    d=a-b; ud=ua-ub;
    printf("c=a+b=%d+%d=%d\n", a, b, c);
    printf("uc=ua+ub=%u+%u=%u\n", ua, ub, uc);
    printf("d=a-b=%d-%d=%d\n", a, b, d);
    printf("ud=ua-ub=%u-%u=%u\n", ua, ub, ud);
}
```

编辑生成上述 C 语言源程序，然后对其进行编译转换，生成可执行文件，并对可执行文件进行调试，根据程序调试结果完成以下任务。

（1）填写表 3.5 中各变量的机器数（用十六进制表示）和程序输出值（用十进制表示）。

表 3.5　变量的机器数和输出值

变　量	机　器　数	输　出　值	变　量	机　器　数	输　出　值
a			ua		
b			ub		
c			uc		
d			ud		

（2）在表 3.6 中填写实现 a＋b、a－b、ua＋ub 和 ua－ub 运算时，在如图 3.21 所示的整数加减运算电路中各输入端和输出端的数据（多位数据用十六进制表示）。

表 3.6　整数加减运算电路中输入端和输出端的数据

运　算	X	Y	Y'	Sub	Result	C
a＋b						
a－b						
ua＋ub						
ua－ub						

（3）如何判断 a＋b、ua＋ub、a－b 和 ua－ub 运算后得到的结果是否正确？

三、实验准备

1. 通过文本编辑器编辑生成 C 语言源程序文件 addsub.c，并将其保存在目录"～/LA64/ch3"中。

2. 打开终端窗口，设置终端窗口的当前目录为"～/LA64/ch3"。在终端窗口中进行以下操作。

（1）输入命令"gcc -g addsub.c -o addsub"，将 addsub.c 编译转换为可执行目标文件 addsub。

（2）输入命令"objdump -S addsub > addsub.txt"，对 addsub 进行反汇编，并将反汇编结果保存在文件 addsub.txt 中。

（3）输入命令"./addsub"，执行可执行文件 addsub。

3. 在文本编辑器窗口中打开文件 addsub.txt，并使窗口显示函数 main() 的代码内容。

上述操作完成后各窗口的部分内容如图 3.20 所示。其中，方框中是 C 语言语句对应的汇编指令序列。

对于图 3.20 中的 addsub.txt 代码，观察每个 C 语言语句对应的汇编语句。对于将整型常数赋值给整型变量的对应指令序列的理解，可以参照本章实验 1 中相关内容。实现 C 语言语句"c＝a＋b;"中 a＋b 运算和"uc＝ua＋ub;"中 au＋bu 运算的指令完全相同，都是指令"add $r12, $r13, $r12"。实现 C 语言语句"d＝a－b;"中 a－b 运算和"ud＝ua－ub;"中 ua－ub 运算的指令也都是指令"sub $r12, $r13, $r12"。由此可见，在 LA64 架构中，并不区分带符号整数与无符号整数加法指令，因而这两种加运算电路完全相同。同样，在 LA64 中也不区分带符号整数与无符号整数减法指令，这两种减运算电路也完全相同。

```
addsub.c ✕    addsub.txt ✕
144 #include "stdio.h"
145 void main( )
146 {    int      a=100, b=2147483647, c, d;
147    120000670: 02ff4063    addi.d $r3,$r3,-48(0xfd0)
148    120000674: 29c0a061    st.d   $r1,$r3,40(0x28)
149    120000678: 29c08076    st.d   $r22,$r3,32(0x20)
150    12000067c: 02c0c076    addi.d $r22,$r3,48(0x30)
151    120000680: 0281900c    addi.w $r12,$r0,100(0x64)
152    120000684: 29bfb2cc    st.w   $r12,$r22,-20(0xfec)
153    120000688: 14ffffec    lu12i.w$r12,524287(0x7ffff)
154    12000068c: 03bffd8c    ori $r12,$r12,0xfff
155    120000690: 29bfa2cc    st.w   $r12,$r22,-24(0xfe8)
156        unsigned int ua=100, ub=2147483647,uc,ud;
157    120000694: 0281900c    addi.w $r12,$r0,100(0x64)
158    120000698: 29bf92cc    st.w   $r12,$r22,-28(0xfe4)
159    12000069c: 14ffffec    lu12i.w$r12,524287(0x7ffff)
160    1200006a0: 03bffd8c    ori $r12,$r12,0xfff
161    1200006a4: 29bf82cc    st.w   $r12,$r22,-32(0xfe0)
162        c=a+b;     uc=ua+ub;
163    1200006a8: 28bfb2cd    ld.w   $r13,$r22,-20(0xfec)
164    1200006ac: 28bfa2cc    ld.w   $r12,$r22,-24(0xfe8)
165    1200006b0: 001031ac    add.w  $r12,$r13,$r12
166    1200006b4: 29bf72cc    st.w   $r12,$r22,-36(0xfdc)
167    1200006b8: 28bf92cd    ld.w   $r13,$r22,-28(0xfe4)
168    1200006bc: 28bf82cc    ld.w   $r12,$r22,-32(0xfe0)
169    1200006c0: 001031ac    add.w  $r12,$r13,$r12
170    1200006c4: 29bf62cc    st.w   $r12,$r22,-40(0xfd8)
171        d=a-b;     ud=ua-ub;
172    1200006c8: 28bfb2cd    ld.w   $r13,$r22,-20(0xfec)
173    1200006cc: 28bfa2cc    ld.w   $r12,$r22,-24(0xfe8)
174    1200006d0: 001131ac    sub.w  $r12,$r13,$r12
175    1200006d4: 29bf52cc    st.w   $r12,$r22,-44(0xfd4)
176    1200006d8: 28bf92cd    ld.w   $r13,$r22,-28(0xfe4)
177    1200006dc: 28bf82cc    ld.w   $r12,$r22,-32(0xfe0)
178    1200006e0: 001131ac    sub.w  $r12,$r13,$r12
179    1200006e4: 29bf42cc    st.w   $r12,$r22,-48(0xfd0)
180        printf("c=a+b=%d+%d=%d\n",a,b,c);
```

```
loongson@loongson-pc: ~/LA64/ch3
文件 (F)  编辑(E)  视图(V)  搜索(S)  终端(T)  帮助(H)
loongson@loongson-pc:~/LA64/ch3$ gcc -g   addsub.c -o addsub
loongson@loongson-pc:~/LA64/ch3$ objdump -S addsub.c>addsub.txt
loongson@loongson-pc:~/LA64/ch3$ ./addsub
c=a+b=100+2147483647=-2147483549
uc=ua+ub=100+2147483647=2147483747
d=a-b=100-2147483647=-2147483547
ud=ua-ub=100-2147483647=2147483749
loongson@loongson-pc:~/LA64/ch3$
```

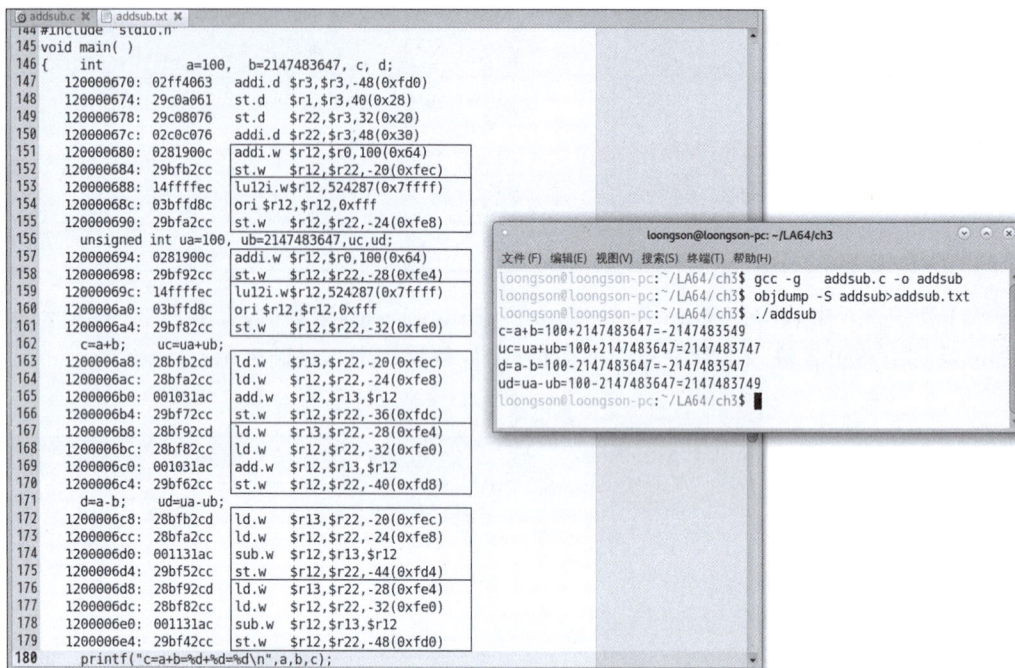

图 3.20　各窗口的部分内容

实现整数加减运算的电路如图 3.21 所示。当 Sub＝0 时，实现整数的加法运算；当 Sub＝1 时，实现整数的减法运算。LA64 架构不同于 Intel 的 x86 架构，在 LA64 架构中，整数加减运算指令执行后不会生成溢出、进位/借位等标志位信息。

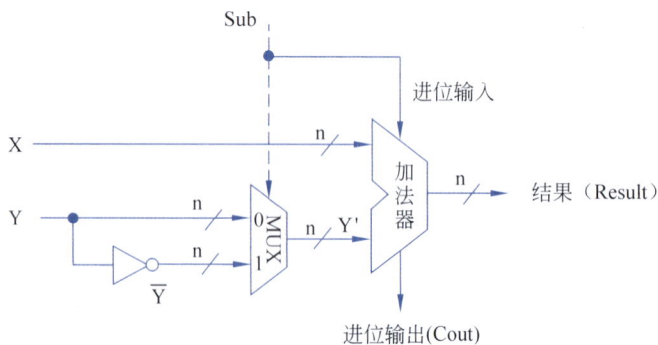

图 3.21　n 位整数加减运算电路

从图 3.20 中程序输出结果可看出，C 语言语句"c＝a＋b;"得到的变量 c 的值是负数。为什么两个正数 a 和 b 相加的结果是负数呢？此外，C 语言语句"ud＝ua－ub;"得到的变量 ud 的值比被减数 ua 的值还大，这又是什么原因？

四、实验步骤

按如下步骤在终端窗口中输入 gdb 调试操作命令，对可执行文件进行调试执行。

步骤 1：启动 gdb 调试命令，使程序执行到设置的断点处停下。具体操作如下。

（1）在 shell 命令行提示符下输入命令"gdb addsub"，启动 gdb 命令并加载可执行文件

addsub。

（2）在 gdb 调试状态下输入命令"break main"或"b main"，在函数 main()处设置断点。

（3）输入命令"run"或"r"，启动程序运行，并在设置的断点处停下。

步骤 2：输入 gdb 调试命令，查看变量 a、b、ua 和 ub 的机器数。

（1）输入命令"i r pc"，查看 PC 的内容（当前程序的断点位置）。

（2）输入命令"s"，执行 C 语言语句"a＝100，b＝2147483647;"。

（3）输入命令"s"，执行 C 语言语句"ua＝100，ub＝2147483647;"。

（4）输入命令"i r r22"，查看 r22 的内容。

（5）输入命令"x/4xw 0xffffff6f40"，查看变量 a、b、ua 和 ub 的机器数。

上述操作完成后各窗口的部分内容如图 3.22 所示。其中，4 种不同类型的下画线分别标出了 a、b、ua、ub 的地址和机器数，a 和 ua 的机器数相同，b 和 ub 的机器数相同。

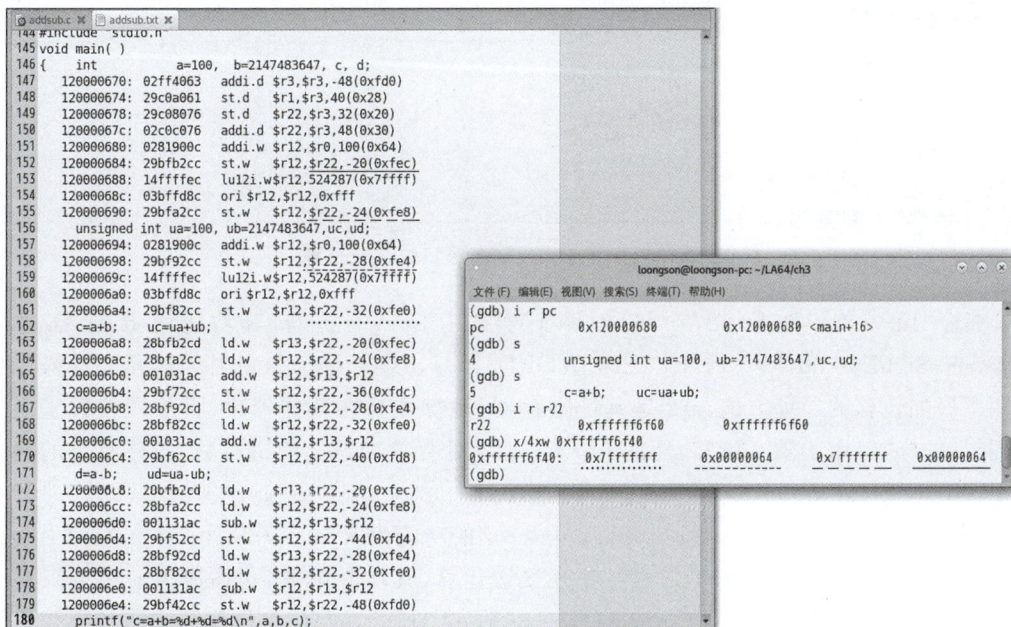

图 3.22　步骤 2 完成后各窗口的部分内容

步骤 3：输入 gdb 调试命令，跟踪 C 语言语句"c＝a＋b;"的执行。

（1）输入命令"i r pc"，查看 PC 的内容（当前程序的断点位置）。

（2）输入命令"si"，执行指令"ld.w ＄r13，＄r22，−20(0xfec)"。

（3）输入命令"si"，执行指令"ld.w ＄r12，＄r22，−24(0xfe8)"。

（4）输入命令"i r r12 r13"，查看 r12、r13 的内容。

（5）输入命令"si"，执行指令"add.w ＄r12，＄r13，＄r12"。

（6）输入命令"i r r12 r13"，查看 r12、r13 的内容。

（7）输入命令"si"，执行指令"st.w ＄r12，＄r22，−36(0xfdc)"。

（8）输入命令"x/1xw 0xffffff6f3c"，查看变量 c 的机器数。

上述操作完成后各窗口的部分内容如图 3.23 所示。其中，下画线和方框分别标出了执行的 C 语言语句和对应的指令序列。

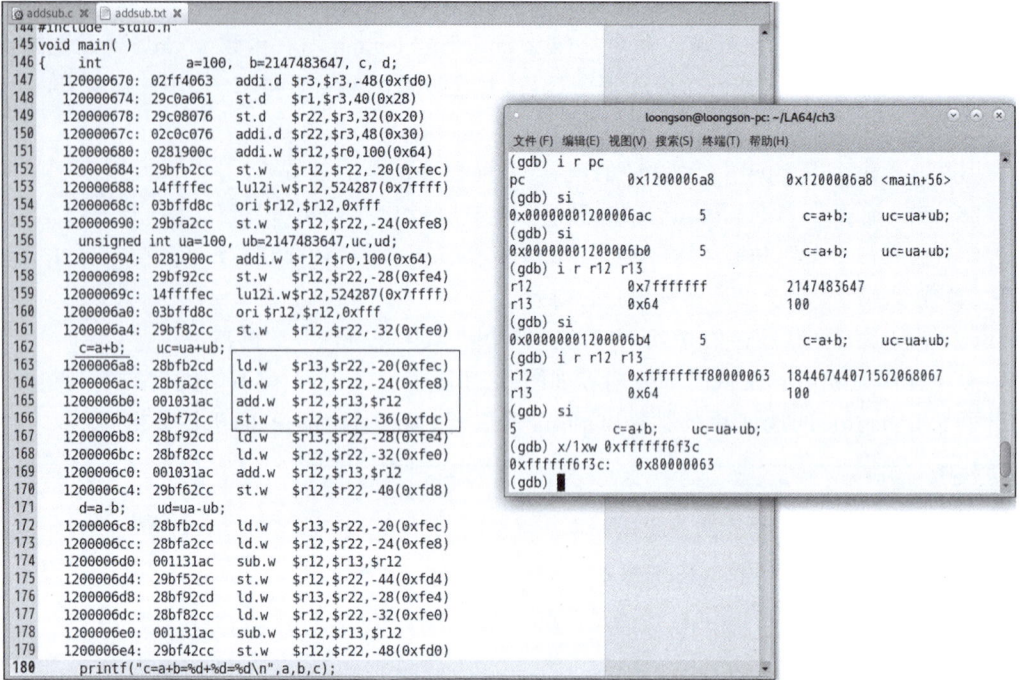

图 3.23　步骤 3 完成后各窗口的部分内容

指令"ld.w ＄r13，＄r22，－20(0xfec)"实现存储器的访问，其功能用 RTL 描述为 R[r13]←SignExtend(M[R[r22]－20，WORD]，64)，0xfec 是－20 的补码表示。源操作数采用基址加位移的寻址方式，r22 是基址寄存器，源操作数在存储器中；目的操作数采用寄存器寻址方式。由步骤 2 可知，地址 R[r22]－20 处存放变量 a 的机器数，故该指令的功能为 R[r13]←SignExtend(a,64)。

同理，指令"ld.w ＄r12，＄r22，－24(0xfe8)"的功能为 R[r12]←SignExtend(b,64)。

指令"add.w ＄r12，＄r13，＄r12"实现加法运算，其功能用 RTL 描述为 tmp＝R[r13][31:0]＋R[r12][31:0]，R[r12]←SignExtend(tmp[31:0],64)。源操作数和目的操作数均采用寄存器寻址方式。在 add 指令执行前，执行命令"i r r12 r13"验证 R[r12]和 R[r13]的内容分别为 0x0000 0000 7fff ffff 和 0x0000 0000 0000 0064，即 R[r12]＝b，R[r13]＝a，故该 add 指令的功能为 R[r12]←SignExtend(a＋b, 64)。在 add 指令执行后，执行命令"i r r12 r13"验证 R[r12]和 R[r13]的内容分别为 0xffff ffff 8000 0063 和 0x0000 0000 0000 0064。

指令"add.w ＄r12，＄r13，＄r12"中的加法运算结果如图 3.24 所示。其中，被加数 X 为 R[r13][31:0]＝0x0000 0064，加数 Y 为 R[r12][31:0]＝0x7fff ffff，Sub＝0 表示做加法，控制多路选择器(MUX)将 Y 传送到加法器的 Y 输入端，因此，在加法器中执行的结果为 0000 0064H＋7FFF FFFFH＝(0)8000 0063H，加法器输出 Result＝0x8000 0063。R[r12]＝SignExtend(Result[31:0], 64)＝0xffff ffff 8000 0063。

指令"st.w ＄r12，＄r22，－36(0xfdc)"实现存储器的访问，其功能用 RTL 描述为 M[R[r22]－36，WORD]←R[r12][31:0]，0xfdc 是－36 的补码表示。源操作数采用寄存

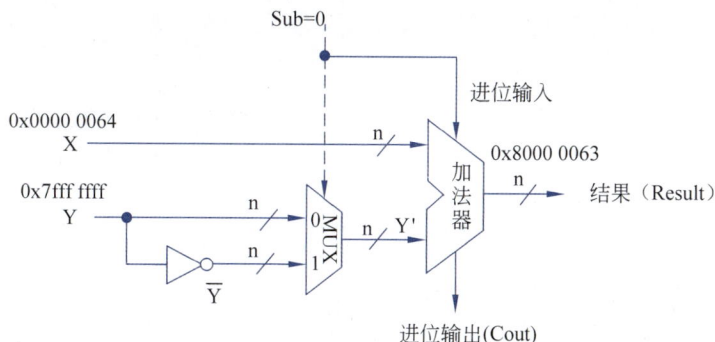

图 3.24　整数加减运算电路中的加法运算

器寻址方式；目的操作数采用基址加位移的寻址方式，r22 是基址寄存器。根据对应的 C 语言语句以及上一条指令执行结果可知，该指令实现的功能为 c←a＋b，R[r22]−36 为变量 c 的地址。

根据命令"x/1xw 0xffffff6f3c"的执行结果可知，变量 c 的机器数为 0x8000 0063，与图 3.24 中结果一致。

步骤 4：输入 gdb 调试命令，跟踪 C 语言语句"uc＝ua＋ub；"的执行。

（1）输入命令"i r pc"，查看 PC 的内容（当前程序的断点位置）。

（2）输入命令"si"，执行指令"ld.w ＄r13,＄r22,−28(0xfe4)"。

（3）输入命令"si"，执行指令"ld.w ＄r12,＄r22,−32(0xfe0)"。

（4）输入命令"i r r12 r13"，查看 r12、r13 的内容。

（5）输入命令"si"，执行指令"add.w ＄r12,＄r13,＄r12"。

（6）输入命令"i r r12 r13"，查看 r12、r13 的内容。

（7）输入命令"si"，执行指令"st.w ＄r12,＄r22,−40(0xfd8)"。

（8）输入命令"x/1xw 0xffffff6f38"，查看变量 uc 的机器数。

上述操作完成后各窗口的部分内容如图 3.25 所示。其中，下画线和方框分别标出了执行的 C 语言语句和对应的指令序列。

指令"ld.w ＄r13,＄r22,−28(0xfe4)"和"ld.w ＄r12,＄r22,−32(0xfe0)"中地址 R[r22]−28 和 R[r22]−32 处分别存放变量 ua 和 ub 的机器数，两条指令实现的功能分别为 R[r13]←SignExtend(ua,64) 和 R[r12]←SignExtend(ub,64)。

在 LA64 架构中，并不区分带符号整数和无符号整数的加法运算指令，因此，无符号整数加运算 ua＋ub 与带符号整数加运算 a＋b 的实现电路完全相同，其运算结果如图 3.24 所示。

指令"st.w ＄r12,＄r22,−40(0xfd8)"实现的功能为 uc←ua＋ub，R[r22]−40 为变量 uc 的地址。根据命令"x/1xw 0xffffff6f38"的执行结果可知，变量 uc 的机器数为 0x8000 0063，与图 3.24 中结果一致。

步骤 5：输入 gdb 调试命令，跟踪 C 语言语句"d＝a−b；"的执行。

（1）输入命令"i r pc"，查看 PC 的内容（当前程序的断点位置）。

（2）输入命令"si"，执行指令"ld.w ＄r13,＄r22,−20(0xfec)"。

（3）输入命令"si"，执行指令"ld.w ＄r12,＄r22,−24(0xfe8)"。

```
addsub.c ×    addsub.txt ×
144 #include "stdio.h"
145 void main( )
146 {    int       a=100, b=2147483647, c, d;
147  120000670:  02ff4063    addi.d  $r3,$r3,-48(0xfd0)
148  120000674:  29c0a061    st.d    $r1,$r3,40(0x28)
149  120000678:  29c08076    st.d    $r22,$r3,32(0x20)
150  12000067c:  02c0c076    addi.d  $r22,$r3,48(0x30)
151  120000680:  0281900c    addi.w  $r12,$r0,100(0x64)
152  120000684:  29bfb2cc    st.w    $r12,$r22,-20(0xfec)
153  120000688:  14ffffec    lu12i.w $r12,524287(0x7ffff)
154  12000068c:  03bffd8c    ori     $r12,$r12,0xfff
155  120000690:  29bfa2cc    st.w    $r12,$r22,-24(0xfe8)
156  unsigned int a=100, ub=2147483647,uc,ud;
157  120000694:  0281900c    addi.w  $r12,$r0,100(0x64)
158  120000698:  29bf92cc    st.w    $r12,$r22,-28(0xfe4)
159  12000069c:  14ffffec    lu12i.w $r12,524287(0x7ffff)
160  1200006a0:  03bffd8c    ori     $r12,$r12,0xfff
161  1200006a4:  29bf82cc    st.w    $r12,$r22,-32(0xfe0)
162     c=a+b;    uc=ua+ub;
163  1200006a8:  28bfb2cd    ld.w    $r13,$r22,-20(0xfec)
164  1200006ac:  28bfa2cc    ld.w    $r12,$r22,-24(0xfe8)
165  1200006b0:  001031ac    add.w   $r12,$r13,$r12
166  1200006b4:  29bf72cc    st.w    $r12,$r22,-36(0xfdc)
167  1200006b8:  28bf92cd    ld.w    $r13,$r22,-28(0xfe4)
168  1200006bc:  28bf82cc    ld.w    $r12,$r22,-32(0xfe0)
169  1200006c0:  001031ac    add.w   $r12,$r13,$r12
170  1200006c4:  29bf62cc    st.w    $r12,$r22,-40(0xfd8)
171     d=a-b;    ud=ua-ub;
172  1200006c8:  28bfb2cd    ld.w    $r13,$r22,-20(0xfec)
173  1200006cc:  28bfa2cc    ld.w    $r12,$r22,-24(0xfe8)
174  1200006d0:  001131ac    sub.w   $r12,$r13,$r12
175  1200006d4:  29bf52cc    st.w    $r12,$r22,-44(0xfd4)
176  1200006d8:  28bf92cd    ld.w    $r13,$r22,-28(0xfe4)
177  1200006dc:  28bf82cc    ld.w    $r12,$r22,-32(0xfe0)
178  1200006e0:  001131ac    sub.w   $r12,$r13,$r12
179  1200006e4:  29bf42cc    st.w    $r12,$r22,-48(0xfd0)
180     printf("c=a+b=%d+%d=%d\n",a,b,c);
```

```
                         loongson@loongson-pc: ~/LA64/ch3
文件(F) 编辑(E) 视图(V) 搜索(S) 终端(T) 帮助(H)
(gdb) i r pc
pc              0x1200006b8        0x1200006b8 <main+72>
(gdb) si
0x00000001200006bc   5           c=a+b;      uc=ua+ub;
(gdb) si
0x00000001200006c0   5           c=a+b;      uc=ua+ub;
(gdb) i r r12 r13
r12             0x7fffffff         2147483647
r13             0x64               100
(gdb) si
0x00000001200006c4   5           c=a+b;      uc=ua+ub;
(gdb) i r r12 r13
r12             0xffffffff80000063 18446744071562068067
r13             0x64               100
(gdb) si
6               d=a-b;      ud=ua-ub;
(gdb) x/1xw 0xffffff6f38
0xffffff6f38:   0x80000063
(gdb)
```

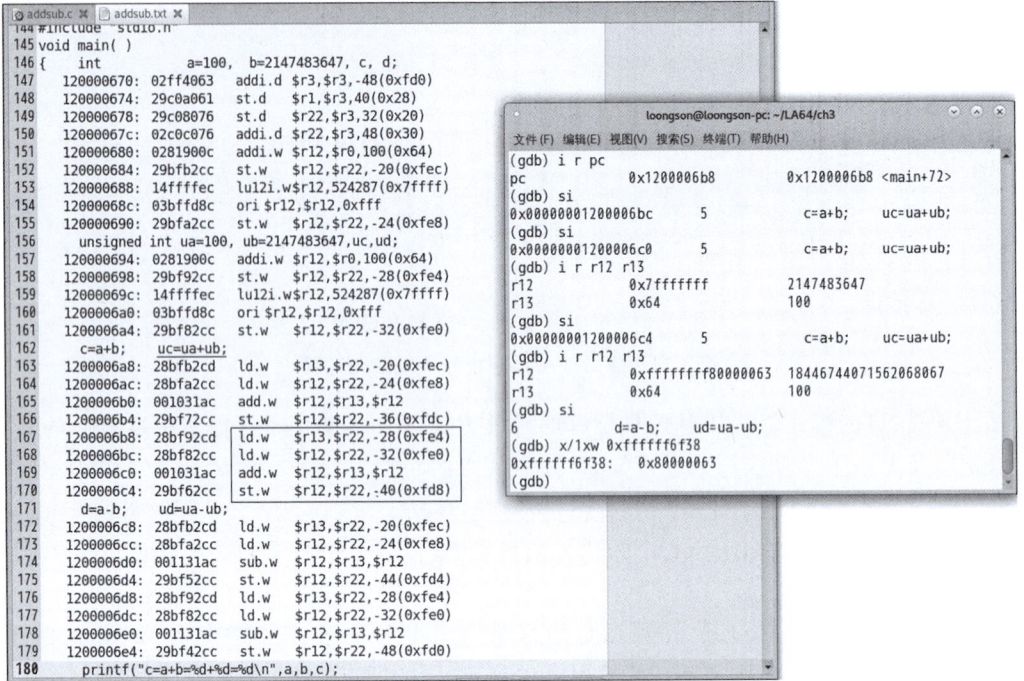

图 3.25　步骤 4 完成后各窗口的部分内容

（4）输入命令"i r r12 r13"，查看 r12、r13 的内容。

（5）输入命令"si"，执行指令"sub.w $r12,$r13,$r12"。

（6）输入命令"i r r12 r13"，查看 r12、r13 的内容。

（7）输入命令"si"，执行指令"st.w $r12,$r22,−44(0xfd4)"。

（8）输入命令"x/1xw 0xffffff6f34"，查看变量 d 的机器数。

上述操作完成后各窗口的部分内容如图 3.26 所示。其中，下画线和方框分别标出了执行的 C 语言语句和对应的指令序列。

指令"ld.w $r13,$r22,−20(0xfec)"和"ld.w $r12,$r22,−24(0xfe8)"中地址 R[r22]−20 和 R[r22]−24 处分别存放变量 a 和 b 的机器数，两条指令实现的功能分别为 R[r13]←SignExtend(a,64) 和 R[r12]←SignExtend(b,64)。

指令"sub.w $r12,$r13,$r12"实现减法运算，其功能可用 RTL 描述为 tmp = R[r13][31:0] − R[r12][31:0]，R[r12]←SignExtend(tmp[31:0],64)。两个源操作数和目的操作数均采用寄存器寻址方式。在 sub 指令执行前，执行命令"i r r12 r13"验证 R[r12] 和 R[r13] 的内容分别为 0x0000 0000 7fff ffff 和 0x0000 0000 0000 0064，即 R[r12]=b，R[r13]=a，故该 sub 指令的功能为 R[r12]←SignExtend(a−b, 64)。在 sub 指令执行后，执行命令"i r r12 r13"验证 R[r12] 和 R[r13] 的内容分别为 0xffff ffff 8000 0065 和 0x0000 0000 0000 0064。

上述指令"sub.w $r12,$r13,$r12"中减法运算的执行结果如图 3.27 所示。其中，被减数 X 为 R[r13][31:0]=0x0000 0064，减数 Y 为 R[r12][31:0]=0x7fff ffff，Sub=1 表示做减法，控制多路选择器（MUX）将 Y 取反后传送到加法器的 Y'输入端，因此，在加法器中

```
 addsub.c ✕  addsub.txt ✕
148   1200006f4:  29c0a061   st.d    $r1,$r3,40(0x28)
149   12000067B:  29c08076   st.d    $r22,$r3,32(0x20)
150   1200006fc:  02c0c076   addi.d  $r22,$r3,48(0x30)
151   120000680:  0281900c   addi.w  $r12,$r0,100(0x64)
152   120000684:  29fb2cc    st.w    $r12,$r22,-20(0xfec)
153   120000688:  14ffffec   lu12i.w $r12,524287(0x7ffff)
154   12000068c:  03bffd8c   ori     $r12,$r12,0xfff
155   120000690:  29bfa2cc   st.w    $r12,$r22,-24(0xfe8)
156     unsigned int ua=100, ub=2147483647,uc, ud;
157   120000694:  0281900c   addi.w  $r12,$r0,100(0x64)
158   120000698:  29bf92cc   st.w    $r12,$r22,-28(0xfe4)
159   12000069c:  14ffffec   lu12i.w $r12,524287(0x7ffff)
160   1200006a0:  03bffd8c   ori     $r12,$r12,0xfff
161   1200006a4:  29bf82cc   st.w    $r12,$r22,-32(0xfe0)
162     c=a+b;    uc=ua+ub;
163   1200006a8:  28bfb2cd   ld.w    $r13,$r22,-20(0xfec)
164   1200006ac:  28bfa2cc   ld.w    $r12,$r22,-24(0xfe8)
165   1200006b0:  001031ac   add.w   $r12,$r13,$r12
166   1200006b4:  29bf72cc   st.w    $r12,$r22,-36(0xfdc)
167   1200006b8:  28bf92cd   ld.w    $r13,$r22,-28(0xfe4)
168   1200006bc:  28bf82cc   ld.w    $r12,$r22,-32(0xfe0)
169   1200006c0:  001031ac   add.w   $r12,$r13,$r12
170   1200006c4:  29bf62cc   st.w    $r12,$r22,-40(0xfd8)
171     d=a-b;    ud=ua-ub;
172   1200006c8:  28bfb2cd   ld.w    $r13,$r22,-20(0xfec)
173   1200006cc:  28bfa2cc   ld.w    $r12,$r22,-24(0xfe8)
174   1200006d0:  001131ac   sub.w   $r12,$r13,$r12
175   1200006d4:  29bf52cc   st.w    $r12,$r22,-44(0xfd4)
176   1200006d8:  28bf92cd   ld.w    $r13,$r22,-28(0xfe4)
177   1200006dc:  28bf82cc   ld.w    $r12,$r22,-32(0xfe0)
178   1200006e0:  001131ac   sub.w   $r12,$r13,$r12
179   1200006e4:  29bf42cc   st.w    $r12,$r22,-48(0xfd0)
180     printf("c=a+b=%d+%d=%d\n",a,b,c);
181   1200006e8:  28bf72ce   ld.w    $r14,$r22,-36(0xfdc)
182   1200006ec:  28bfa2cd   ld.w    $r13,$r22,-24(0xfe8)
183   1200006f0:  28bfb2cc   ld.w    $r12,$r22,-20(0xfec)
184   1200006f4:  001501c7   move    $r7,$r14
```

```
                    loongson@loongson-pc: ~/LA64/ch3
文件(F) 编辑(E) 视图(V) 搜索(S) 终端(T) 帮助(H)
(gdb) i r pc
pc              0x1200006c8       0x1200006c8 <main+88>
(gdb) si
0x00000001200006cc    6           d=a-b;    ud=ua-ub;
(gdb) si
0x00000001200006d0    6           d=a-b;    ud=ua-ub;
(gdb) i r r12 r13
r12             0x7fffffff        2147483647
r13             0x64              100
(gdb) si
0x00000001200006d4    6           d=a-b;    ud=ua-ub;
(gdb) i r r12 r13
r12             0xffffffff80000065  18446744071562068069
r13             0x64              100
(gdb) si
6               d=a-b;    ud=ua-ub;
(gdb) x/1xw 0xfffff6f34
0xfffff6f34:    0x80000065
(gdb)
```

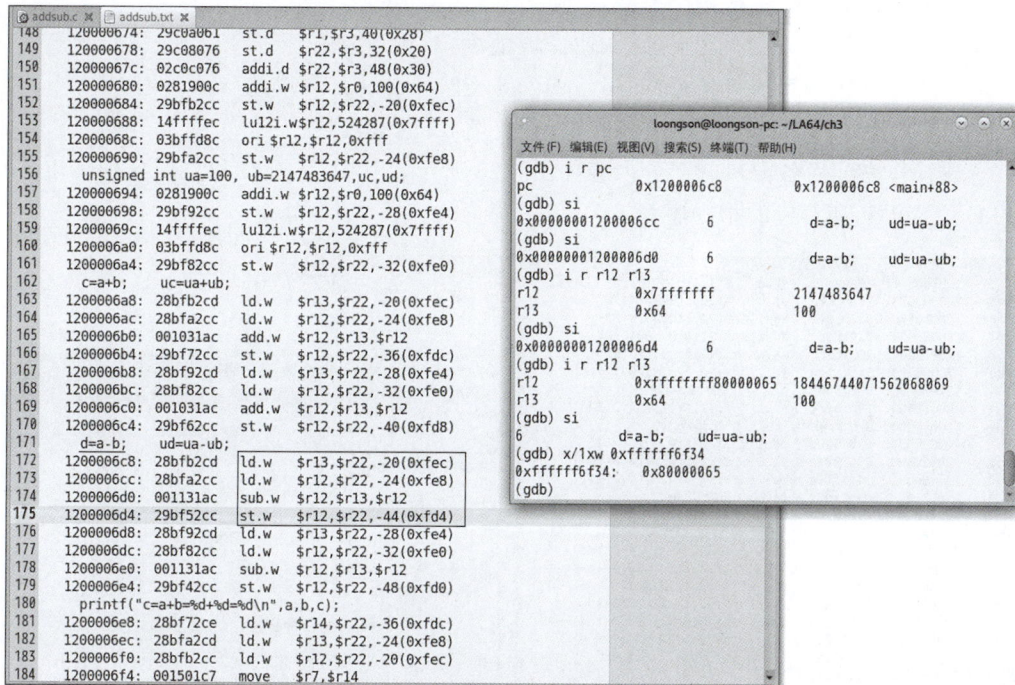

图 3.26 步骤 5 完成后各窗口的部分内容

执行的结果为 0000 0064H + 8000 0000H + 1 = (0)8000 0065H,加法器输出 Result = 0x8000 0065。R[r12] = SignExtend(Result[31:0], 64) = 0xffff ffff 8000 0065。

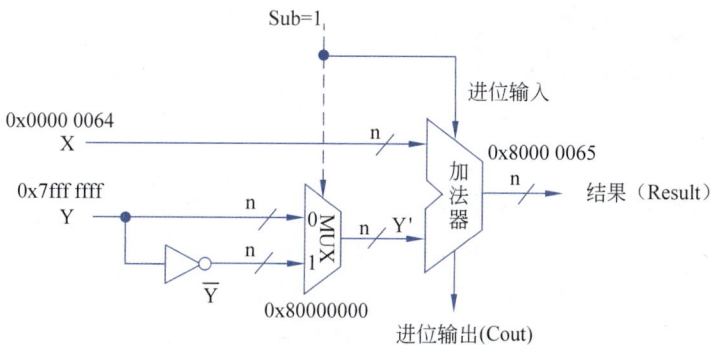

图 3.27 整数加减运算电路中的减法运算

指令"st.w $r12,$r22,−44(0xfd4)"实现的功能为 d←a−b,R[r22]−44 为变量 d 的地址。根据命令"x/1xw 0xffffff6f34"的执行结果可知,变量 d 的机器数为 0x8000 0065,与图 3.27 中的运算结果一致。

步骤 6:输入 gdb 调试命令,跟踪 C 语言语句"ud=ua−ub;"的执行。

(1) 输入命令"i r pc",查看 PC 的内容(当前程序的断点位置)。

(2) 输入命令"si",执行指令"ld.w $r13,$r22,−28(0xfe4)"。

(3) 输入命令"si",执行指令"ld.w $r12,$r22,−32(0xfe0)"。

(4) 输入命令"i r r12 r13",查看 r12、r13 的内容。

（5）输入命令"si"，执行指令"sub.w ＄r12，＄r13，＄r12"。

（6）输入命令"i r r12 r13"，查看 r12，r13 的内容。

（7）输入命令"si"，执行指令"st.w ＄r12，＄r22，−48(0xfd0)"。

（8）输入命令"x/1xw 0xffffff6f30"，查看变量 ud 的机器数。

上述操作完成后各窗口的部分内容如图 3.28 所示。其中，下画线和方框分别标出了执行的 C 语言语句和对应的指令序列。

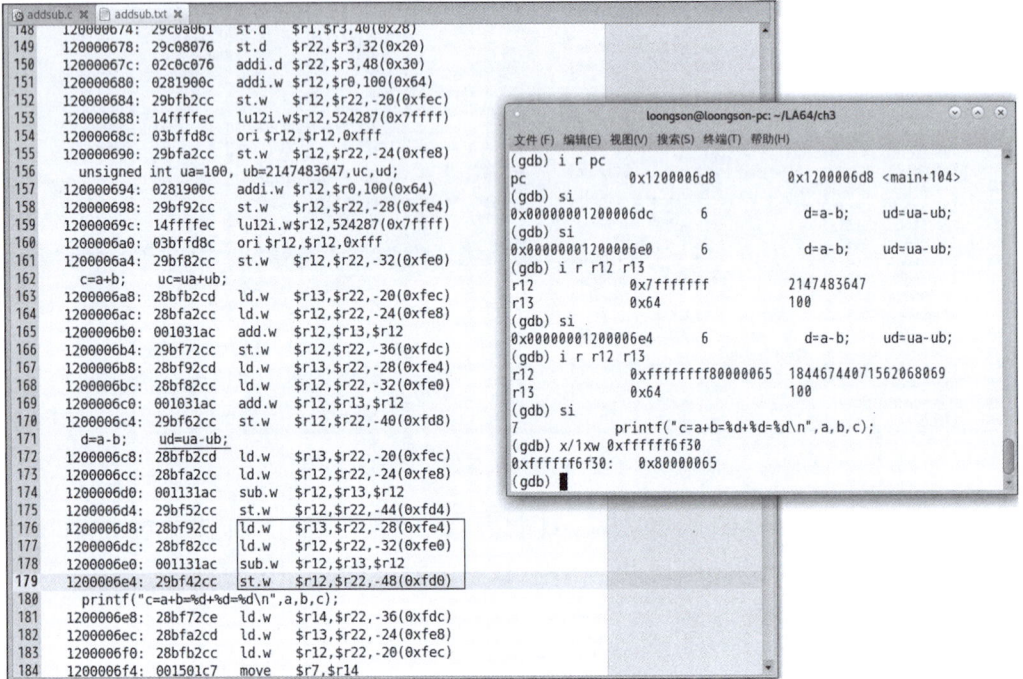

图 3.28　步骤 6 完成后各窗口的部分内容

指令"ld.w ＄r13，＄r22，−28(0xfe4)"和"ld.w ＄r12，＄r22，−32(0xfe0)"中的地址 R[r22]−28 和 R[r22]−32 处分别存放变量 ua 和 ub 的机器数，两条指令实现的功能分别为 R[r13]←SignExtend(ua,64) 和 R[r12]←SignExtend(ub,64)。

在 LA64 架构中，并不区分带符号整数和无符号整数的减法运算指令，因此，无符号整数减运算 ua−ub 与带符号整数减运算 a−b 的实现电路完全相同，其运行结果如图 3.27 所示。

上述指令"st.w ＄r12，＄r22，−48(0xfd0)"实现的功能为 uc←ua−ub，R[r22]−48 为变量 ud 的地址。根据命令"x/1xw 0xffffff6f30"的执行结果可知，变量 ud 的机器数为 0x8000 0065，与图 3.27 中的运算结果一致。

步骤 7：输入 gdb 调试命令，输出程序执行结果并退出 gdb 调试过程。

（1）输入命令"conti"，继续执行 printf()语句，输出程序执行结果。

（2）输入命令"quit"，退出 gdb 调试过程。

上述操作完成后各窗口的部分内容如图 3.29 所示。

对于加法运算，由上述实验过程可知，运算所得变量 c 和 uc 的机器数都是 0x8000

```
 addsub.c ✕    addsub.txt ✕
148   120000674:  29c0a061   st.d    $r1,$r3,40(0x28)
149   120000678:  29c08076   st.d    $r22,$r3,32(0x20)
150   12000067c:  02c0c076   addi.d  $r22,$r3,48(0x30)
151   120000680:  0281900c   addi.w  $r12,$r0,100(0x64)
152   120000684:  29bfb2cc   st.w    $r12,$r22,-20(0xfec)
153   120000688:  14ffffec   lu12i.w $r12,524287(0x7ffff)
154   12000068c:  03bffd8c   ori     $r12,$r12,0xfff
155   120000690:  29bfa2cc   st.w    $r12,$r22,-24(0xfe8)
156      unsigned int ua=100, ub=2147483647,uc,ud;
157   120000694:  0281900c   addi.w  $r12,$r0,100(0x64)
158   120000698:  29bf92cc   st.w    $r12,$r22,-28(0xfe4)
159   12000069c:  14ffffec   lu12i.w $r12,524287(0x7ffff)
160   1200006a0:  03bffd8c   ori     $r12,$r12,0xfff
161   1200006a4:  29bf82cc   st.w    $r12,$r22,-32(0xfe0)
162      c=a+b;       uc=ua+ub;
163   1200006a8:  28bfb2cd   ld.w    $r13,$r22,-20(0xfec)
164   1200006ac:  28bfa2cc   ld.w    $r12,$r22,-24(0xfe8)
165   1200006b0:  001031ac   add.w   $r12,$r13,$r12
166   1200006b4:  29bf72cc   st.w    $r12,$r22,-36(0xfdc)
167   1200006b8:  28bf92cd   ld.w    $r13,$r22,-28(0xfe4)
168   1200006bc:  28bf82cc   ld.w    $r12,$r22,-32(0xfe0)
169   1200006c0:  001031ac   add.w   $r12,$r13,$r12
170   1200006c4:  29bf62cc   st.w    $r12,$r22,-40(0xfd8)
171      d=a-b;       ud=ua-ub;
172   1200006c8:  28bfb2cd   ld.w    $r13,$r22,-20(0xfec)
173   1200006cc:  28bfa2cc   ld.w    $r12,$r22,-24(0xfe8)
174   1200006d0:  001131ac   sub.w   $r12,$r13,$r12
175   1200006d4:  29bf52cc   st.w    $r12,$r22,-44(0xfd4)
176   1200006d8:  28bf92cd   ld.w    $r13,$r22,-28(0xfe4)
177   1200006dc:  28bf82cc   ld.w    $r12,$r22,-32(0xfe0)
178   1200006e0:  001131ac   sub.w   $r12,$r13,$r12
179   1200006e4:  29bf42cc   st.w    $r12,$r22,-48(0xfd0)
180      printf("c=a+b=%d+%d=%d\n",a,b,c);
181   1200006e8:  28bf72ce   ld.w    $r14,$r22,-36(0xfdc)
182   1200006ec:  28bfa2cd   ld.w    $r13,$r22,-24(0xfe8)
183   1200006f0:  28bfb2cc   ld.w    $r12,$r22,-20(0xfec)
184   1200006f4:  001501c7   move    $r7,$r14
```

```
loongson@loongson-pc: ~/LA64/ch3
文件 (F)  编辑 (E)  视图 (V)  搜索 (S)  终端 (T)  帮助 (H)
(gdb) conti
Continuing.
c=a+b=100+2147483647=-2147483549
uc=ua+ub=100+2147483647=2147483747
d=a-b=100-2147483647=-2147483547
ud=ua-ub=100-2147483647=2147483749
[Inferior 1 (process 13400) exited with code 043]
(gdb) quit
loongson@loongson-pc:~/LA64/ch3$
```

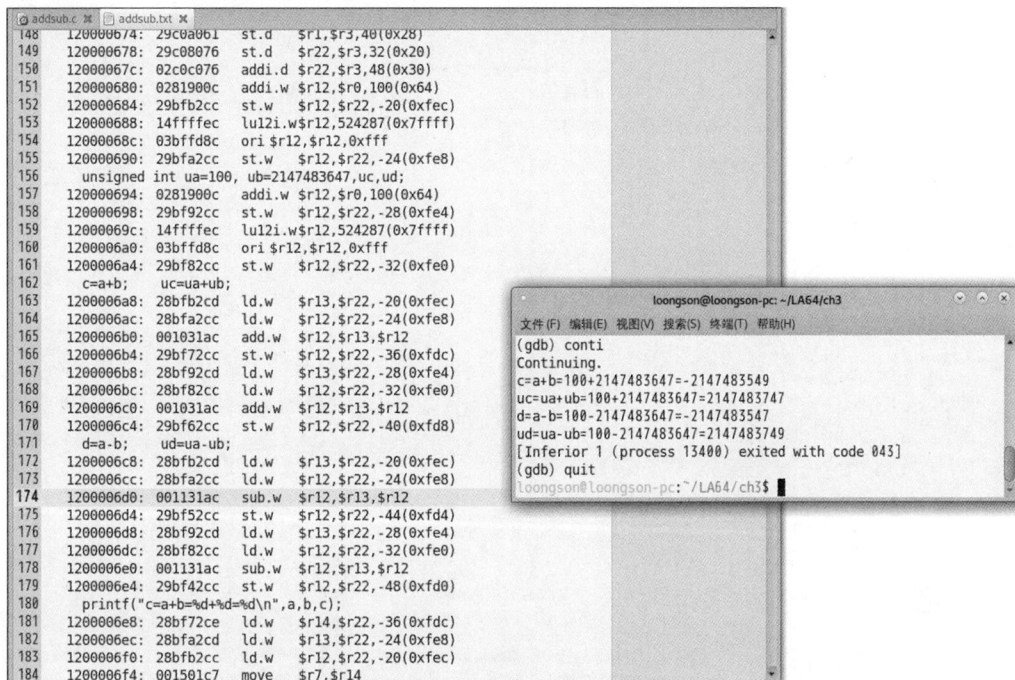

图 3.29   步骤 7 完成后各窗口的部分内容

0063,但从图 3.29 中程序输出结果来看,c 和 uc 的真值完全不同。

100+2 147 483 647=2 147 483 747(机器数为 0x8000 0063),超出了 32 位 int 类型数据的表示范围。LA64 架构中,add 指令不对加法运算的结果生成溢出标志,编译器默认情况下,也不对加法运算结果进行判断。根据函数 printf()中的格式符,变量 c 的机器数按带符号整数(即补码)进行转换,因而 0x8000 0063 按补码转换后的输出结果为−2 147 483 549;变量 uc 的机器数按无符号整数进行转换,因而 0x8000 0063 直接按二进制编码转换后的输出结果为 2 147 483 747。故变量 c 和 uc 的机器数 0x8000 0063 按不同整数类型进行转换,导致程序的输出结果完全不同。

对于减法运算,从上述实验过程可知,运算所得变量 d 和 ud 的机器数都是 0x8000 0065,但从图 3.29 中程序输出结果来看,d 和 ud 的真值完全不同。

100−2 147 483 647=−2 147 483 547,机器数为 0x8000 0065,显然,该无符号整数减法运算产生了借位。LA64 架构中,sub 指令不对减法运算的结果生成借位标志,编译器默认情况下,也不对减法运算结果的正确性进行判断。根据函数 printf()中的格式符,变量 d 的机器数按带符号整数(即补码)进行转换,因而 0x8000 0065 按补码转换后的输出结果为−2 147 483 547;变量 ud 的机器数按无符号整数进行转换,因而 0x8000 0065 直接按二进制编码转换后的输出结果为 2 147 483 749。故变量 d 和 ud 的机器数 0x8000 0065 按不同整数类型进行转换,导致程序的输出结果完全不同。

综上所述,因为计算机内部数据表示有位数限制,所以与现实世界中的运算结果可能不同;在电路中执行加减法运算时所有的数据都只是一个 0/1 序列,在微架构层次上,并不区分操作数是什么类型;编译器根据高级语言程序中的类型定义会对机器数进行不同的解释。

五、实验报告

本实验报告包括但不限于以下内容。

给定 C 语言程序 testchar.c，代码如下。

```
#include "stdio.h"
void main( )
{   unsigned char x=134;
    unsigned char y=246;
    signed char m=x;
    signed char n=y;
    unsigned char z1=x-y;
    unsigned char z2=x+y;
    signed char k1=m-n;
    signed char k2=m+n;
    printf("z1=%d\n",z1);
    printf("z2=%d\n",z2);
    printf("k1=%d\n",k1);
    printf("k2=%d\n",k2);
}
```

对程序 testchar.c 用命令"gcc -g testchar.c -o testchar"进行编译转换，并生成可执行文件 testchar。执行 testchar，查看程序输出结果。回答下列问题（要求用调试看到的信息对你的答案进行解释说明）。

（1）变量 z1、z2 和 k1、k2 中哪个变量的输出值是正确的？

（2）变量 z2 的输出值为何不等于 $134+246=380$？

（3）C 语言语句"signed char k1=m-n;"对应的反汇编代码为

```
1200006c0:    2a3fb6cd    ld.bu     $r13,$r22,-19(0xfed)
1200006c4:    2a3fb2cc    ld.bu     $r12,$r22,-20(0xfec)
1200006c8:    001131ac    sub.w     $r12,$r13,$r12
1200006cc:    293fa6cc    st.b      $r12,$r22,-23(0xfe9)
```

对于带符号整数 m 和 n 的访问，为什么可使用零扩展的访存指令 ld.bu？

实验 5　使用 ftrapv 编译选项进行溢出检测

一、实验目的

1. 掌握对整数运算结果进行溢出检测的编译选项。

2. 理解比较指令、按位逻辑运算指令、过程调用指令的功能和使用场合。

3. 了解 LoongArch 指令系统中宏指令的相关概念。

二、实验要求

为了使编译器能针对整数运算出现结果溢出时进行相应处理，可以使用编译选项-ftrapv。实验要求对本章实验 4 中的程序 addsub.c 使用命令"gcc -g -ftrapv -static addsub.c -o addsubof"进行编译转换,然后对可执行文件 addsubof 进行调试,根据程序调试结果并结合对相关代码的分析填写表 3.7。

表 3.7　整数加减运算溢出判断规则

		溢出判断规则
带符号整数	a＋b	
	a－b	
无符号整数	ua＋ub	
	ua－ub	

三、实验准备

1. 打开终端窗口,设置终端窗口的当前目录为"～/LA64/ch3",确认 addsub.c 存放在该目录中。在终端窗口中进行以下操作。

（1）输入命令"gcc -g -ftrapv -static addsub.c -o addsubof",将 addsub.c 编译转换为可执行目标文件 addsubof。

（2）输入命令"objdump -S addsubof > addsubof.txt",对 addsubof 进行反汇编,并将反汇编结果保存在文件 addsubof.txt 中。

（3）输入命令"./addsubof",执行可执行文件 addsubof。

2. 在文本编辑器窗口中打开文件 addsubof.txt,并使窗口显示函数 main()的代码内容。上述操作完成后各窗口的部分内容如图 3.30 所示。

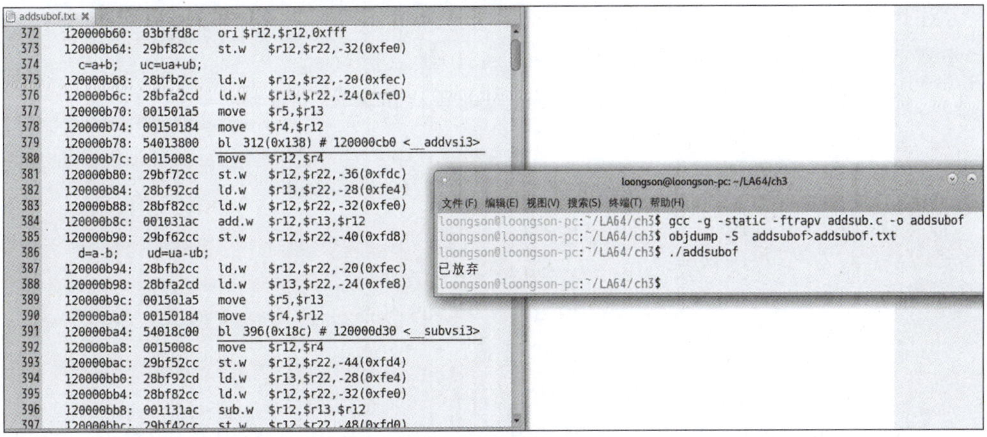

图 3.30　各窗口的部分内容

对比图 3.20 所示的 addsub.txt 文件中 C 语言语句"c＝a＋b;"和"d＝a－b;"对应的指令序列,图 3.30 所示的 addsubof.txt 文件中机器级代码多了若干条指令,特别是添加了下画线处的＿＿addvsi3()函数调用和＿＿subvsi3()函数调用。执行程序 addsubof 时,不同于图 3.20 所示的输出结果,图 3.30 中的输出结果为"已放弃"。

gcc 的编译选项-static 实现静态链接,编译选项-ftrapv 提供对带符号整数的加、减、乘运算的溢出检测。在 gcc 命令中使用编译选项-ftrapv 时,编译器会生成如图 3.30 所示的系统库函数(如__addvsi3、__subvsi3 或__mulvsi3)调用指令,这些函数用于带符号整数的加、减、乘运算并检测是否发生结果溢出,且在发生溢出时通过调用 abort()函数而陷入内核进行异常处理。从本章实验 4 可知,程序 addsubof 执行过程中,a+b 的运算结果有溢出,因而在执行了图 3.30 中第 379 行的指令"bl 312(0x138) ♯ 120000cb0 <__addvsi3>"后,会转入执行__addvsi3()函数,在该函数的执行过程中,会因为发生溢出而转入函数 abort()进行异常处理,函数 abort()则会终止当前程序的执行并输出"已放弃"。

四、实验步骤

按如下步骤在终端窗口中输入 gdb 调试操作命令,对可执行文件进行调试执行。

步骤 1:启动 gdb 调试命令,使程序执行到设置的断点处停下。具体操作如下。

(1) 在 shell 命令行提示符下,输入命令"gdb addsubof",启动 gdb 命令并加载可执行文件 addsubof。

(2) 在 gdb 调试状态下,输入命令"break main"或"b main",在函数 main()处设置断点。

(3) 输入命令"run"或"r",启动程序运行,并在设置的断点处停下。

步骤 2:输入 gdb 调试命令,查看变量 a、b、ua、ub 的机器数。

(1) 输入命令"i r pc",查看 PC 的内容(当前程序的断点位置)。

(2) 输入命令"s",执行 C 语言语句"a=100,b=2147483647;"。

(3) 输入命令"s",执行 C 语言语句"ua=100,ub=2147483647;"。

(4) 输入命令"i r r22",查看 r22 的内容。

(5) 输入命令"x/4xw 0xffffff6f30",查看变量 a、b、ua、ub 的机器数。

上述操作完成后调试内容如实验 4 中图 3.22 所示。

步骤 3:输入 gdb 调试命令,转到__addvsi3()函数执行。

(1) 输入命令"i r pc",查看 PC 的内容(当前程序的断点位置)。

(2) 输入命令"si",执行指令"ld.w \$r12, \$r22,-20(0xfec)"。

(3) 输入命令"si",执行指令"ld.w \$r13, \$r22,-24(0xfe8)"。

(4) 输入命令"si",执行指令"move \$r5, \$r13"。

(5) 输入命令"si",执行指令"move \$r4, \$r12"。

(6) 输入命令"i r r4 r5 pc",查看 r4、r5 和 PC 的内容。

(7) 输入命令"si",执行指令"bl 312(0x138) ♯ 120000cb0 <__addvsi3>"。

(8) 输入命令"i r r1 pc",查看 r1 和 PC 的内容。

上述操作完成后各窗口的部分内容如图 3.31 所示。其中,方框中是执行的指令序列。

指令"ld.w \$r12, \$r22,-20(0xfec)"和"ld.w \$r13, \$r22,-24(0xfe8)"中的地址 R[r22]-20 和 R[r22]-24 处分别存放变量 a 和 b 的机器数,两条指令实现的功能分别为 R[r12]←SignExtend(a,64)和 R[r13]←SignExtend(b,64)。

在 LoongArch 架构中,没有提供寄存器之间的传送指令。指令"or \$rd, \$rj, \$r0"实现按位逻辑或运算功能,其功能用 RTL 描述为 R[rd]←R[rj]|R[r0]。由于 r0 寄存器的内容总是 0,故该 or 指令的功能等价于 R[rd]←R[rj],实现将 rj 的内容写入 rd。因而,在汇编语言程序中,通常用一条可读性更好的宏指令"move \$rd, \$rj"表示指令"or \$rd, \$rj,

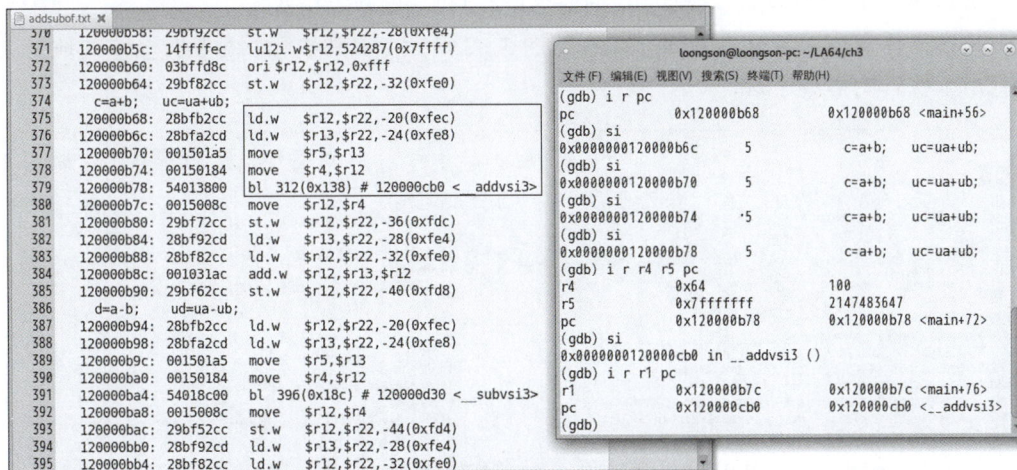

图 3.31　步骤 3 完成后各窗口的部分内容

$r0"。

宏指令"move $r5,$r13"和"move $r4,$r12"分别实现 R[r5]←R[r13] 和 R[r4]←R[r12] 的功能,结合前述的两条 ld.w 指令功能,从命令"i r r4 r5 pc"的执行结果可验证:r4 和 r5 中分别存放变量 a 和 b 的机器数,即 R[r4]=0x0000 0000 0000 0064、R[r5]=0x0000 0000 7fff ffff,PC 中的内容指出将要执行指令的地址为 0x1 2000 0b78,即 bl 指令。

指令"bl 312(0x138)"实现过程调用,其功能用 RTL 描述为 R[r1]=PC+4,PC=PC+0x138,其中 0x138 是 312 的十六进制表示,是 bl 指令码中跳转目标地址相对于 bl 指令地址(当前 PC 值)的一个位移量 offs26<<2。该 bl 指令的地址为 PC=0x1 2000 0b78,因此执行该 bl 指令后,R[r1]=PC+4=0x1 2000 0b7c,PC=PC+0x138=0x1 2000 0cb0。命令"i r r1 pc"验证了 r1 和 PC 中内容的正确性。故该 bl 指令执行后,程序将跳转到 __addvsi3() 函数起始处。

步骤 4:输入 gdb 调试命令,执行 __addvsi3() 函数中的相关代码。

(1) 输入命令"i r pc",查看 PC 的内容(当前程序的断点位置)。

(2) 输入 4 次命令"si",执行指令"add.w $r14,$r4,$r5""slt $r12,$r4,$r14""slti $r5,$r5,0""slt $r13,$r14,$r4"。

(3) 输入命令"i r r5 r12 r13",查看 r5、r12 和 r13 的内容。

(4) 输入 2 次命令"si",执行指令"masknez $r13,$r13,$r5"和"maskeqz $r12,$r12,$r5"。

(5) 输入命令"i r r12 r13",查看 r12 和 r13 的内容。

(6) 输入命令"si",执行指令"or $r12,$r12,$r13"。

(7) 输入命令"i r r12 pc",查看 r12 和 PC 的内容。

(8) 输入命令"si",执行指令"bnez $r12,12(0xc)"。

(9) 输入命令"i r pc",查看 PC 的内容(当前程序的断点位置)。

(10) 输入 3 次命令"si",执行指令"addi.d $r3,$r3,-16(0xff0)""st.d $r1,$r3,8(0x8)""bl -1504(0xfffffa20)"。

（11）输入命令"i r pc"，查看 PC 的内容（当前程序的断点位置）。

上述操作完成后各窗口的部分内容如图 3.32 所示。其中，下画线指出跳转的地址，方框标出了执行的指令序列。

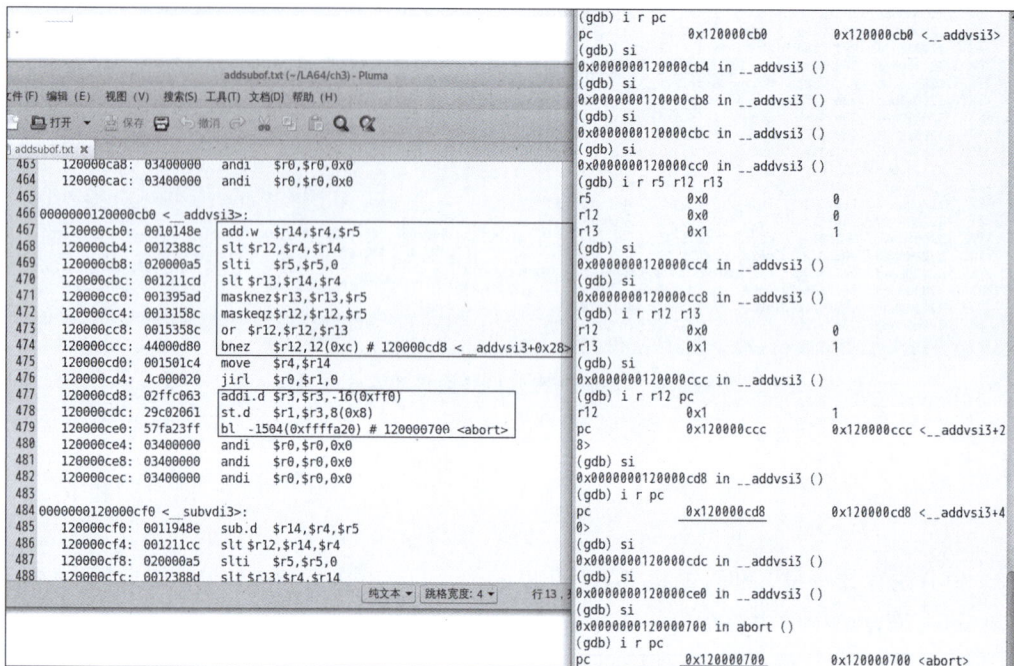

图 3.32　步骤 4 完成后各窗口的部分内容

指令"add.w $ r14, $ r4, $ r5"实现的功能为 R[r14]←a+b，执行该指令后，R[r14]＝a+b=0xffff ffff 8000 0063。

指令"slt $ r12, $ r4, $ r14"实现带符号整数的比较运算，其功能用 RTL 描述为 R[r12]←(signed(R[r4]) < signed(R[r14]))？1：0，源操作数和目的操作数都采用寄存器寻址方式。从步骤 3 可知，R[r4]＝a=0x0000 0000 0000 0064，按带符号整数比较，R[r4]>R[r14]，所以该指令执行后，R[r12]=0。程序执行至此，实现了以下比较功能：对于两个带符号整数 a 和 b，若 a<a+b，则 R[r12]=1，否则 R[r12]=0。

指令"slti $ r5, $ r5, 0"实现带符号整数的比较运算，其功能用 RTL 描述为 tmp = SignExtend(0, GRLEN)，R[r5]←(signed(R[r5]) < signed(tmp))？1：0，两个源操作数分别采用寄存器寻址方式和立即数寻址方式，目的操作数采用寄存器寻址方式。从步骤 3 可知，R[r5]＝b=0x0000 0000 7fff ffff，故 R[r5]>0，该 slti 指令执行后，R[r5]=0。程序执行至此，实现了以下比较功能：若 a+b 中的加数 b 是负数，即 b<0，则 R[r5]=1，否则 R[r5]=0。

指令"slt $ r13, $ r14, $ r4"实现带符号整数的比较运算，其功能用 RTL 描述为 R[r12]←(signed(R[r14]) < signed(R[r4]))？1：0，显然该指令执行的结果与第 468 行 slt 指令的结果相反，即该指令执行后，R[r13]=1。程序执行至此，实现了以下比较功能：对于两个带符号整数 a 和 b，若 a+b<a，则 R[r13]=1，否则 R[r13]=0。

命令"i r r5 r12 r13"的执行结果显示：R[r5]=0，R[r12]=0，R[r13]=1，因而验证了

上述 3 条比较指令的分析结果是正确的。

综上所述，程序至此针对带符号整数 a 和 b，完成了 b 和 0 以及 a 和 a+b 之间的比较。其中，R[r5]=0 说明 b≥0；R[r13]=1 说明 a+b<a。

指令"masknez \$r13, \$r13, \$r5"实现条件赋值操作，其功能用 RTL 描述为 R[r13]=(R[r5]!=0) ? 0 : R[r13]。如果 r5 的值不等于 0，则将 r13 置为 0，否则 r13 的值保持不变。已知该指令执行前 R[r5]=0，R[r13]=1，因此该指令执行后 R[r13]=1。

以下分 4 种情况讨论：

① 若 b<0，则根据程序实现的比较功能，执行 masknez 指令前的结果应该是 R[r5]=1，因而执行 masknez 指令后，应该得到 R[r13]=0 的结果；

② 若 b=0，则 a+b=a，根据程序实现的比较功能，执行 masknez 指令前的结果应该是 R[r5]=0，R[r13]=0，因而执行 masknez 指令后，应该得到 R[r13]=0 的结果；

③ 若 b>0 且 a+b>a 时，根据程序实现的比较功能，执行 masknez 指令前的结果应该是 R[r5]=0，R[r13]=0，因而执行 masknez 指令后应该得到 R[r13]=0 的结果；

④ 若 b>0 且 a+b<a 时，根据程序实现的比较功能，执行 masknez 指令前的结果应该是 R[r5]=0，R[r13]=1，因而执行 masknez 指令后应该得到 R[r13]=1 的结果。

从以上分析可知，该 masknez 指令执行后 R[r13]=1 的充分必要条件是 b>0 且 a+b<a。若 b>0 且 a+b 没有溢出，则必定满足 a+b>a。因此，若 b>0 且 a+b<a，则 a+b 一定溢出，这种情况下 masknez 指令执行后置 R[r13]=1，表示结果溢出。若置 R[r13]=0 则表示结果不溢出。

指令"maskeqz \$r12, \$r12, \$r5"实现条件赋值操作，其功能用 RTL 描述为 R[r12]=(R[r5]==0) ? 0 : R[r12]。如果 r5 的值等于 0，则将 r12 置为 0，否则 r12 的值保持不变。已知该指令执行前 R[r5]=0，因此该指令执行后 R[r12]=0。

根据该 maskeqz 指令的功能可知，仅当 R[r5]!=0 且 R[r12]=1 时，该 maskeqz 指令执行后才得到 R[r12]=1 的结果，其他情况下 R[r12]=0。也就是说，该 maskeqz 指令执行后 R[r12]=1 的充分必要条件是 b<0 且 a<a+b。若 b<0 且 a+b 没有溢出，则必定满足 a>a+b。因此，若 b<0 且 a<a+b，则 a+b 一定溢出，这种情况下该 maskeqz 指令执行后置 R[r12]=1 表示结果溢出，若置 R[r12]=0 则表示结果不溢出。

指令"or \$r12, \$r12, \$r13"实现按位逻辑或运算，其功能用 RTL 描述为 R[r12]←R[r12] | R[r13]。已知该指令执行前 R[r12]=0，R[r13]=1，因此该指令执行后 R[r12]=1。

程序执行至此，实现了以下溢出判断功能：对于带符号整数 a 和 b，若(b>0 & a+b<a) | (b<0 & a<a+b)，则使 R[r12]=1，表示发生溢出；否则使 R[r12]=0，表示未发生溢出。

指令"bnez \$r12,12(0xc)"属于条件跳转指令，其功能用 RTL 描述为 if R[r12]!=0 PC=PC+0xc。已知该指令执行前 R[r12]=1，因此该指令执行后 PC=0x1 2000 0ccc+0xc=0x1 2000 0cd8。该指令的含义为：若 a+b 有溢出，则跳转到地址 0x1 2000 0cd8 处执行，否则继续执行下一条指令。

命令"i r pc"的执行结果验证了 bnez 指令执行后确实跳转到了地址 0x1 2000 0cd8 处执行，从而进一步转入异常处理程序 abort()执行。

若 a＋b 的结果不发生溢出，则指令"or ＄r12，＄r12，＄r13"执行后 R[r12]＝0，使得该 bnez 指令执行后不发生跳转，而直接执行图 3.32 中第 475 和第 476 行的两条指令。其中，指令"move ＄r4，＄r14"将 a＋b 的结果送至 r4，指令"jirl ＄r0，＄r1,0"根据 r1 中的返回地址返回到图 3.31 中的第 380 行指令处继续执行。

步骤 5：输入 gdb 调试命令，调用函数 abort()。

（1）输入命令"conti"，继续执行随后的指令，调用函数 abort()，终止程序执行。

（2）输入命令"quit"，退出 gdb 调试过程。

上述操作完成后各窗口的部分内容如图 3.33 所示。其中，方框显示报错信息和程序终止的地址。

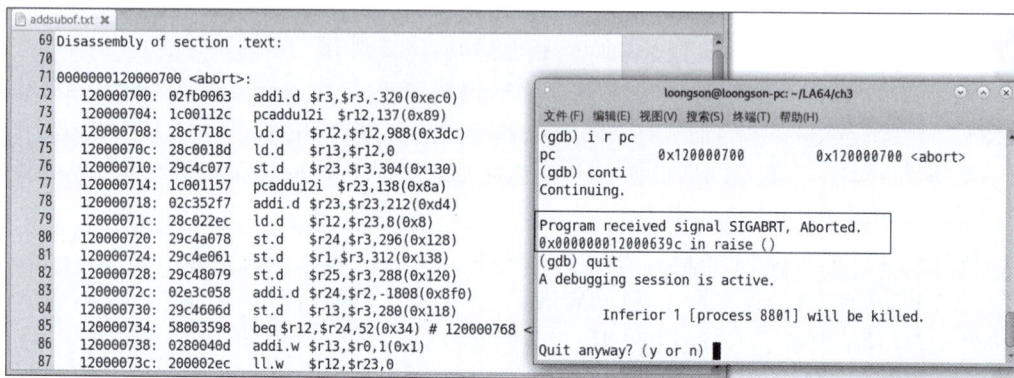

图 3.33　步骤 5 完成后各窗口的部分内容

函数 abort()通过发送 SIGABRT 信号给用户进程，使得用户进程转去执行相应的信号处理程序进行报错。在屏幕上显示程序停止在函数 raise()中地址 0x1 2000 639c 处。从图 3.34 中可看到该地址处前一条指令为"syscall 0x0"，由此可知，程序是因为执行了陷阱指令"syscall 0x0"陷入内核执行某个系统调用而发生了终止程序执行的行为。这里，参数寄存器 a7（即 r11）中的内容为 135，对应 rt_sigprocmask 系统调用，用于管理进程的信号掩码，实现信号的阻塞与解除阻塞。函数 abort() 是一个标准库函数，用于异常终止程序，它会引发 SIGABRT 信号，rt_sigprocmask 是 abort() 实现中确保 SIGABRT 信号处理正确性的关键。

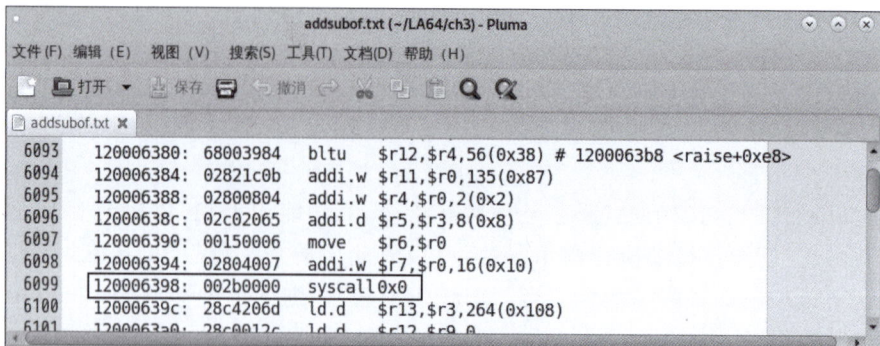

图 3.34　addsubof.txt 的部分内容

五、实验报告

本实验报告包括但不限于以下内容。

1. 执行 C 语言语句"d＝a－b;"时调用了函数＿＿subvsi3():

```
<__subvsi3>:
 120000d30:    0011148e    sub.w     $r14,$r4,$r5
 120000d34:    001211cc    slt       $r12,$r14,$r4
 120000d38:    020000a5    slti      $r5,$r5,0
 120000d3c:    0012388d    slt       $r13,$r4,$r14
 120000d40:    001395ad    masknez   $r13,$r13,$r5
 120000d44:    0013158c    maskeqz   $r12,$r12,$r5
 120000d48:    0015358c    or        $r12,$r12,$r13
 120000d4c:    44000d80    bnez      $r12,12(0xc) #120000d58 <__subvsi3+0x28>
 120000d50:    001501c4    move      $r4,$r14
 120000d54:    4c000020    jirl      $r0,$r1,0
 120000d58:    02ffc063    addi.d    $r3,$r3,-16(0xff0)
 120000d5c:    29c02061    st.d      $r1,$r3,8(0x8)
 120000d60:    57f9a3ff    bl        -1632(0xffff9a0) #120000700 <abort>
```

通过逐条指令分析,说明 LoongArch 编译器是如何检测带符号整数减法运算结果是否溢出的。选用合适的程序,通过调试执行查看相应信息对你的答案进行验证,并将结果截图。

2. -ftrapv 编译选项对无符号整数的加减运算不进行结果正确性检查,分别用 LoongArch 指令序列和 C 语言语句书写判断无符号整数加减运算结果是否正确的检测代码,并在计算机上测试验证,当运算结果有借位(减法)或进位(加法)时,输出提示信息"error"。

3. 对本章实验 4 的实验报告中程序 testchar.c 用命令"gcc -g -ftrapv testchar.c -o testchar2"进行编译转换,并生成可执行文件 testchar2,编译器没有对带符号整数加减运算结果的溢出问题进行检测和处理,为什么?

实验 6　整数乘运算

一、实验目的

1. 掌握整数乘运算指令格式及其功能。
2. 掌握整数乘运算中溢出的原因和判断规则。
3. 理解高级语言程序中的整数乘运算对应的机器级代码。

二、实验要求

给定 C 语言程序 mul.c,代码如下。

```
#include "stdio.h"
void main()
```

```
{   int x1=3, y1=4, z1, z2;
    int x=0x76543210, y=4, z;
    unsigned int ux=0x76543210, uy=4, uz;
    z1=x1 * y1;
    z2=x1 * 4;
    z=x * y;
    uz=ux * uy;
    printf("z1=%d, z2=%d, z=%d, uz=%u \n", z1, z2, z, uz);
}
```

编辑生成上述 C 语言源程序，然后对其进行编译转换，生成可执行文件，并对可执行文件进行调试执行，根据程序调试结果，完成以下任务或回答以下问题。

（1）查看反汇编代码，填写表 3.8 中各乘法运算表达式对应的指令。

表 3.8　乘法运算表达式对应的指令

表 达 式	指 令
x1 * y1	
x1 * 4	
x * y	
ux * uy	

（2）为什么编译器要对上述不同的整数乘运算选用不同的指令实现？

（3）为什么编译器对 x * y 和 ux * uy 的乘法运算都选用带符号整数乘法指令 mul.w 实现？

（4）变量 z 和 uz 的输出结果是否正确？程序 mul.c 中变量 z 和 uz 的数据类型定义是否合适？为了保证运算结果的正确性，应将变量 z 和 uz 各自定义为何种数据类型？

三、实验准备

1. 通过文本编辑器编辑生成 C 语言源程序文件 mul.c，并将其保存在目录"~/LA64/ch3"中。

2. 打开终端窗口，设置终端窗口的当前目录为"~/LA64/ch3"。在终端窗口中进行以下操作。

（1）输入命令"gcc -g mul.c -o mul"，将 mul.c 编译转换为可执行目标文件 mul。

（2）输入命令"objdump -S mul > mul.txt"，对 mul 进行反汇编，并将反汇编结果保存在文件 mul.txt 中。

（3）输入命令"./mul"，启动程序 mul 的执行。

3. 在文本编辑器窗口中打开文件 mul.txt，并使窗口显示函数 main() 的代码内容。

上述操作完成后各窗口的部分内容如图 3.35 所示。

图 3.35 中用下画线标出了 x1 * y1、x1 * 4、x * y 和 ux * uy 对应的汇编指令。可以看出，对于整数变量 x1 与整数常量 4 的乘运算，编译器并没有采用乘法指令，而是采用了左移指令 slli.w。为什么此处不直接使用乘法指令实现呢？

```
mul.txt ×
161    unsigned int ux=0x76543210,uy=4,uz;
162    1200006a4:  14eca86c    lu12i.w $r12,484675(0x76543)
163    1200006a8:  0388418c    ori $r12,$r12,0x210
164    1200006ac:  29bf72cc    st.w    $r12,$r22,-36(0xfdc)
165    1200006b0:  0280100c    addi.w  $r12,$r0,4(0x4)
166    1200006b4:  29bf62cc    st.w    $r12,$r22,-40(0xfd8)
167    z1=x1*y1;
168    1200006b8:  28bfb2cd    ld.w    $r13,$r22,-20(0xfec)
169    1200006bc:  28bfa2cc    ld.w    $r12,$r22,-24(0xfe8)
170    1200006c0:  001c31ac    mul.w   $r12,$r13,$r12
171    1200006c4:  29bf52cc    st.w    $r12,$r22,-44(0xfd4)
172    z2=x1*4;
173    1200006c8:  28bfb2cc    ld.w    $r12,$r22,-20(0xfec)
174    1200006cc:  0040898c    slli.w  $r12,$r12,0x2
175    1200006d0:  29bf42cc    st.w    $r12,$r22,-48(0xfd0)
176    z=x*y;
177    1200006d4:  28bf92cd    ld.w    $r13,$r22,-28(0xfe4)
178    1200006d8:  28bf82cc    ld.w    $r12,$r22,-32(0xfe0)
179    1200006dc:  001c31ac    mul.w   $r12,$r13,$r12
180    1200006e0:  29bf32cc    st.w    $r12,$r22,-52(0xfcc)
181    uz=ux*uy;
182    1200006e4:  28bf72cd    ld.w    $r13,$r22,-36(0xfdc)
183    1200006e8:  28bf62cc    ld.w    $r12,$r22,-40(0xfd8)
184    1200006ec:  001c31ac    mul.w   $r12,$r13,$r12
185    1200006f0:  29bf22cc    st.w    $r12,$r22,-56(0xfc8)
186    printf("z1=%d,z2=%d,z=%d,uz=%u \n",z1,z2,z,uz);
```

```
loongson@loongson-pc: ~/LA64/ch3
文件 (F)  编辑 (E)  视图 (V)  搜索 (S)  终端 (T)  帮助 (H)
loongson@loongson-pc:~/LA64/ch3$ gcc -g  mul.c -o mul
loongson@loongson-pc:~/LA64/ch3$ objdump -S mul>mul.txt
loongson@loongson-pc:~/LA64/ch3$ ./mul
z1=12, z2=12, z=-649017280,uz=3645950016
loongson@loongson-pc:~/LA64/ch3$
```

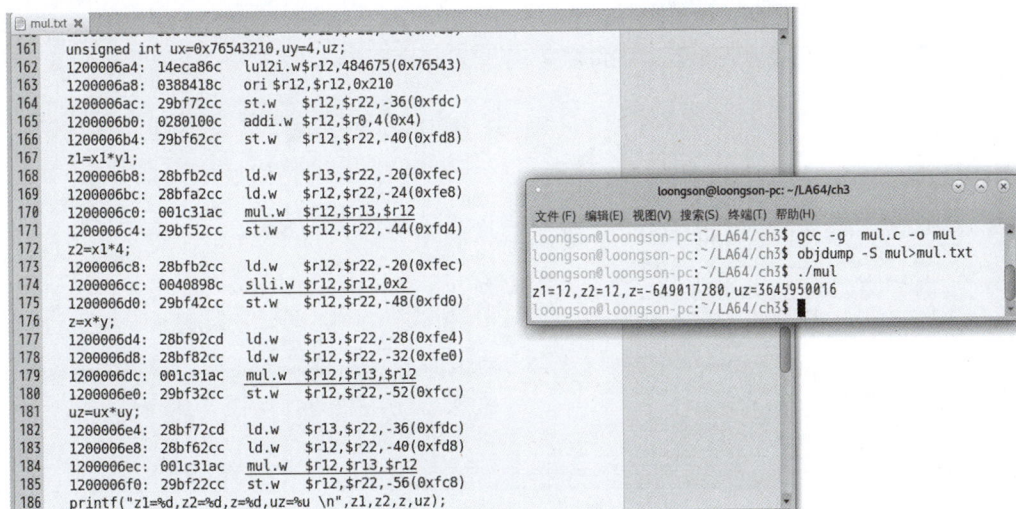

图 3.35   各窗口的部分内容

在计算机系统微架构层,带符号整数乘运算电路与无符号整数乘运算电路不同,因而在 LoongArch 指令系统中区分带符号整数乘运算和无符号整数乘运算两种指令,为什么上述 C 语言程序中语句"z=x * y;"和"uz=ux * uy;"对应的乘运算表达式均采用带符号整数乘法指令 mul.w 呢?

从图 3.35 可看出,执行程序 mul 后的输出结果中,两个正整数 x 和 y 相乘,得到的乘积 z 为一个负整数,z=−649 017 280;执行 C 语言语句"uz=ux * uy;"后,变量 uz 的输出结果为 uz=3 645 950 016,而不等于现实世界中的运算结果 0x7654 3210×4=0x1 d950 c840= 7 940 917 312。请思考为何会出现上述两个结果。

四、实验步骤

按如下步骤在终端窗口中输入 gdb 调试操作命令,对可执行文件进行调试执行。

步骤 1:启动 gdb 调试命令,使程序执行到设置的断点处停下。具体操作如下。

(1) 在 shell 命令行提示符下,输入命令"gdb mul",启动 gdb 命令并加载可执行文件 mul。

(2) 在 gdb 调试状态下,输入命令"break main"或"b main",在函数 main()处设置断点。

(3) 输入命令"run"或"r",启动程序运行,并在设置的断点处停下。

步骤 2:输入 gdb 调试命令,查看变量 x1、y1、x、y、ux、uy 的机器数。

(1) 输入命令"i r pc",查看 PC 的内容(当前程序的断点位置)。

(2) 输入命令"s",执行 C 语言语句"int x1=3,y1=4;"。

(3) 输入命令"s",执行 C 语言语句"int x=0x76543210,y=4,z;"。

(4) 输入命令"s",执行 C 语言语句"unsigned int ux=0x76543210,uy=4,uz;"。

(5) 输入命令"i r r22",查看 r22 的内容。

(6) 输入命令"x/6xw 0xfffffff6f48",查看变量 x1、y1、x、y、ux、uy 的机器数。

上述操作完成后各窗口的部分内容如图 3.36 所示。其中,图中下画线分别标出了变量

x1、y1、x、y、ux、uy 的地址和机器数。

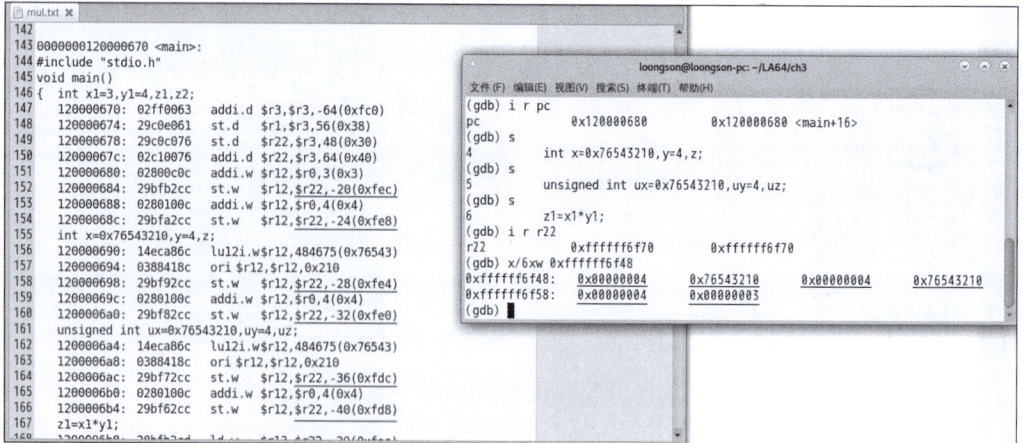

图 3.36　步骤 2 完成后各窗口的部分内容

步骤 3：输入 gdb 调试命令，执行 C 语言语句"z1＝x1 * y1;"和"z2＝x1 * 4;"，并查看变量 z1、z2 的机器数。

（1）输入命令"i r pc"，查看 PC 的内容（当前程序的断点位置）。

（2）输入命令"s"，执行 C 语言语句"z1＝x1 * y1;"。

（3）输入命令"s"，执行 C 语言语句"z2＝x1 * 4;"。

（4）输入命令"x/2xw 0xffffff6f40"，查看变量 z1、z2 的机器数。

上述操作完成后各窗口的部分内容如图 3.37 所示。其中，图中下画线标出了 z1、z2 的机器数和实现整数乘运算的指令。

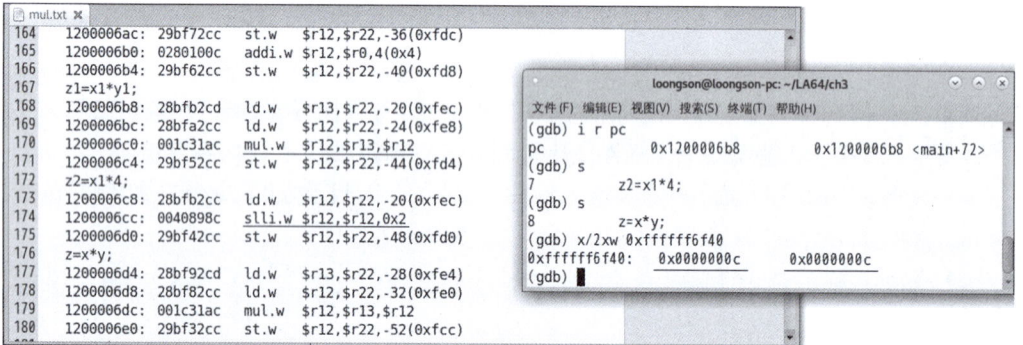

图 3.37　步骤 3 完成后各窗口的部分内容

从图 3.37 中 C 语言语句"z1＝x1 * y1;""z2＝x1 * 4;"与各自机器级代码之间的对应关系可知，"x1 * y1"由带符号整数乘运算指令 mul.w 实现；"x1 * 4"等价于 x1×2², 通过左移两位的 slli.w 指令实现。

指令"mul.w ＄r12，＄r13，＄r12"实现带符号整数乘运算，其功能用 RTL 描述为 product＝signed(R[r13][31:0])×signed(R[r12][31:0])，R[r12]←SignExtend(product[31:0]，64)。两个源操作数和目的操作数均采用寄存器寻址方式。

指令"slli.w ＄r12，＄r12，0x2"实现整数左移两位的运算，其功能用 RTL 描述为 tmp＝

SLL(R[r12][31:0],2),R[r12]←SignExtend(tmp[31:0],64)。两个源操作数分别采用寄存器寻址方式和立即数寻址方式,目的操作数采用寄存器寻址方式。

编译器把整型变量与2的幂次整型常数的乘运算转换为左移指令,而不采用乘法运算指令,其原因是为了优化程序性能,缩短其执行时间。因为乘法器的实现电路比移位电路更复杂,整数乘运算的执行时间比移位运算的执行时间更长。

步骤4:输入gdb调试命令,跟踪C语言语句"z=x * y;"的执行过程。

(1) 输入命令"i r pc",查看PC的内容(当前程序的断点位置)。

(2) 输入命令"si",执行指令"ld.w $r13,$r22,−28(0xfe4)"。

(3) 输入命令"si",执行指令"ld.w $r12,$r22,−32(0xfe0)"。

(4) 输入命令"i r r12 r13",查看寄存器r12和r13的内容。

(5) 输入命令"si",执行指令"mul.w $r12,$r13,$r12"。

(6) 输入命令"i r r12 r13",查看寄存器r12和r13的内容。

(7) 输入命令"si",执行指令"st.w $r12,$r22,−52(0xfcc)"。

(8) 输入命令"x/1xw 0xffffff6f3c",查看变量z的机器数。

上述操作完成后各窗口的部分内容如图3.38所示。其中,方框中是C语言语句"z=x * y;"对应的汇编指令序列。

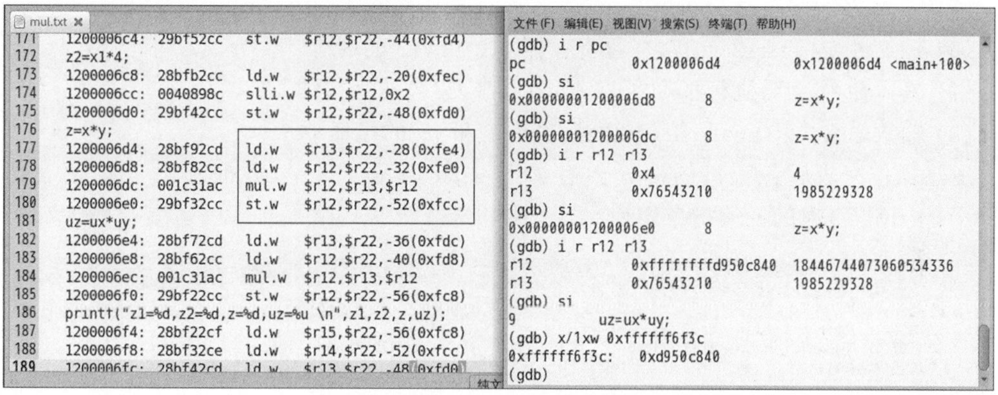

图3.38 步骤4完成后各窗口的部分内容

指令"ld.w $r13,$r22,−28(0xfe4)"和"ld.w $r12,$r22,−32(0xfe0)"分别用于将int型变量x和y符号扩展后存入r13和r12中。命令"i r r12 r13"显示了r12和r13的内容,R[r12]=0x0000 0000 0000 0004,R[r13]=0x0000 0000 7654 3210。

指令"mul.w $r12,$r13,$r12"实现带符号整数乘运算,其功能用RTL描述为product=signed(R[r13][31:0])×signed(R[r12][31:0])=0x7654 3210×4=0x1 d950 c840,R[r12]=SignExtend(product[31:0],64)=SignExtend(0xd950 c840,64)=0xffff ffff d950 c840。因此执行该mul.w指令后,命令"i r r12 r13"显示R[r12]=0xffff ffff d950 c840。

指令"st.w $r12,$r22,−52(0xfcc)"将R[r12][31:0]的内容写入地址R[r22]−52中,该地址存放变量z的机器数。从命令"x/1xw 0xffffff6f3c"执行结果可知,变量z的机器数为0xd950 c840,在函数printf()执行时,变量z的机器数0xd950 c840被解释为带符号整数,其真值为 $-649\,017\,280$,故在图 3.35 中可看到程序输出结果为 $z = -649017280$。

两个 n 位整数相乘,乘积可能有 2n 位,如果结果只取乘积的低 n 位,则可能发生溢出。由于变量 x、y、z 都是 int 型整数,编译器选择指令 mul.w 实现"x * y"的运算。指令"mul.w \$r12,\$r13,\$r12"中两个 32 位带符号整数 R[r13][31:0] 和 R[r12][31:0] 相乘后得到的 64 位乘积 product 为 0x1 d950 c840,但该指令的结果只取 product 中的低 32 位乘积 0xd950 c840 进行符号扩展,此时丢失了乘积中的最高有效数字 0x1,导致存放在 r12 中的乘积不正确。这主要是由乘法运算结果溢出而导致的。

在 LoongArch 架构中,乘法指令不设置溢出标志,在默认情况下,LoongArch 编译器也不进行乘运算溢出检测,因而乘运算存在溢出隐患。为了使 C 语言程序能够得到可靠的乘运算结果,需要在使用 gcc 编译命令时增加选项-ftrapv,或者在 C 语言源程序中增加检测乘运算结果是否溢出的判断语句。

步骤 5:输入 gdb 调试命令,跟踪 C 语言语句"uz=ux * uy;"的执行过程。

(1) 输入命令"i r pc",查看 PC 的内容(当前程序的断点位置)。

(2) 输入命令"si",执行指令"ld.w \$r13,\$r22,-36(0xfdc)"。

(3) 输入命令"si",执行指令"ld.w \$r12,\$r22,-40(0xfd8)"。

(4) 输入命令"i r r12 r13",查看寄存器 r12 和 r13 的内容。

(5) 输入命令"si",执行指令"mul.w \$r12,\$r13,\$r12"。

(6) 输入命令"i r r12 r13",查看寄存器 r12 和 r13 的内容。

(7) 输入命令"si",执行指令"st.w \$r12,\$r22,-56(0xfc8)"。

(8) 输入命令"x/1xw 0xffffff6f38",查看变量 uz 的机器数。

上述操作完成后各窗口的部分内容如图 3.39 所示。其中,方框标出了 C 语言语句"uz=ux * uy;"对应的汇编指令序列。

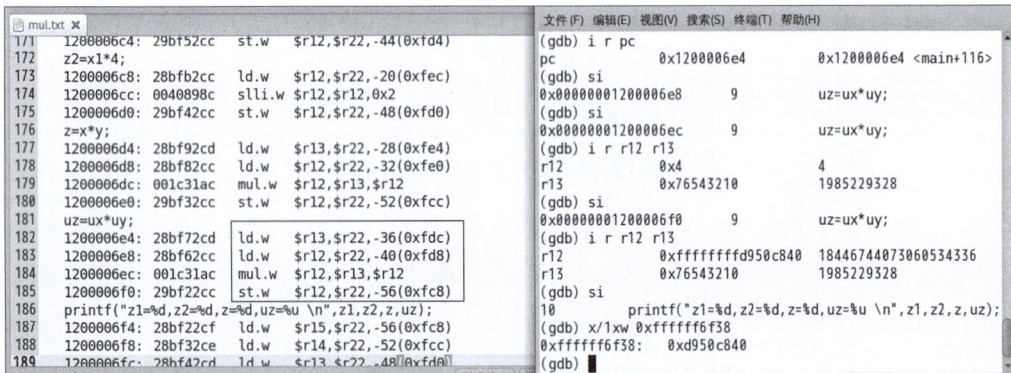

图 3.39　步骤 5 完成后各窗口的部分内容

指令"ld.w \$r13,\$r22,-36(0xfdc)"和"ld.w \$r12,\$r22,-40(0xfd8)"分别用于将 unsigned int 型变量 ux 和 uy 符号扩展后存入 r13 和 r12 中。命令"i r r12 r13"显示 R[r12]= 0x0000 0000 0000 0004,R[r13]=0x0000 0000 7654 3210。

指令"mul.w \$r12,\$r13,\$r12"的执行过程为:product = signed(R[r13][31:0]) × signed(R[r12][31:0]) = 0x7654 3210 × 4 = 0x1 d950 c840,R[r12] = SignExtend(product[31:0], 64) = SignExtend(0xd950 c840, 64) = 0xffff ffff d950 c840。执行该 mul.w 指令

后,命令"i r r12 r13"的执行结果显示了 R[r12]=0xffff ffff d950 c840。

指令"st.w \$r12,\$r22,−56(0xfc8)"将 R[r12][31:0]的内容写入地址 R[r22]−56 中,该地址存放变量 uz 的机器数。从命令"x/1xw 0xffffff6f38"执行结果可知,变量 uz 的机器数为 0xd950 c840。在函数 printf()执行时变量 uz 的机器数 0xd950 c840 被解释为无符号整数,其真值为 3 645 950 016,故在图 3.35 中看到的程序输出结果为 uz=3645950016。

关于上述指令序列及其执行结果补充说明如下。

(1)由于指令"mul.w \$r12,\$r13,\$r12"只使用 r13 和 r12 的低 32 位进行乘法运算,故将变量 ux 和 uy 的机器数写入 r13 和 r12 时采用零扩展还是符号扩展效果是一样的,因而在 mul.w 指令前使用 ld.w 指令还是 ld.wu 指令并不影响乘法运算的结果。

(2)两个 32 位整数 ux(x)和 uy(y)相乘,乘积有 33 位,若结果只取乘积的低 32 位,则可能发生溢出。执行 mul.w 指令时,r12 中的乘积丢失了 product 中的最高有效数字 0x1,导致 r12 中保存的乘积不正确。

(3)对两个 n 位机器数分别按照带符号整数乘和无符号整数乘进行运算,所得到的两个乘积中低 n 位总是相同的。因此,LoongArch 编译器会用带符号整数乘运算指令 mul.w 实现两个 32 位无符号整数乘运算,将乘积的低 32 位写入目的寄存器。因此,当结果只取低 n 位乘积时,mul.w 指令既适用于带符号整数乘运算,也适用于无符号整数乘运算。从图 3.39 中所给出的机器级代码可知,C 语言语句"z=x * y;"和"uz=ux * uy;"中的乘法运算均采用 mul.w 指令实现。

步骤 6:输入 gdb 调试命令,输出程序执行结果并退出 gdb 调试过程。

(1)输入命令"continue",继续执行 C 语言语句,输出程序执行结果。

(2)输入命令"quit",退出 gdb 调试过程。

五、实验报告

本实验报告包括但不限于以下内容。

1. 对于整型变量与整型常数之间的乘运算,可以通过加减指令和移位指令组成的指令序列实现。对于两个整型变量之间的乘运算,如果编译器也将其转换为通过加减指令和移位指令序列来实现,那么转换得到的机器级代码应该是什么结构?这种方式与直接用一条整数乘运算指令的方式相比,哪种方式所用的执行时间更长?为什么?

2. 对 mul.c 程序用命令"gcc -g -ftrapv mul.c -o mul2"进行编译转换,并生成可执行目标文件 mul2。回答下列问题(要求用调试看到的信息对你的答案进行解释说明)。

(1)执行 mul2,写出程序的输出结果。

(2)执行 C 语言语句"z=x * y;"时调用了以下__mulvsi3()函数:

```
<__mulvsi3>:
  mul.d      $r5,$r4,$r5
  slli.w     $r4,$r5,0x0
  srai.w     $r12,$r4,0x1f
  srai.d     $r5,$r5,0x20
  bne        $r5,$r12,8(0x8) #L1 <__mulvsi3+0x18>
  jirl       $r0,$r1,0
```

```
L1: addi.d      $r3,$r3,-16(0xff0)
    st.d        $r1,$r3,8(0x8)
    bl          -784(0xffffcf0) #L2<abort@plt>
```

通过逐条调试指令执行,分析说明该函数是如何检测乘法运算结果是否溢出的。

(3) 已知__mulvdi3()对应的机器级代码如下,说明该函数的功能。

```
<__mulvdi3>:
    mul.d       $r12,$r4,$r5
    mulh.d      $r5,$r4,$r5
    srai.d      $r13,$r12,0x3f
    bne         $r13,$r5,12(0xc) #L1 <__mulvdi3+0x18>
    move        $r4,$r12
    jirl        $r0,$r1,0
L1: addi.d      $r3,$r3,-16(0xff0)
    st.d        $r1,$r3,8(0x8)
    bl          -736(0xffffd20) #L2 <abort@plt>
```

(4) LoongArch 编译器没有对 C 语言语句"uz＝ux ＊ uy;"设置溢出检测,试写一段 unsigned int 型整数乘运算溢出检测的 LA64 汇编代码,并在计算机上测试验证。

＊ 实验 7　基础浮点指令和浮点数运算

一、实验目的

1. 掌握 IEEE 754 单精度浮点数和双精度浮点数的编码方式。
2. 了解基础浮点指令涉及的相关寄存器。
3. 理解浮点访存指令、浮点运算类指令、浮点转换指令和浮点传送指令的格式和功能。
4. 理解 C 语言程序中整数运算和浮点数运算所对应的底层实现方式上的差别。

二、实验要求

给定 C 语言程序 floatcal.c,代码如下。

```
#include "stdio.h"
void main()
{ int i=0x76543210;
  float x1=1e20, x2= -1e20, x3=2, f1, f2;
  float y1, y2;
  f1=x1+(x2+x3);
  f2=(x1+x2)+x3;
  y1=i * 4;
  y2=i * 4.0;
  printf("f1=%f\nf2=%f\n", f1, f2);
  printf("y1=%f\ny2=%f\n", y1, y2);
}
```

编辑生成上述 C 语言源程序,然后对其进行编译转换,生成可执行文件,并对可执行文件进行调试执行,根据程序调试结果,完成以下任务或回答以下问题。

（1）填写表 3.9 中变量或表达式的机器数（用十六进制表示）。

表 3.9　变量或表达式的机器数

变量	机器数	变量	机器数	表达式	机器数
i		f1		x2＋x3	
x1		f2		x1＋(x2＋x3)	
x2		y1		x1＋x2	
x3		y2		(x1＋x2)＋x3	

（2）按要求填写表 3.10 中汇编指令或指令序列。

表 3.10　读写操作与加乘运算对应的指令或指令序列

变量	从存储单元读取变量存入 r12	表达式	实现加法运算
i		i＋4	
x1		x1＋x2	

变量	将 r12 内容存入变量所在的存储单元	表达式	实现乘法运算
i		i＊4	
x1		i＊4.0	

三、实验准备

1. 通过文本编辑器编辑生成 C 语言源程序文件 floatcal.c，并将其保存在目录"～/LA64/ch3"中。

2. 打开终端窗口，设置终端窗口的当前目录为"～/LA64/ch3"。在终端窗口中进行以下操作。

（1）输入命令"gcc -g floatcal.c -o floatcal"，将 floatcal.c 编译转换为可执行目标文件 floatcal。

（2）输入命令"objdump -S floatcal > floatcal.txt"，对 floatcal 进行反汇编，并将反汇编结果保存在文件 floatcal.txt 中。

（3）输入命令"./floatcal"，启动可执行文件 floatcal 的执行。

3. 在文本编辑器窗口中打开文件 floatcal.txt，并使窗口显示函数 main() 的代码内容。

上述操作完成后各窗口的部分内容如图 3.40 所示。

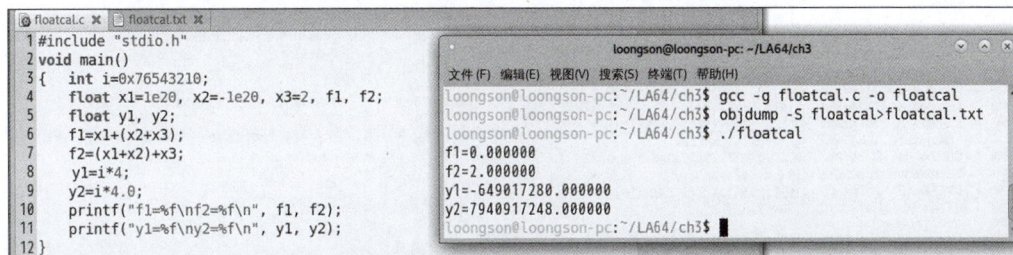

图 3.40　各窗口的部分内容

现实世界中,加法运算满足结合律,因此,C 语言语句"f1＝x1＋(x2＋x3);"和"f2＝(x1＋x2)＋x3;"执行得到变量 f1 和 f2 的输出值预期应相同。但是,从图 3.40 所示的程序执行结果看,变量 f1 和 f2 的实际输出值并不相同。

按常理,C 语言语句"y1＝i＊4;"和"y2＝i＊4.0;"执行得到变量 y1 和 y2 的输出值预期应相同。但是,从图 3.40 所示的程序执行结果看,变量 y1 和 y2 的实际输出值并不相同。

为什么计算机中浮点数运算会出现上述两种情况呢? 根据实验 6 中程序的执行结果可知,0x7654 3210×4＝7 940 917 312,这里为什么 y2 的输出结果与实验 6 中相同运算得到的结果不同? 该误差是怎样造成的呢?

四、实验步骤

按如下步骤在终端窗口中输入 gdb 调试操作命令,对可执行文件进行调试执行。

步骤 1:启动 gdb 调试命令,使程序执行到设置的断点处停下。具体操作如下。

(1) 在 shell 命令行提示符下输入命令"gdb floatcal",启动 gdb 命令并加载可执行文件 floatcal。

(2) 在 gdb 调试状态下输入命令"break main"或"b main",在函数 main()处设置断点。

(3) 输入命令"run"或"r",启动程序运行,并在设置的断点处停下。

步骤 2:输入 gdb 调试命令,查看变量 i、x1、x2、x3 的机器数。

(1) 输入命令"i r pc",查看 PC 的内容(当前程序的断点位置)。

(2) 输入命令"s",执行 C 语言语句"i=0x76543210;"。

(3) 输入命令"s",执行 C 语言语句"x1=1e20, x2=−1e20, x3=2,f1,f2;"。

(4) 输入命令"x/3xw 0x120000858",查看常量 1e20、−1e20 和 2 对应的机器数。

(5) 输入命令"i r r22",查看 r22 的内容。

(6) 输入命令"x/4xw 0xffffff6f40",查看变量 i、x1、x2、x3 的机器数。

上述操作完成后各窗口的部分内容如图 3.41 所示。其中,下画线标出了变量 i、x1、x2、x3 的机器数,方框标识了常量赋值语句对应的汇编指令序列。

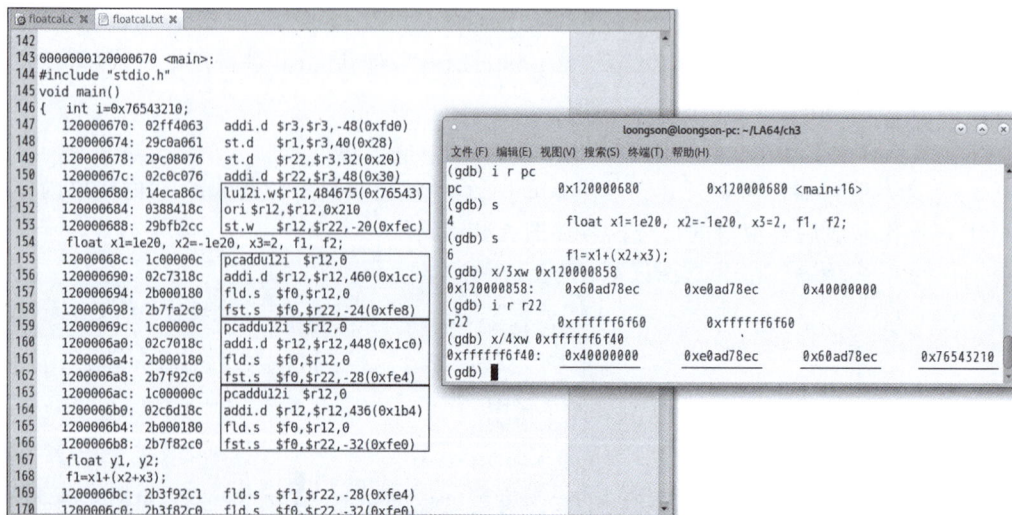

图 3.41　步骤 2 完成后各窗口的部分内容

由本章实验 1 中程序对应的机器级代码可知,通过指令"lu12i. w ＄r12,484675(0x76543)"和"ori ＄r12,＄r12,0x210"可实现将整型常量 0x7654 3210 存入通用寄存器 r12 的功能,指令"st.w ＄r12,＄r22,−20(0xfec)"实现将 r12 中内容存入变量 i 所在的存储单元地址 R[r22]−20 中。

参照本章实验 2 相关分析说明可知,图 3.41 中第 155～164 行中的 3 个 pcaddu12i 和 addi.d 指令对分别用于计算浮点常量 1e20、−1e20 和 2 的存放地址,计算结果分别为 0x1 2000 068c＋0x1cc＝0x1 2000 0858、0x1 2000 069c＋0x1c0＝0x1 2000 085c 和 0x1 2000 06ac＋0x1b4＝0x1 2000 0860。命令"x/3xw 0x120000858"的执行结果验证了这 3 个地址中存放的分别是浮点常量 1e20、−1e20 和 2 的机器数。

指令"fld.s ＄f0,＄r12,0"的功能可用 RTL 描述为 R[f0]←M[R[r12]],即读取 R[r12] 所指向的存储单元中的单精度浮点格式数据,并写入浮点寄存器 f0 中。第 157 行、第 161 行和第 165 行的 fld.s 指令分别从地址 0x1 2000 0858、0x1 2000 085c 和 0x1 2000 0860 中读出浮点型常量 1e20、−1e20 和 2 对应的机器数,并写入 f0。

指令"fst.s ＄f0,＄r22,−24(0xfe8)"的功能可用 RTL 描述为 M[R[r22]−24]← R[f0],即将浮点寄存器 f0 中的单精度浮点格式数据写入地址为 R[r22]−24 的存储单元中。对照 C 语言语句可知,第 157、158 行的 fld.s 和 fst.s 指令对配合使用,实现从地址为 0x1 2000 0858 的存储单元中读出 1e20 的单精度浮点格式表示 0x60ad 78ec,并写入变量 x1 所分配的存储单元中。

同理,第 161、162 行和第 165、166 行的 fld.s 和 fst.s 指令对配合使用,分别实现从地址为 0x1 2000 085c、0x1 2000 0860 的存储单元中读出浮点型常量−1e20、2 对应的单精度浮点格式表示 0xe0ad 78ec、0x4000 0000,并写入变量 x2、x3 所分配的存储单元中。

从命令"i r r22"的执行结果可知,R[r22]＝0xff ffff 6f60。因此,变量 x1、x2、x3 所在的存储单元地址分别为 R[r22]−24＝0x0ff ffff6 f648、R[r22]−28＝0x0ff ffff 6f44、R[r22]−32＝0x0ff ffff 6f40。

命令"x/4xw 0xffffff6f40"的执行结果显示变量 i、x1、x2、x3 的机器数分别是 0x7654 3210、0x60ad 78ec、0xe0ad 78ec、0x4000 0000,从而验证了对相关指令功能分析的正确性。

步骤 3:输入 gdb 调试命令,跟踪 C 语言语句"f1＝x1＋(x2＋x3);"的执行,并查看变量 f1 的机器数。

(1) 输入命令"i r pc",查看 PC 的内容(当前程序的断点位置)。

(2) 输入命令"si",执行指令"fld.s ＄f1,＄r22,−28(0xfe4)"。

(3) 输入命令"si",执行指令"fld.s ＄f0,＄r22,−32(0xfe0)"。

(4) 输入命令"i r fa0 fa1",查看 f0 和 f1 寄存器的内容。

(5) 输入命令"si",执行指令"fadd.s ＄f0,＄f1,＄f0"。

(6) 输入命令"i r fa0",查看 f0 寄存器的内容。

(7) 输入命令"si",执行指令"fld.s ＄f1,＄r22,−24(0xfe8)"。

(8) 输入命令"i r fa0 fa1",查看 f0 和 f1 寄存器的内容。

(9) 输入命令"si",执行指令"fadd.s ＄f0,＄f1,＄f0"。

(10) 输入命令"i r fa0",查看 f0 寄存器的内容"。

(11) 输入命令"si",执行指令"fst.s ＄f0,＄r22,−36(0xfdc)"。

（12）输入命令"x/1xw 0xffffff6f3c"，查看变量 f1 的机器数。

上述操作完成后各窗口的部分内容如图 3.42 所示。其中，方框标出了 C 语言语句"f1＝x1＋(x2＋x3);"对应的 6 条机器级指令序列，且均为基础浮点指令。

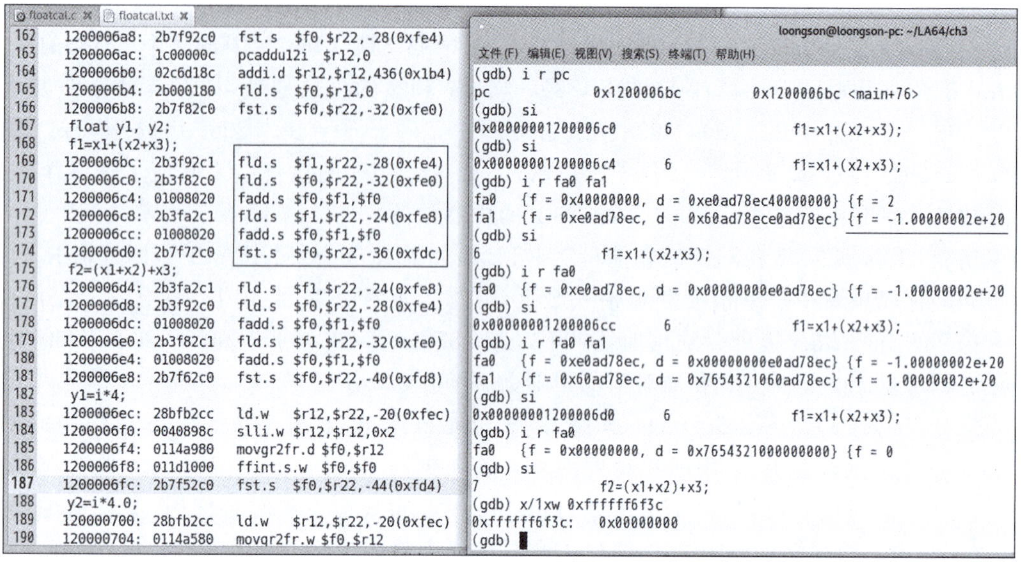

图 3.42　步骤 3 完成后各窗口的部分内容

在图 3.42 中，方框内的指令"fld.s ＄f1,＄r22,－28(0xfe4)"和"fld.s ＄f0,＄r22,－32(0xfe0)"的功能用 RTL 分别描述为 R[f1]←M[R[r22]－28]和 R[f0]←M[R[r22]－32]，根据步骤 2 的调试信息可知，实现的功能分别为 R[f1]←x2，R[f0]←x3。命令"i r fa0 fa1"的执行结果显示这两条 fld.s 指令执行后 R[f0][31:0]＝0x4000 0000，R[f1][31:0]＝0xe0ad 78ec。这里，fa0 和 fa1 分别是 f0 和 f1 寄存器的别名。

指令"fadd.s ＄f0,＄f1,＄f0"实现浮点加法运算，其功能用 RTL 描述为 R[f0]←R[f1]＋R[f0]，即 R[f0]←x2＋x3。命令"i r fa0"的执行结果显示 fadd.s 指令执行后 R[f0][31:0]＝0xe0ad 78ec。从步骤 2 可知，x2 对应的机器数为 0xe0ad 78ec，而 x3 显然不是 0，为什么 x2＋x3 的结果等于 x2 呢？浮点数加法运算时首要先要对阶，结果的阶码取大的阶码，小阶码的尾数右移。这里，x2 和 x3 的阶码分别为 193 和 128（指数分别为 66 和 1），因此 x3 的尾数需右移。由于 x2 和 x3 的阶差为 193－128＝65，所以 x3 的尾数需右移 65 位，远远超过了单精度浮点格式表示中尾数的位数 24，因此，x3 的尾数右移时丢失了全部有效数字，即对阶后的尾数为 0 使得 x2＋x3 的结果等于 x2。这就是浮点数加减运算中的大数吃小数现象。

执行命令"i r fa0"所显示的结果中 f 和 d 分别表示寄存器 f0 中的内容作为单精度浮点格式和双精度浮点格式所表示的数据，前一个"{}"中显示的是机器数，后一个"{}"中显示的是真值。根据刚执行完的指令中所得到的存于 f0 中的结果是单精度浮点数还是双精度浮点数，可选择查看 f 或 d 所对应的结果。若浮点指令后缀为.s，如 fadd.s 指令（表示单精度浮点加法指令），则参看 f 对应的结果，而忽略 d 所对应的结果。对于后缀为.d 的浮点指令，则参看 d 对应的结果，而忽略 f 所对应的结果。

在图 3.42 中,下画线标出了 f1 寄存器中的单精度浮点格式机器数 0xe0ad 78ec 所对应的真值为 $-1.00000002e+20$,此时 f1 中的内容是通过执行第 169 行的 fld.s 指令从 x2 所分配的存储单元(地址为 R[r22]-28)中读取后装入的。在 C 语言程序中变量 x2 被赋值为常量 $-1e20$,但在对应的机器级代码执行后发现,存于 x2 所分配的存储单元中的值是 $-1.00000002e+20$。显然,$-1.00000002e+20$ 和 $-1e20$ 之间存在误差。事实上,高级语言程序中出现的一些浮点型常量和变量可能不能用 IEEE 754 浮点格式精确表示,编译器在对浮点型常量进行相应处理时,通常用一个近似值表示,浮点运算指令在进行相应处理时,对应的运算电路会进行舍入处理。

指令"fld.s \$f1,\$r22,$-24(0xfe8)$"的功能用 RTL 描述为 R[f1]←M[R[r22]-24],根据步骤 2 的调试信息知,其实现的功能为 R[f1]←x1。

第 173 行处的指令"fadd.s \$f0,\$f1,\$f0"用于实现 R[f0]←x1$+$(x2$+$x3)。在该 fadd.s 指令执行前,执行命令"i r fa0 fa1"后显示 R[f0][31:0]$=$0xe0ad 78ec,R[f1][31:0]$=$0x60ad 78ec,两数符号位相反,阶码和尾数相同,即 f0 和 f1 寄存器中的数据互为相反数,显示的真值分别为 $-1.00000002e+20$ 和 $1.00000002e+20$。该 fadd.s 指令执行后,命令"i r fa0"显示 R[f0][31:0]$=$0x0000 0000。

指令"fst.s \$f0,\$r22,$-36(0xfdc)$"的功能用 RTL 描述为 M[R[r22]-36]←R[f0],实现将 x1$+$(x2$+$x3)的运算结果送入 f1 所在存储单元的功能。执行命令"x/1xw 0xffffff6f3c"后显示 f1 的机器数为 0x0000 0000,验证了图 3.40 中程序执行后 f1 的输出结果确实应该等于 0。

综上所述,由于 x2$+$x3 的计算过程中出现了大数吃小数的现象,导致 x2$+$x3$=$x2。同时,因为 x1 与 x2 互为相反数,所以,最终结果为 f1$=$x1$+$(x2$+$x3)$=$x1$+$x2$=$0。

步骤 4:输入 gdb 调试命令,跟踪 C 语言语句"f2$=$(x1$+$x2)$+$x3;"的执行并查看变量 f2 的机器数。

(1) 输入命令"i r pc",查看 PC 的内容(当前程序的断点位置)。

(2) 输入命令"si",执行指令"fld.s \$f1,\$r22,$-24(0xfe8)$"。

(3) 输入命令"si",执行指令"fld.s \$f0,\$r22,$-28(0xfe4)$"。

(4) 输入命令"i r fa0 fa1",查看 f0 和 f1 寄存器的内容。

(5) 输入命令"si",执行指令"fadd.s \$f0,\$f1,\$f0"。

(6) 输入命令"i r fa0",查看 f0 寄存器的内容。

(7) 输入命令"si",执行指令"fld.s \$f1,\$r22,$-32(0xfe0)$"。

(8) 输入命令"si",执行指令"fadd.s \$f0,\$f1,\$f0"。

(9) 输入命令"i r fa0",查看 f0 寄存器的内容。

(10) 输入命令"si",执行指令"fst.s \$f0,\$r22,$-40(0xfd8)$"。

(11) 输入命令"x/1xw 0xffffff6f38",查看变量 f2 的机器数。

上述操作完成后各窗口的部分内容如图 3.43 所示。其中,方框中是 C 语言语句"f2$=$(x1$+$x2)$+$x3;"对应的指令序列,与"f1$=$x1$+$(x2$+$x3);"的指令序列基本相同。

在图 3.43 中,方框中的指令"fld.s \$f1,\$r22,$-24(0xfe8)$"和"fld.s \$f0,\$r22,$-28(0xfe4)$"将变量 x1 和 x2 的机器数分别送入 f1 和 f0;x1 和 x2 的绝对值相同而符号相反,因而第 3 条浮点加法指令"fadd.s \$f0,\$f1,\$f0"执行后,R[f0][31:0]$=$0x0000 0000;

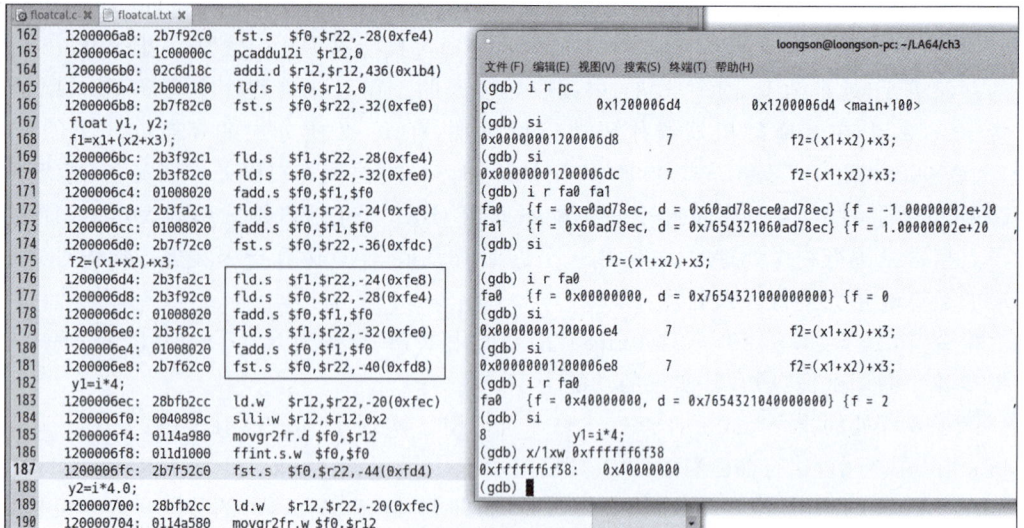

图 3.43 步骤 4 完成后各窗口的部分内容

第 4 条指令"fld.s ＄f1,＄r22,－32(0xfe0)"将 x3 送入 f1；第 5 条浮点加法指令"fadd.s ＄f0,＄f1,＄f0"执行后，R[f0][31:0]＝0x4000 0000；第 6 条指令"fst.s ＄f0,＄r22,－40(0xfd8)"将 f0 送入 f2 所在的存储单元。命令"x/1xw 0xffffff6f38"执行后显示变量 f2 的机器数为 0x4000 0000，验证了图 3.40 中程序执行后 f2 的输出结果确实应该等于 2。

综合步骤 3 和步骤 4 的结果可知，最终输出得到的 f1 和 f2 并不相等，说明计算机中的浮点运算不满足结合律，即(x1＋x2)＋x3≠x1＋(x2＋x3)。其原因是浮点加减运算中存在运算结果有舍入、大数吃小数等现象。

步骤 5：输入 gdb 调试命令，跟踪 C 语言语句"y1＝i＊4;"的执行，并查看变量 y1 的机器数。

(1) 输入命令"i r pc"，查看 PC 的内容(当前程序的断点位置)。

(2) 输入命令"si"，执行指令"ld.w ＄r12,＄r22,－20(0xfec)"。

(3) 输入命令"si"，执行指令"slli.w ＄r12,＄r12,0x2"。

(4) 输入命令"i r r12"，查看 r12 寄存器的内容。

(5) 输入命令"si"，执行指令"movgr2fr.d ＄f0,＄r12"。

(6) 输入命令"i r r12 fa0"，查看 r12 和 fa0 寄存器的内容。

(7) 输入命令"si"，执行指令"ffint.s.w ＄f0,＄f0"。

(8) 输入命令"i r fa0"，查看 fa0 寄存器的内容。

(9) 输入命令"si"，执行指令"fst.s ＄f0,＄r22,－44(0xf4)"。

(10) 输入命令"x/1xw 0 xffffff6f34"，查看变量 y1 的机器数。

上述操作完成后各窗口的部分内容如图 3.44 所示。其中，方框中是 C 语言语句"y1＝i＊4;"对应的指令序列。

将图 3.44 方框中的指令序列按功能划分为以下 3 组进行分析说明。

(1) 指令"ld.w ＄r12,＄r22,－20(0xfec)"和"slli.w ＄r12,＄r12,0x2"用于实现 i＊4。参照本章实验 6 可知，编译器通常将 int 型变量与 2 的幂次方整型常量的乘运算用左移指令

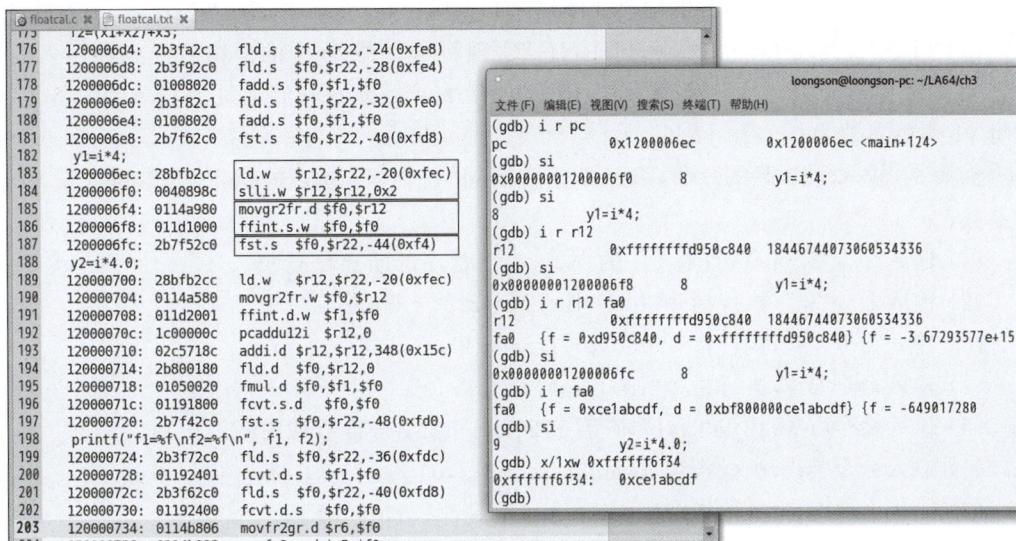

图 3.44 步骤 5 完成后各窗口的部分内容

slli. w 来实现。此处指令"slli. w $r12, $r12, 0x2"的功能用 RTL 描述为 tmp＝SLL (R[r12][31:0],2),R[r12]＝SignExtend(tmp[31:0],64)。执行命令"i r r12"后,显示左移运算指令的执行结果为 R[r12]＝0xffff ffff d950 c840,说明 r12 中的机器数对应的真值是一个负数,而 i * 4 的结果应该是正数,显然,r12 中的运算结果是错误的。

（2）指令"movgr2fr.d $f0, $r12"与"ffint.s.w $f0, $f0"配合使用,可将 int 型整数编码转换为单精度浮点格式数据。

指令"movgr2fr.d $f0, $r12"实现通用寄存器与浮点寄存器之间的数据传送,其功能用 RTL 描述为 R[f0]←R[r12]。指令"ffint.s.w $f0, $f0"实现将浮点寄存器 f0 中的 int 型数据转换为单精度浮点数,其功能用 RTL 描述为 R[f0][31:0]←FP32_convertFromInt (R[f0][31:0],SINT32)。

上述两条指令执行前、后的调试信息所显示的 r12 和 f0 内容变化情况如表 3.11 所示。由此可知,指令 movgr2fr.d 实现两个寄存器之间直接复制传送,指令 ffint.s.w 实现两个寄存器之间的等值编码转换。两条指令配合使用,可将 int 类型整数编码转换为等值的单精度浮点格式数据。

表 3.11 指令 movgr2fr.d 与 ffint.s.w 执行前后的 r12 和 f0 内容

寄 存 器	movgr2fr.d 执行前	movgr2fr.d 执行后	ffint.s.w 执行后
R[r12]	0xffff ffff d950 c840	—	—
R[f0][31:0]	—	0xd950 c840	0xce1a bcdf

将 int 型机器数 0xd950 c840 转换为单精度浮点数的过程为:

0xd950 c840＝1101 1001 0101 0000 1100 1000 0100 0000B

$[0xd950\ c840]_{真值}＝-010\ 0110\ 1010\ 1111\ 0011\ 0111\ 1100\ 0000B$

$＝-1.0\ 0110\ 1010\ 1111\ 0011\ 0111\ 1100\ 0000B×2^{29}$

[0xd950 c840]单精度浮点数=1 1001 1100 0 0110 1010 1111 0011 0111 11B＝0xce1a bcdf

$[0xd950\ c840]_{单精度浮点数}=1\ 1001\ 1100\ 0\ 0110\ 1010\ 1111\ 0011\ 0111\ 11B＝0xce1a\ bcdf$

（3）指令"fst.s \$f0，\$r22，－44(0xf4)"实现将寄存器 f0 中的单精度浮点数存入变量 y1 所在的存储单元中。执行命令"x/1xw 0xffffff6f34"后显示存储地址为 0x ff ffff 6f34 的变量 y1 的机器数为 0xce1a bcdf。

步骤 6：输入 gdb 调试命令，跟踪 C 语言语句"y1＝i * 4.0;"的执行，并查看变量 y2 的机器数。

（1）输入命令"i r pc"，查看 PC 的内容（当前程序的断点位置）。

（2）输入命令"si"，执行指令"ld.w \$r12，\$r22，－20(0xfec)"。

（3）输入命令"si"，执行指令"movgr2fr.w \$f0，\$r12"。

（4）输入命令"si"，执行指令"ffint.d.w \$f1，\$f0"。

（5）输入命令"i r r12 fa0 fa1"，查看 r12、fa0 和 fa1 寄存器的内容。

（6）输入命令"si"，执行指令"pcaddu12i \$r12，0"。

（7）输入命令"si"，执行指令"addi.d \$r12，\$r12，348(0x15c)"。

（8）输入命令"si"，执行指令"fld.d \$f0，\$r12，0"。

（9）输入命令"i r fa0"，查看 fa0 寄存器的内容。

（10）输入命令"si"，执行指令"fmul.d \$f0，\$f1，\$f0"。

（11）输入命令"si"，执行指令"fcvt.s.d \$f0，\$f0"。

（12）输入命令"si"，执行指令"fst.s \$f0，\$r22，－48(0xfd0)"。

（13）输入命令"x/1xw 0xffffff6f30"，查看变量 y2 的机器数。

上述操作完成后各窗口的部分内容如图 3.45 所示。其中，方框中是 C 语言语句"y1＝i * 4.0;"对应的指令序列。

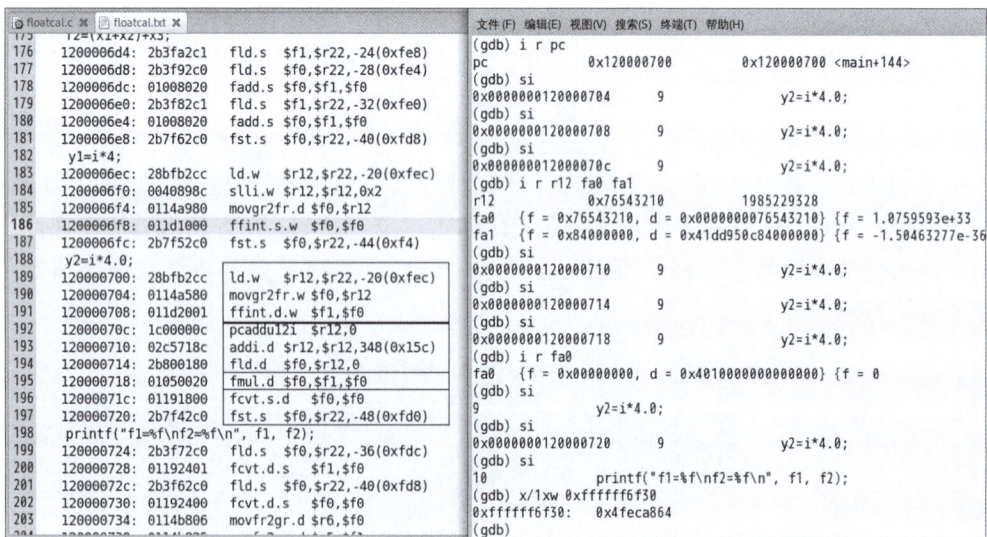

图 3.45　步骤 6 完成后各窗口的部分内容

将图 3.45 方框中的指令序列按功能划分为以下 4 组进行分析说明。

（1）指令"ld.w \$r12，\$r22，－20(0xfec)"将存放在地址 R[r22]－20 处的变量 i 的机器数读出并装入通用寄存器 r12；指令"movgr2fr.w \$f0，\$r12"将 r12 的内容送入浮点寄存

器 f0;指令"ffint.d.w \$f1,\$f0"将 f0 中的 int 型数据编码转换为双精度浮点格式数据并写入浮点寄存器 f1。

执行命令"i r r12 fa0 fa1"后可知，上述 3 条指令执行后，R[r12]＝0x7654 3210,R[f0][31:0]＝0x7654 3210,R[f1]＝0x41dd 950c 8400 0000。

将 int 型机器数 0x7654 3210 转换为双精度浮点数的过程为：

0x76543210＝0111 0110 0101 0100 0011 0010 0001 0000B

$[0x76543210]_{真值}$＝＋1.1101 1001 0101 0000 1100 1000 0100 00B×2^{30}

$[0x76543210]_{双精度浮点数}$＝0 100 0001 1101 1101 1001 0101 0000 1100 1000 0100 00…0B
　　　　　　　　　　＝0x41dd 950c 8400 0000

（2）4.0 是浮点型常量，在本章实验 2 中提到，编译器将通常将浮点型常数分配在只读数据区，因此，指令"pcaddu12i \$r12,0"和"addi.d \$r12,\$r12,348(0x15c)"计算出浮点型常量 4.0 的存储地址为 0x1 2000 070c＋0x15c＝0x1 2000 0868。指令"fld.d \$f0,\$r12,0"从该地址取出 4.0 的机器数，并装入 f0 寄存器。执行命令"i r fa0"后可知，装入 f0 中的 4.0 的机器数为 R[f0]＝0x4010 0000 0000 0000。

（3）指令"fmul.d \$f0,\$f1,\$f0"功能用 RTL 描述为 R[f0]←R[f1]＊R[f0]，指令fmul.d 实现双精度浮点乘运算，由于该指令执行前 f0 中装入的是 4.0，故该指令执行后，f0中存入的双精度浮点格式乘积的尾数等于 f1 中乘数的尾数 0xd 950c 8400 0000，乘积的阶码为 f1 中乘数的阶码加 2，两个正数相乘，其乘积的符号位为 0，即 f0 中乘积的机器数为0x41fd 950c 8400 0000。

（4）指令"fcvt.s.d \$f0,\$f0"实现双精度浮点数向单精度浮点数的转换，其功能用RTL 描述为 R[fd][31:0]←FP32_convertFormat(R[f0],FP64)。指令"fst.s \$f0,\$r22,－48(0xfd0)"将 f0 中低 32 位内容存入地址 R[r22]－48 处变量 y2 所在的存储单元。从执行命令"x/1xw 0xffffff6f30"后显示的结果可知，变量 y2 的机器数为 0x4fec a864。综上可知，这两条指令的功能是将 f0 中的双精度浮点格式机器数 0x41fd 950c 8400 0000 转换为单精度浮点格式机器数 0x4fec a864。那么，这两个机器数对应的真值分别是多少呢？正常情况下两者应该一致，但在本实验给出的程序中，两者之间相差 64，为什么？

对比步骤 5 中整数乘运算赋值语句"y1＝i＊4;"和步骤 6 中浮点数乘运算赋值语句"y2＝i＊4.0;"各自对应的指令序列可知，步骤 5 中用左移两位指令实现 i＊4，指令"slli.w\$r12,\$r12,0x2"对 i＝0x7654 3210 左移两位时，移出的最左边两位是"01"，从而丢失了乘积的高位有效数字，导致 y1 的结果不正确，而步骤 6 中用双精度浮点乘法指令 fmul.d 实现乘法运算，然后通过 fcvt.s.d 指令将双精度浮点格式表示的乘积转换为单精度浮点格式，因为 y2＝i＊4.0 的乘积没有超出单精度浮点数和双精度浮点数的表示范围，因此，用这两种格式表示乘积都不会发生溢出。但是，用这两种格式表示的乘积并不一致，这是因为两者可表示的浮点数的精度不同。

步骤 6 中先将整数 i 转换为双精度浮点格式编码，再与 4.0 相乘，乘数 i 和 4.0 的尾数有效数字均小于 53 位，故两个乘数存入 f0 和 f1 时没有精度损失。由于 i＝0x7654 3210 中只有 31 位有效数字，双精度浮点乘指令 fmul.d 执行后得到的乘积中有 33 位有效数字（i 乘以4.0，因而乘积增加两位有效数字），33 远小于 53，因此，执行 fmul.d 指令得到的双精度浮点格式乘积不会产生精度损失，其结果是一个精确值。但是，执行指令"fcvt.s.d \$f0,\$f0"实现双精度浮点数向单精度浮点数转换过程中，因为单精度浮点格式只能保存 23 位尾数小数部分，所以需要对双精度格式中 52 位尾数小数部分 0xd 950c 8400 0000 中的低 29 位（00 0100 0000 0000 0000 0000 0000 0000B）进行舍入处理，根据就近舍入到偶数的舍入原则，应将低 29 位全部丢弃。因为 i＊4.0 的乘积中有 33 位有效数字，其中尾数小数部分占 32 位，故指数为 32，所以转换为单精度浮点数时，精度损失为 $0.0 \cdots 0\ 001 \times 2^{32} = 2^{-26} \times 2^{32} = 2^{6} =$ 64。因为 0x7654 3210×4−64＝7 940 917 312−64＝7 940 917 248，故执行 fcvt.s.d 指令对 f0 中的乘积进行转换后，得到的单精度浮点数的真值应为 7 940 917 248。图 3.40 中 y2 输出值为 7 940 917 248，与上述分析结果一致。

步骤 7：输入 gdb 调试命令，输出程序执行结果，并退出 gdb 调试过程。

（1）输入命令"continue"或"c"，继续执行随后的 C 语言语句，输出程序执行结果。

（2）输入命令"quit"，退出 gdb 调试过程。

五、实验报告

本实验报告包括但不限于以下内容。

1. 给定以下 C 语言代码段：

```
#include "stdio.h"
void main()
{ int i=9, j;
  float f=9, k;
       ①      ;
       ②      ;
  ...
}
```

其可执行文件的部分反汇编代码为：

```
void main()
{ int i=9, j;
  120000670:    02ff8063    addi.d      $r3,$r3,-32(0xfe0)
  120000674:    29c06061    st.d        $r1,$r3,24(0x18)
  120000678:    29c04076    st.d        $r22,$r3,16(0x10)
  12000067c:    02c08076    addi.d      $r22,$r3,32(0x20)
  120000680:    0280240c    addi.w      $r12,$r0,9(0x9)
  120000684:    29bfb2cc    st.w        $r12,$r22,-20(0xfec)
  float f=9, k;
  120000688:    1c00000c    pcaddu12i   $r12,0
  12000068c:    02c4b18c    addi.d      $r12,$r12,300(0x12c)
  120000690:    2b000180    fld.s       $f0,$r12,0
  120000694:    2b7fa2c0    fst.s       $f0,$r22,-24(0xfe8)
       ①      ;
  120000698:    28bfb2cc    ld.w        $r12,$r22,-20(0xfec)
  12000069c:    0114a580    movgr2fr.w  $f0,$r12
  1200006a0:    011d1000    ffint.s.w   $f0,$f0
  1200006a4:    2b7f92c0    fst.s       $f0,$r22,-28(0xfe4)
       ②      ;
  1200006a8:    2b3fa2c0    fld.s       $f0,$r22,-24(0xfe8)
```

```
1200006ac:      011a8400      ftintrz.w.s      $f0,$f0
1200006b0:      0114b40c      movfr2gr.s       $r12,$f0
1200006b4:      29bf82cc      st.w             $r12,$r22,-32(0xfe0)
      ...
```

回答以下问题。

(1) 计算存放浮点型常量 9 的地址,写出读取浮点型常量 9 的指令。

(2) 用 RTL 描述指令"ftintrz.w.s $f0,$f0"和"movfr2gr.s $r12,$f0"的功能。

(3) 写出 C 语言代码段中①和②处的语句。

2. 给定两个 C 语言源程序文件,代码如下。

```
float1.c                        float2.c
#include "stdio.h"              #include "stdio.h"
void main()                     void main()
{  int i=9;                     {  int i=9;
   float f;                        float f;
   f=i/0;                          f=i/0.0;
   printf("f=%f\n", f);           printf("f=%f\n", f);
}                               }
```

编辑生成上述两个 C 语言源程序文件,然后对其进行编译转换,生成可执行文件,并对可执行文件进行调试,查看各变量所分配的存储地址及机器数,以及程序输出结果。要求将整个调试过程截图,并根据调试结果回答以下问题或完成以下任务。

(1) 写出两个程序的输出结果。

(2) 利用所学知识并自行查询相关资料,对程序执行结果进行解释说明。

第 4 章

程序的机器级表示

本章安排 5 个实验,实验 5 为选做实验。实验 1~4 基于 LA64+Linux 平台以及 GCC 编译驱动程序、gdb 调试工具等,对 C 语言源程序中的函数调用语句、循环结构和选择结构等各类流程控制语句,以及各类复杂数据类型的分配和访问等的机器级代码表示和实现进行实验,以理解 C 语言程序在计算机系统中的底层实现机制,从而深刻理解高级语言程序、语言处理工具和环境、操作系统、指令集系统结构(ISA)之间的关联关系。实验 5 作为第 2~4 章的综合实验,通过对 C 语言程序及其机器级代码中缓冲区溢出漏洞的调试分析,以及利用缓冲区溢出漏洞进行模拟攻击的过程分析,将 LoongArch 指令系统、数据的表示、数据的运算和程序的机器级表示等内容贯穿起来,以进一步巩固对主教材相关内容的理解。

实验 1   过程调用的实现和栈帧结构

一、实验目的

1. 掌握 C 语言程序中函数调用语句所对应的机器级代码表示。
2. 掌握 LA64 架构中实现过程调用时涉及的调用约定机制。
3. 掌握栈和栈帧的概念并掌握 LA64 架构中的栈帧结构。
4. 理解过程调用中参数按值传递和按地址传递的差别。

二、实验要求

给定 C 语言程序 swap.c,代码如下。

```c
#include "stdio.h"
void swap(int * x, int * y) {
    int t= * x;
    * x= * y;
    * y=t;
}
void caller() {
    int x = 125;
    int y = 80;
```

```
    swap(&x,&y);
    printf("x=%d  y=%d\n",x,y);
}
void main()
{
    caller();
}
```

编辑生成上述 C 语言源程序,然后对其进行编译转换,生成可执行文件,对可执行文件进行调试执行,根据查看到的程序执行过程中栈帧内容的变化,完成以下任务或回答以下问题。

(1) 填写表 4.1 中三个过程的帧指针内容和栈帧大小。

表 4.1　帧指针内容和栈帧大小

过　　　程	R[r22]	栈 帧 大 小
main		
caller		
swap		

(2) 根据要求画出以下时点的栈帧结构。

① 执行调用 swap 过程的 bl 指令前 caller 的栈帧结构。

② swap 过程体执行前 caller 和 swap 的栈帧结构。

③ swap 过程体执行结束时 caller 和 swap 的栈帧结构。

④ swap 过程中最后的返回指令"jirl ＄r0,＄r1,0"执行前 caller 的栈帧结构。

三、实验准备

1. 通过文本编辑器编辑生成 C 语言源程序文件 swap.c,并将其保存在目录"～/LA64/ch4"中。

2. 打开终端窗口,设置终端窗口的当前目录为"～/LA64/ch4"。在终端窗口中进行以下操作。

(1) 输入命令"gcc -g swap.c -o swap",将 swap.c 编译转换为可执行目标文件 swap。

(2) 输入命令"objdump -S swap > swap.txt",对 swap 进行反汇编,并将反汇编结果保存在文件 swap.txt 中。

(3) 输入命令"./swap",启动可执行文件 swap 的执行。

3. 在文本编辑器窗口中打开 swap.txt 文件,并使窗口显示函数 main()的代码内容。

四、实验步骤

按如下步骤在终端窗口中输入 gdb 调试操作命令,对可执行文件进行调试。

步骤 1:启动 gdb 调试命令,使程序执行到设置的断点处停下。具体操作如下。

(1) 在 shell 命令行提示符下,输入命令"gdb swap",启动 gdb 命令并加载 swap 可执行文件。

（2）在 gdb 调试状态下，输入命令"break main"或"b main"，在函数 main（）处设置断点。

（3）输入命令"run"或"r"，启动程序运行，并在设置的断点处停下。

步骤 2：输入 gdb 调试命令，查看 main 的栈帧指针，并跳转到 caller 过程。

（1）输入命令"i r pc"，查看 PC 的内容（当前程序的断点位置）。

（2）输入命令"i r r3 r22"，查看 r3 和 r22 的内容（main 的栈帧指针）。

（3）输入命令"si"，执行指令"bl −116（0xffffff8c）"。

（4）输入命令"i r r1 pc"，查看 r1 和 PC 的内容。

上述操作完成后各窗口的部分内容如图 4.1 所示。其中，方框标出了执行的 bl 指令，下画线标出了执行 bl 指令前后 PC 的内容。

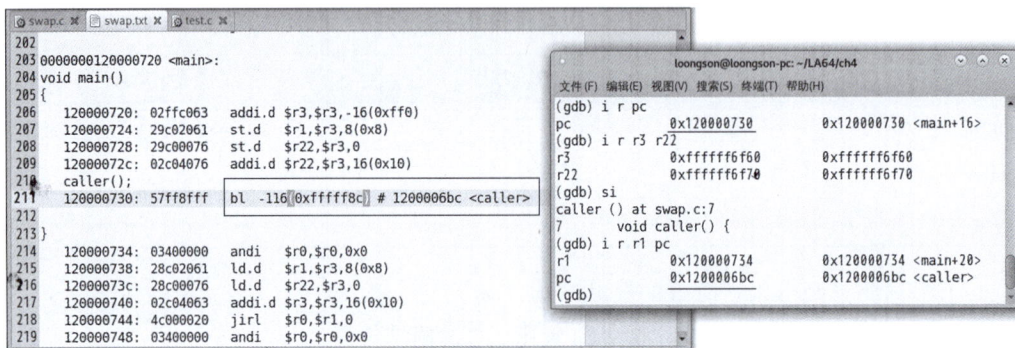

图 4.1 步骤 2 完成后各窗口的部分内容

高级语言程序中的函数调用或子程序调用统称为过程调用。每个过程都有自己的栈区，称为栈帧（stack frame），每个可执行文件对应的存储空间中有一个用户栈，它由若干栈帧组成。LA64+Linux 平台下，每个栈帧用专门的帧指针寄存器 r22（别名为 fp）指定起始位置（即栈帧基地址），用栈指针寄存器 r3（别名为 sp）指定当前栈顶位置。因而，当前栈帧的范围在帧指针 r22 和栈指针 r3 指向区域之间，栈从高地址向低地址增长，故 $R[r22] \geqslant R[r3]$，当前栈帧包含的字节数可用 $R[r22] - R[r3]$ 计算得到。例如，在图 4.1 中，命令"i r r3 r22"显示 $R[r3]=0xff\ ffff\ 6f60$，$R[r22]=0xff\ ffff\ 6f70$，故 main 的当前栈帧大小为 $R[r22] - R[r3] = 0xff\ ffff\ 6f70 - 0xff\ ffff\ 6f60 = 16B$，符合第 206 行和第 209 行的指令"addi.d $ r3, $ r3, −16（0xff0）"和"addi.d $ r22, $ r3,16（0x10）"实现的功能。

指令"bl −116（0xffffff8c）"用于过程调用，其功能用 RTL 描述为 $R[r1] \leftarrow PC+4$，$PC \leftarrow PC+0xff\ fff8c$。r1 寄存器的别名为 ra，专门用于存放过程调用时的返回地址，返回地址是 bl 指令的下一条指令地址，即 PC+4 为返回地址。该 bl 指令执行前 PC=0x1 2000 0730。执行该 bl 指令后，返回地址 $R[r1]=PC+4=0x1\ 2000\ 0734$，程序的执行流程从 main 过程跳转到 caller 过程，即新的 PC 值应是 caller 过程的首地址，$PC=PC+0xfff\ ff8c=0x1\ 2000\ 06bc$。命令"i r r1 pc"验证了上述分析的正确性。

步骤 3：输入 gdb 调试命令，执行 caller 过程准备阶段。

（1）输入命令"si"，执行指令"addi.d $ r3, $ r3, −32（0xfe0）"。

（2）输入命令"si"，执行指令"st.d $ r1, $ r3,24（0x18）"。

May all your wishes come true

（3）输入命令"si"，执行指令"st.d ＄r22，＄r3，16(0x10)"。

（4）输入命令"si"，执行指令"addi.d ＄r22，＄r3，32(0x20)"。

（5）输入命令"i r r3 r22"，查看 r3 和 r22 的内容。

（6）输入命令"x/8xw 0xffffff6f40"，查看当前栈帧的内容。

上述操作完成后各窗口的部分内容如图 4.2 所示。其中，实线方框标出了所执行的指令，实下画线标出了栈帧中保存的旧 fp 值，虚下画线标出了从 caller 返回到 main 的返回地址。

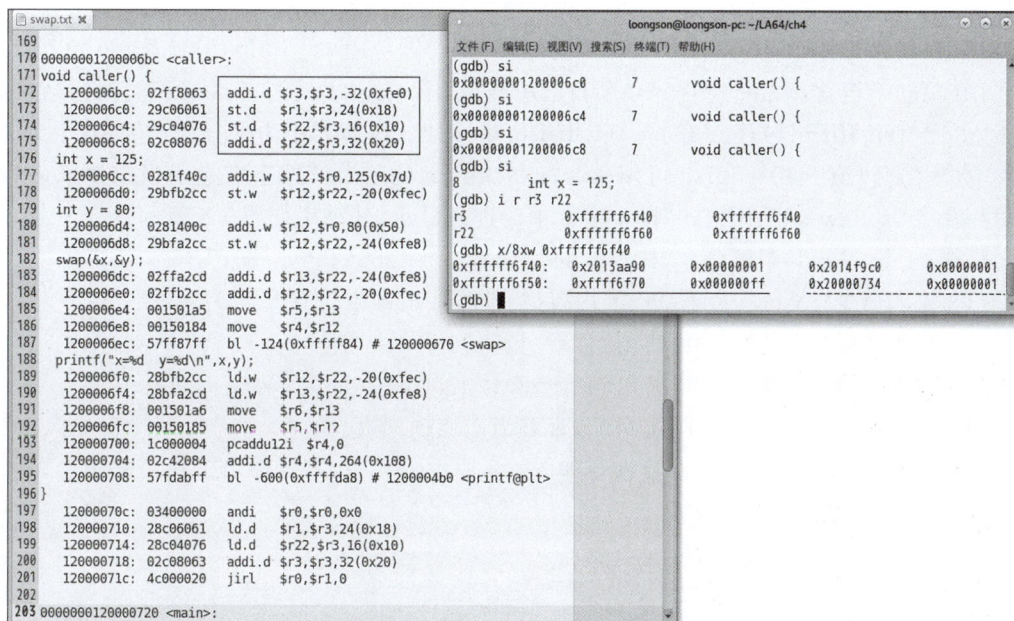

图 4.2　步骤 3 完成后各窗口的部分内容

每个过程通常由三部分组成：准备阶段、过程体和结束阶段。图 4.2 方框中 4 条指令对应 caller 准备阶段，第 177～195 行的指令对应 caller 过程体，第 197～201 行的指令实现 caller 结束阶段。caller 准备阶段的 4 条指令实现的功能如下。

（1）指令"addi.d ＄r3，＄r3，－32(0xfe0)"为 caller 过程分配栈帧并调整栈指针 sp。

LoongArch 指令系统中没有提供对栈指针 r3(sp)的自增和自减指令，LA64 中需要显式地用 addi.d 指令实现对 r3 的修改，addi.d 指令中立即数为负数时可实现栈帧的生长，立即数为正数时可实现对栈帧空间的释放。例如，在执行 caller()之前，在步骤 2 中已知 R[r3]＝0xff ffff 6f60，故图 4.2 方框中的指令"addi.d ＄r3，＄r3，－32(0xfe0)"执行后，R[r3]＝R[r3]－32＝0xff ffff 6f60－32＝0xff ffff 6f40，该指令为 caller 过程分配 32B 的栈帧。LoongArch ABI 规定，要求栈帧按 16 字节对齐，因此，每次 sp 指针大小增减量都是 16 字节的倍数。

（2）指令"st.d ＄r1，＄r3，24(0x18)"返回地址 ra 并保存到栈帧中。

LoongArch 指令系统规定 r1(ra)寄存器用于存放过程的返回地址，当一个过程是非叶子过程时，需要将返回地址 ra 保存到栈帧中。例如，caller 会调用 swap，故 caller 是非叶子过程，caller 准备阶段通过指令"st.d ＄r1，＄r3，24(0x18)"将 r1 的内容 0x1 2000 0734 保存到当前栈帧地址为 R[r3]＋24＝0xff ffff 6f40＋24＝0xff ffff 6f58 的存储单元中，如图 4.2 中虚下画线标注的内容。

（3）指令"st.d ＄r22，＄r3，16(0x10)"保存旧的帧指针 fp。

caller 建立自己的帧指针前需要把 main 过程的帧指针 r22(fp)内容作为旧 fp 值保存在 caller 的栈帧中，以便返回 main 时可以恢复 main 过程的帧指针。例如，指令"st.d ＄r22，＄r3，16(0x10)"将 r22 的内容 0xff ffff 6f70 保存到当前栈帧中地址为 R[r3]＋16＝0xff ffff 6f40＋16＝0xff ffff 6f50 的存储单元，如图 4.2 中实下画线标注的内容。

（4）指令"addi.d ＄r22，＄r3，32(0x20)"建立新的帧指针 fp。

指令"addi.d ＄r22，＄r3，32(0x20)"执行后，R[r22]＝R[r3]＋32＝0xff ffff 6f40＋32＝0xff ffff 6f60。至此，caller 过程建立了自己的栈帧，图 4.2 中命令"i r r3 r22"的执行结果显示 R[r3]＝0xff ffff 6f40，R[r22]＝0xff ffff 6f60，因此，栈帧大小为 R[r22]−R[r3]＝0xff ffff 6f60−0xff ffff 6f40＝32B。可用命令"x/32xb 0xffffff6f40"按字节显示当前栈帧内容，也可用命令"x/8xw 0xffffff6f40"按 4 字节单位进行显示，其结果如图 4.2 所示。

步骤 4：输入 gdb 调试命令，执行 C 语言语句"x＝125；"和"y＝80；"。

（1）输入命令"i r pc"，查看 PC 的内容（当前程序的断点位置）。

（2）输入命令"s"，执行 C 语言语句"x＝125；"。

（3）输入命令"s"，执行 C 语言语句"y＝80；"。

（4）输入命令"x/8xw 0xffffff6f40"，查看当前栈帧内容。

上述操作完成后各窗口的部分内容如图 4.3 所示。其中，方框标出了执行的指令序列，下画线标出了 x 和 y 的机器数。

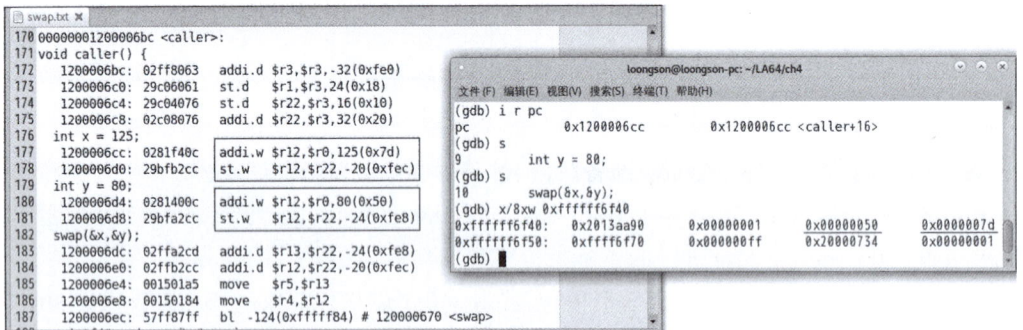

图 4.3　步骤 4 完成后各窗口的部分内容

过程执行时，由于不断有数据入栈，栈顶指针可能会动态移动，而栈帧基地址固定不变。因此，一个过程内对栈中信息的访问大多通过帧指针寄存器 r22 进行，即 r22 通常作为基址寄存器使用。这一点在前面第 3 章所有实验中都有体现，这些实验给出的 C 语言程序中局部变量的地址都是"基址 R[r22]加位移"寻址方式。例如，图 4.3 中的指令"st.w ＄r12，＄r22，−20(0xfec)"中，目的操作数的存储地址为 R[r22]−20＝0xff ffff 6f60−20＝0xff ffff 6f4c，对于−20(0xfec)表示，−20 是十进制表示的位移量，0xfec 是−20 的补码。指令"st.w ＄r12，＄r22，−24(0xfe8)"中，变量 y 的地址为 R[r22]−24＝0xff ffff 6f60−24＝0xff ffff 6f48。因此，图 4.3 中下画线标出的变量 x 和 y 的地址分别为 0xff ffff 6f4c 和 0xff ffff 6f48。

根据图 4.3 中命令"x/8xw 0xffffff6f40"所显示的当前栈帧内容,可画出 caller 过程的当前栈帧结构,如图 4.4 所示。

步骤 5:输入 gdb 调试命令,实现参数传递,并跳转到 swap 过程执行。

（1）输入命令"i r pc",查看 PC 的内容（当前程序的断点位置）。

（2）输入命令"si",执行指令"addi.d ＄r13,＄r22,−24(0xfe8)"。

（3）输入命令"si",执行指令"addi.d ＄r12,＄r22,−20(0xfec)"。

（4）输入命令"si",执行指令"move ＄r5,＄r13"。

（5）输入命令"si",执行指令"move ＄r4,＄r12"。

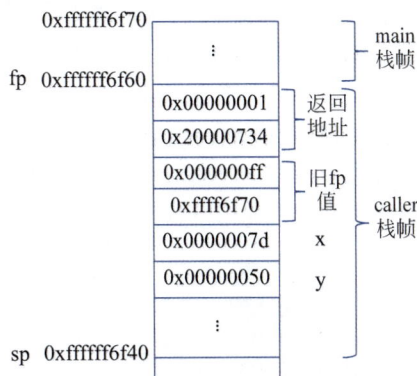

图 4.4　caller 的当前栈帧结构

（6）输入命令"si",执行指令"bl −124(0xfffff84)"。

（7）输入命令"i r r1 r4 r5 pc",查看相关寄存器的内容。

上述操作完成后各窗口的部分内容如图 4.5 所示。其中,方框标出了执行的指令。

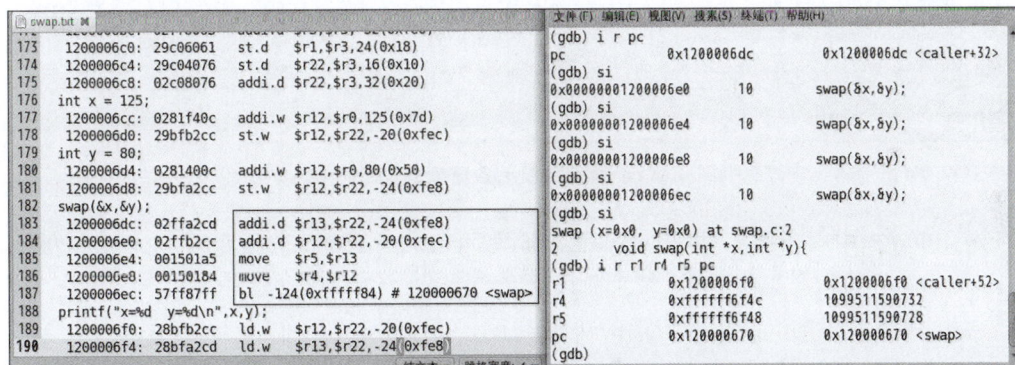

图 4.5　步骤 5 完成后各窗口的部分内容

在 LoongArch 中,前 8 个整型或指针型入口参数通过通用寄存器传递,调用过程总是将参数依次存入 r4～r11（即 a0～a7）寄存器,第 8 个以后的入口参数通过栈传递。

指令"addi.d ＄r13,＄r22,−24(0xfe8)"和"addi.d ＄r12,＄r22,−20(0xfec)"计算变量 x 和 y 的地址,并分别送入寄存器 r12 和 r13。宏指令"move ＄r5,＄r13"和"move ＄r4,＄r12"将变量 x 和 y 的地址分别送入寄存器 r4 和 r5。这 4 条指令完成入口参数的传递,即 R[r4]←&x,R[r5]←&y。

指令"bl −124(0xfffff84)"实现对 swap 过程的调用。命令"i r r1 r4 r5 pc"的执行结果中显示了 swap 过程调用时的返回地址、入口参数 &x 和 &y,以及 swap 过程首地址。

步骤 6:输入 gdb 调试命令,执行 swap 准备阶段。

（1）输入命令"i r pc",查看 PC 的内容（当前程序的断点位置）。

（2）输入命令"si",执行指令"addi.d ＄r3,＄r3,−48(0xfd0)"。

（3）输入命令"si"，执行指令"st.d ＄r22，＄r3，40(0x28)"。

（4）输入命令"si"，执行指令"addi.d ＄r22，＄r3，48(0x30)"。

（5）输入命令"si"，执行指令"st.d ＄r4，＄r22，－40(0xfd8)"。

（6）输入命令"si"，执行指令"st.d ＄r5，＄r22，－48(0xfd0)"。

（7）输入命令"i r r3 r22"，查看 r3 和 r22 的内容(swap 栈帧指针)。

（8）输入命令"x/12xw 0xffffff6f10"，查看当前栈帧内容。

上述操作完成后各窗口的部分内容如图 4.6 所示。其中，方框标出了执行的指令，实下画线标出了在 swap 栈帧中保存的 caller 中的旧 fp 值。

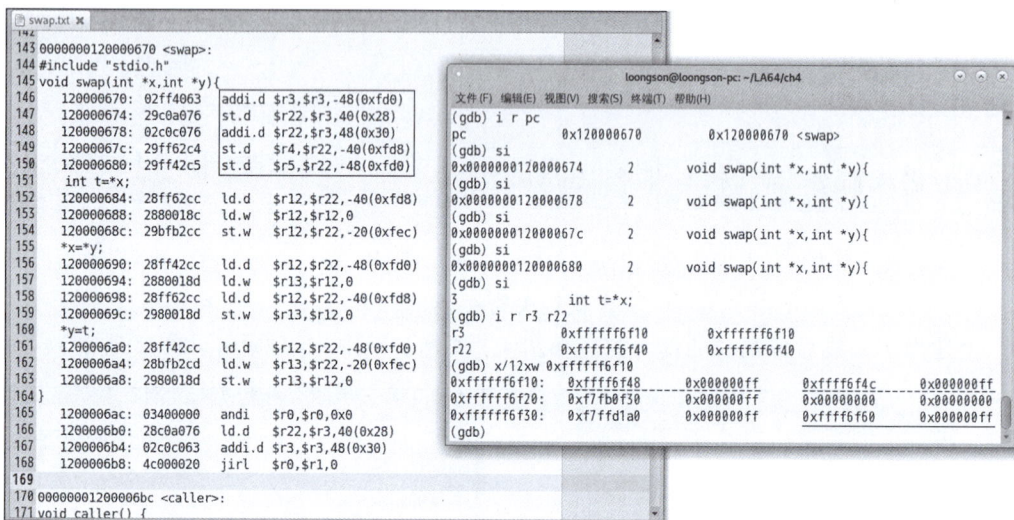

图 4.6　步骤 6 完成后各窗口的部分内容

图 4.6 方框中 5 条指令对应 swap 准备阶段，第 152～163 行的指令对应 swap 过程体，第 165～168 行的指令对应 swap 结束阶段。

swap 准备阶段的 5 条指令实现的功能如下。

（1）指令"addi.d ＄r3，＄r3，－48(0xfd0)"为 swap 分配栈帧并调整栈指针 sp。

在跳转到 swap 过程执行前，步骤 3 中已知 R[r3]＝0xff ffff 6f40，故指令"addi.d ＄r3，＄r3，－48(0xfd0)"执行后，R[r3]＝R[r3]－48＝0xff ffff 6f40－48＝0xff ffff 6f10，该指令为 swap 过程分配 48B 大小的栈帧。

（2）指令"st.d ＄r22，＄r3，40(0x28)"保存旧的帧指针 fp。

swap()建立自己的栈帧指针前，需要把 caller 中的帧指针 r22(fp)内容作为旧的 fp 值保存在 swap 的栈帧中，以便返回到 caller 过程执行时可以恢复其帧指针。指令"st.d ＄r22，＄r3，40(0x28)"将 r22 的内容 0xff ffff 6f60 保存到当前栈帧中地址为 R[r3]＋40＝0xff ffff 6f10＋40＝0xff ffff 6f38 的存储单元处，如图 4.6 中实下画线标注的内容。

（3）指令"addi.d ＄r22，＄r3，48(0x30)"建立新的帧指针 fp。

指令"addi.d ＄r22，＄r3，48(0x30)"执行后 R[r22]＝R[r3]＋48＝0xff ffff 6f10＋48＝0xff ffff 6f40。至此，swap 建立了自己的栈帧，图 4.6 中命令"i r r3 r22"的执行结果显示 R[r3]＝0xff ffff 6f10，R[r22]＝0xff ffff 6f40，因此栈帧大小为 R[r22]－R[r3]＝0xff ffff 6f40－

0xff ffff 6f10＝48B。命令"x/12xw 0xffffff6f10"按 4 字节单位显示当前栈帧的内容,如图 4.6 所示。

由于 swap 是叶子过程,所以不同于 caller 过程的准备阶段,swap 过程中没有将 r1 中的返回地址保存到当前栈帧中。

(4) 指令"st.d ＄r4,＄r22,−40(0xfd8)"和"st.d ＄r5,＄r22,−48(0xfd0)"将入口参数保存到当前栈帧。

在步骤 5 执行函数调用语句"swap(&x,&y)"对应指令序列时,caller 过程将入口参数 &x 和 &y 分别通过参数寄存器 r4 和 r5 传递给了 swap 过程。因此,此处指令"st.d ＄r4,＄r22,−40(0xfd8)"和"st.d ＄r5,＄r22,−48(0xfd0)"用于将入口参数 &x 和 &y 存入 swap 栈帧中,如图 4.6 中虚下画线标注的内容。当然,这两条指令并不是过程调用准备阶段必须完成的功能。在采用更高级别编译优化选项的情况下,通常不会将入口参数保存到栈帧中,而是直接通过 r4 和 r5 来访问入口参数。

根据图 4.6 中命令"x/12xw 0xffffff6f10"显示的当前栈帧内容,可画出 swap 过程的当前栈帧结构,如图 4.7 所示。

步骤 7:输入 gdb 调试命令,执行 swap 过程的过程体。

(1) 输入命令"i r pc",查看 PC 的内容(当前程序的断点位置)。

(2) 输入命令"s",执行 C 语言语句"t＝ ＊x;"。

(3) 输入命令"s",执行 C 语言语句"＊x＝ ＊y;"。

(4) 输入命令"s",执行 C 语言语句"＊y＝t;"。

(5) 输入命令"x/20xw 0xffffff6f10",查看 caller 过程和 swap 过程的栈帧内容。

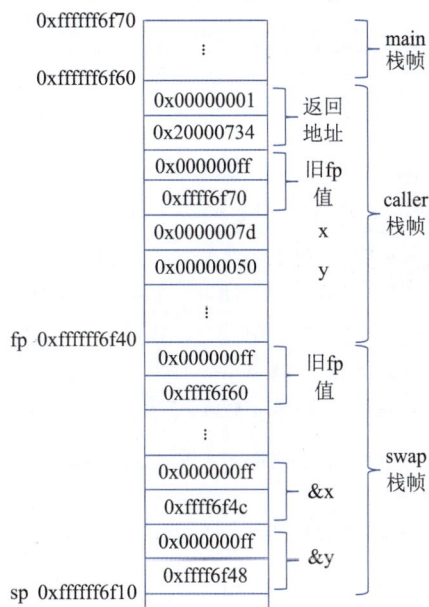

图 4.7　caller 和 swap 的栈帧结构

上述操作完成后各窗口的部分内容如图 4.8 所示。其中,方框中是执行的指令,下画线标出了 x 和 y 的机器数。

由 swap 函数原型 swap(int ＊x, int ＊y)可知,其入口参数 x 和 y 均为指针类型。

(1) C 语言语句"t＝ ＊x;"的实现。

根据步骤 6 知,地址为 R[r22]−40 的存储单元中存放的是 &x,故指令"ld.d ＄r12,＄r22,−40(0xfd8)"实现的功能为 R[r12]←&x,指令执行后 R[r12]＝0xff ffff 6f4c;指令"ld.w ＄r12,＄r12,0"的功能用 RTL 描述为 R[r12][31:0]←M[R[r12]],即 R[r12][31:0]←M[&x],指令执行后 R[r12][31:0]＝x＝0x0000007d。

指令"st.w ＄r12,＄r22,−20(0xfec)"用于将变量 x 的机器数 0x0000007d 写入变量 t 的存储单元。

(2) C 语言语句"＊x＝ ＊y;"的实现。

同理,根据步骤 6 知,地址为 R[r22]−48 的存储单元中存放的是 &y,指令"ld.d ＄r12,

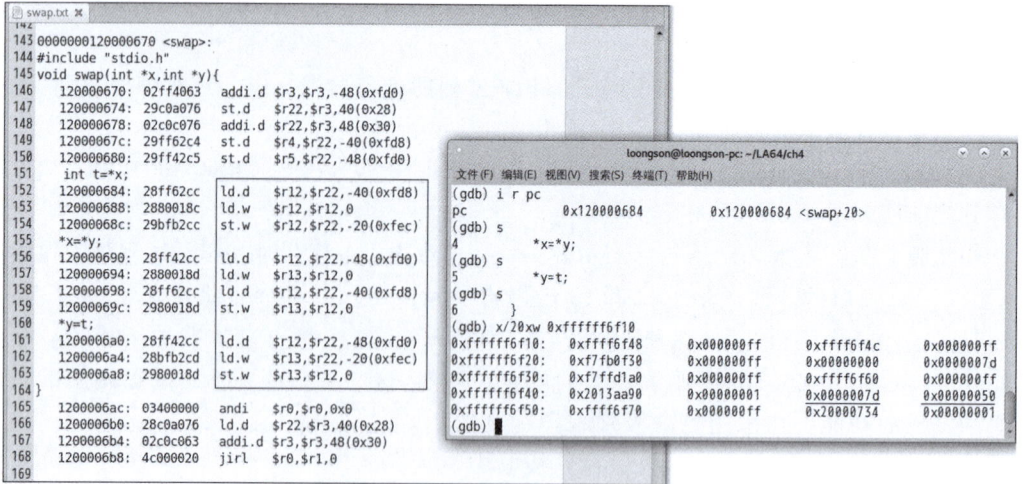

图 4.8　步骤 7 完成后各窗口的部分内容

$r22，-48(0xfd0)$"实现的功能为 R[r12]←&y，指令"ld.w $r13，$r12，0"实现的功能是读取变量 y 的机器数，并写入 r13 中，故这两条指令执行后 R[r13][31：0]＝y＝0x00000050。

指令"ld.d $r12，$r22，-40(0xfd8)"实现的功能为 R[r12]←&x，指令"st.w $r13，$r12，0"实现的功能是 M[&x]←y，故这两条指令执行后将变量 y 的机器数 0x00000050 写入变量 x 的存储单元。

（3）C 语言语句"*y=t;"的实现。

指令"ld.w $r13，$r22，-20(0xfec)"的功能是读出变量 t 的机器数，变量 t 中存放着变

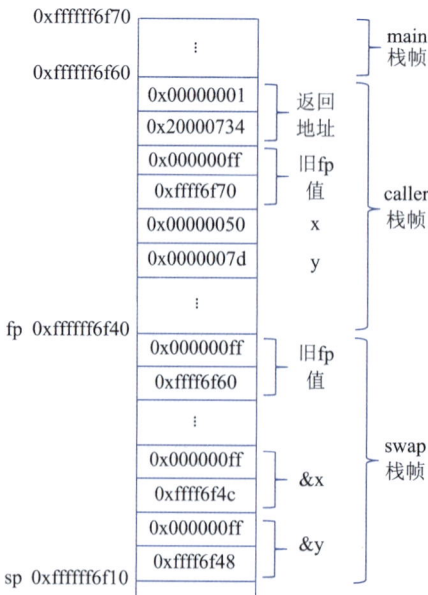

图 4.9　swap 过程体执行后 caller 和 swap 的栈帧结构

量 x 的机器数，故该指令执行后 R[r13][31:0]＝t＝x＝0x0000007d；指令"ld.d $r12，$r22，-48(0xfd0)"实现的功能为 R[r12]←&y，指令"st.w $r13，$r12，0"实现的功能是 M[&y]←x，即将变量 x 的机器数 0x0000007d 写入变量 y 的存储单元。

综上所述，执行 swap 过程体后，交换了函数 caller() 中变量 x 和 y 的值。根据命令"x/20xw 0xffffff6f10"执行后所显示的当前栈帧内容，可画出 caller 和 swap 的栈帧结构，如图 4.9 所示。对照图 4.7 可知，caller 栈帧中变量 x 和 y 所在的地址 0xff ffff 6f4c 和 0xff ffff 6f48 处的内容进行了交换。

步骤 8：输入 gdb 调试命令，执行 swap 的结束阶段。

（1）输入命令"i r pc"，查看 PC 的内容（当前程序的断点位置）。

（2）输入命令"si"，执行指令"andi $r0,$r0,0x0"。

（3）输入命令"si"，执行指令"ld.d $r22,$r3,40(0x28)"。

（4）输入命令"si"，执行指令"addi.d $r3,$r3,48(0x30)"。

（5）输入命令"i r r3 r22"，查看 r3 和 r22 的内容。

（6）输入命令"si"，执行指令"jirl $r0,$r1,0"。

（7）输入命令"i r pc"，查看 PC 的内容（当前程序的断点位置）。

上述操作完成后各窗口的部分内容如图 4.10 所示。其中，方框标出了执行的指令序列。

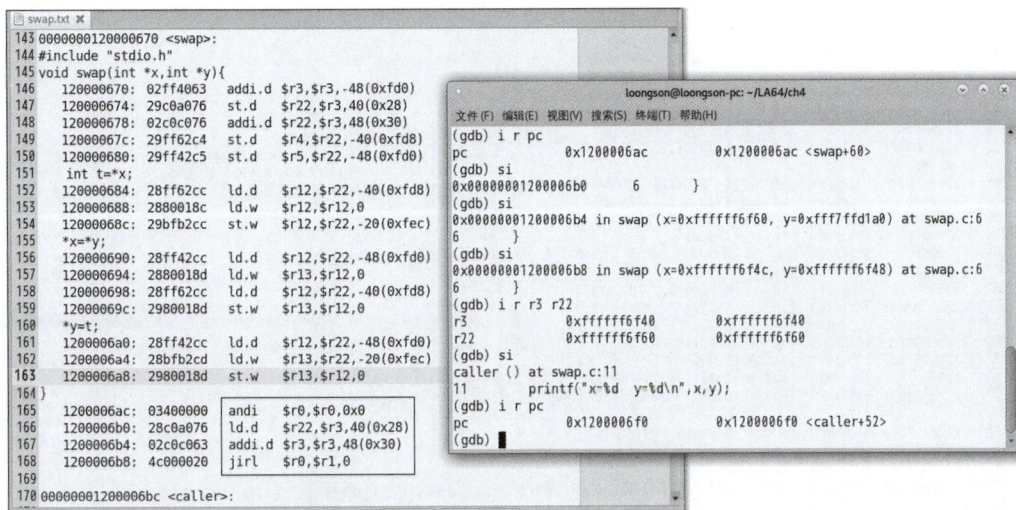

```
swap.txt ✕
143 0000000120000670 <swap>:
144 #include "stdio.h"
145 void swap(int *x,int *y){
146   120000670: 02ff4063    addi.d  $r3,$r3,-48(0xfd0)
147   120000674: 29c0a076    st.d    $r22,$r3,40(0x28)
148   120000678: 02c0c076    addi.d  $r22,$r3,48(0x30)
149   12000067c4: 29ff62c4    st.d    $r4,$r22,-40(0xfd8)
150   120000680: 29ff42c5    st.d    $r5,$r22,-48(0xfd0)
151    int t=*x;
152   120000684: 28ff62cc    ld.d    $r12,$r22,-40(0xfd8)
153   120000688: 2880018c    ld.w    $r12,$r12,0
154   12000068c: 29bfb2cc    st.w    $r12,$r22,-20(0xfec)
155   *x=*y;
156   120000690: 28ff42cc    ld.d    $r12,$r22,-48(0xfd0)
157   120000694: 2880018d    ld.w    $r13,$r12,0
158   120000698: 28ff62cc    ld.d    $r12,$r22,-40(0xfd8)
159   12000069c: 2980018d    st.w    $r13,$r12,0
160   *y=t;
161   1200006a0: 28ff42cc    ld.d    $r12,$r22,-48(0xfd0)
162   1200006a4: 28bfb2cd    ld.w    $r13,$r22,-20(0xfec)
163   1200006a8: 2980018d    st.w    $r13,$r12,0
164 }
165   1200006ac: 03400000    andi    $r0,$r0,0x0
166   1200006b0: 28c0a076    ld.d    $r22,$r3,40(0x28)
167   1200006b4: 02c0c063    addi.d  $r3,$r3,48(0x30)
168   1200006b8: 4c000020    jirl    $r0,$r1,0
169
170 00000001200006bc <caller>:
```

```
loongson@loongson-pc: ~/LA64/ch4
文件(F) 编辑(E) 视图(V) 搜索(S) 终端(T) 帮助(H)
(gdb) i r pc
pc              0x1200006ac          0x1200006ac <swap+60>
(gdb) si
0x00000001200006b0      6      }
(gdb) si
0x00000001200006b4 in swap (x=0xffffff6f60, y=0xfff7ffd1a0) at swap.c:6
6        }
(gdb) si
0x00000001200006b8 in swap (x=0xffffff6f4c, y=0xffffff6f48) at swap.c:6
6        }
(gdb) i r r3 r22
r3              0xffffff6f40         0xffffff6f40
r22             0xffffff6f60         0xffffff6f60
(gdb) si
caller () at swap.c:11
11        printf("x=%d  y=%d\n",x,y);
(gdb) i r pc
pc              0x1200006f0          0x1200006f0 <caller+52>
(gdb)
```

图 4.10 步骤 8 完成后各窗口的部分内容

图 4.10 方框中的指令序列反映了叶子过程结束阶段需要完成的功能。指令"andi $r0,$r0,0x0"不实现任何功能，等价于空操作指令。

（1）指令"ld.d $r22,$r3,40(0x28)"恢复旧的 fp(r22)值。

指令"ld.d $r22,$r3,40(0x28)"的功能是恢复旧的 fp 值，执行该指令后 R[r22]＝M[R[r3]+40]＝ M[0xff ffff 6f38]＝0xff ffff 6f60,0xff ffff 6f60 为 caller 过程的栈帧基地址，即 caller 中的帧指针 fp 的值。

（2）指令"addi.d $r3,$r3,48(0x30)"释放当前栈帧并恢复 sp(r3)值。

指令"addi.d $r3,$r3,48(0x30)"的功能是释放 swap 的栈帧空间，执行该指令后 R[r3]＝R[r3]+48＝0xff ffff 6f40。

命令"i r r3 r22"的执行结果验证了上述分析的正确性。执行完上述指令后，栈指针 sp 指向 caller 栈帧的顶部，当前栈帧状态如图 4.11 所示。

（3）指令"jirl $r0,$r1,0"过程调用返回。

返回指令"jirl $r0,$r1,0"实现无条件跳转到 r1 所指的地址处，其功能用 RTL 描述为 PC←

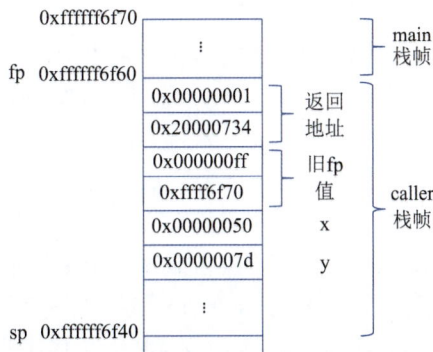

图 4.11 swap 结束阶段后当前栈帧状态

R[r1]，即实现过程调用的返回。由命令"i r pc"的执行结果可知，PC＝0x1 2000 06f0，此为 caller 过程中调用指令"bl －124(0xfffff84) ♯ 120000670 <swap>"的下一条指令的地址。

步骤 9：输入 gdb 调试命令，执行 caller()函数中的 printf()过程调用。

输入命令"next"，执行 C 语言语句"printf("x＝%d y＝%d\n",x,y);"。操作完成后各窗口的部分内容如图 4.12 所示。其中，方框标出了执行的指令序列。从程序输出结果可看出，变量 x 和 y 的值已经交换过。

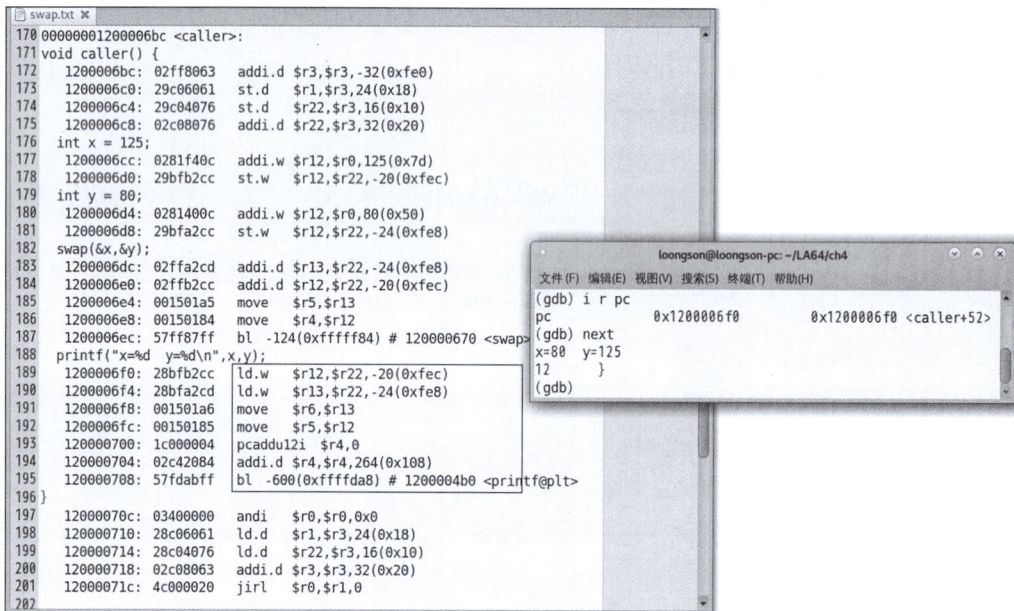

```
swap.txt ✗
170  00000001200006bc <caller>:
171  void caller() {
172    1200006bc:  02ff8063    addi.d  $r3,$r3,-32(0xfe0)
173    1200006c0:  29c06061    st.d    $r1,$r3,24(0x18)
174    1200006c4:  29c04076    st.d    $r22,$r3,16(0x10)
175    1200006c8:  02c08076    addi.d  $r22,$r3,32(0x20)
176  int x = 125;
177    1200006cc:  0281f40c    addi.w  $r12,$r0,125(0x7d)
178    1200006d0:  29bfb2cc    st.w    $r12,$r22,-20(0xfec)
179  int y = 80;
180    1200006d4:  0281400c    addi.w  $r12,$r0,80(0x50)
181    1200006d8:  29bfa2cc    st.w    $r12,$r22,-24(0xfe8)
182  swap(&x,&y);
183    1200006dc:  02ffa2cd    addi.d  $r13,$r22,-24(0xfe8)
184    1200006e0:  02ffb2cc    addi.d  $r12,$r22,-20(0xfec)
185    1200006e4:  001501a5    move    $r5,$r13
186    1200006e8:  00150184    move    $r4,$r12
187    1200006ec:  57ff87ff    bl  -124(0xfffff84) # 120000670 <swap>
188  printf("x=%d  y=%d\n",x,y);
189    1200006f0:  28bfb2cc    ld.w    $r12,$r22,-20(0xfec)
190    1200006f4:  28bfa2cd    ld.w    $r13,$r22,-24(0xfe8)
191    1200006f8:  001501a6    move    $r6,$r13
192    1200006fc:  00150185    move    $r5,$r12
193    120000700:  1c000004    pcaddu12i  $r4,0
194    120000704:  02c42084    addi.d  $r4,$r4,264(0x108)
195    120000708:  57fdabff    bl  -600(0xffffda8) # 1200004b0 <printf@plt>
196  }
197    12000070c:  03400000    andi    $r0,$r0,0x0
198    120000710:  28c06061    ld.d    $r1,$r3,24(0x18)
199    120000714:  28c04076    ld.d    $r22,$r3,16(0x10)
200    120000718:  02c08063    addi.d  $r3,$r3,32(0x20)
201    12000071c:  4c000020    jirl    $r0,$r1,0
202
```

```
loongson@loongson-pc: ~/LA64/ch4
文件 (F) 编辑(E) 视图(V) 搜索(S) 终端(T) 帮助(H)
(gdb) i r pc
pc          0x1200006f0       0x1200006f0 <caller+52>
(gdb) next
x=80  y=125
12        }
(gdb)
```

图 4.12　步骤 9 完成后各窗口的部分内容

步骤 10：输入 gdb 调试命令，执行 caller 结束阶段。

（1）输入命令"i r pc"，查看 PC 的内容(当前程序的断点位置)。

（2）输入命令"si"，执行指令"andi $r0,$r0,0x0"。

（3）输入命令"si"，执行指令"ld.d $r1,$r3,24(0x18)"。

（4）输入命令"si"，执行指令"ld.d $r22,$r3,16(0x10)"。

（5）输入命令"si"，执行指令"addi.d $r3,$r3,32(0x20)"。

（6）输入命令"i r r3 r22"，查看 r3 和 r22 的内容。

（7）输入命令"si"，执行指令"jirl $r0,$r1,0"。

（8）输入命令"i r pc"，查看 PC 的内容(当前程序的断点位置)。

上述操作完成后各窗口的部分内容如图 4.13 所示。其中，方框中的指令序列反映了非叶子过程结束阶段需要完成的功能。

如图 4.14 所示，将 caller 结束阶段与图 4.10 中 swap 结束阶段所包含的指令进行对照可知，caller 结束阶段指令序列中多了一条指令"ld.d $r1,$r3,24(0x18)"。

因为 caller 是非叶子过程，在 caller 准备阶段，需要将其返回地址保存到自己的栈帧中，故在结束阶段用指令"ld.d $r1,$r3,24(0x18)"将返回地址恢复并送入 r1，从而为返回指令"jirl $r0,$r1,0"的执行提供正确的返回地址。

```
swap.txt ×
170 00000001200006bc <caller>:
171 void caller() {
172   1200006bc: 02ff8063    addi.d  $r3,$r3,-32(0xfe0)
173   1200006c0: 29c06061    st.d    $r1,$r3,24(0x18)
174   1200006c4: 29c04076    st.d    $r22,$r3,16(0x10)
175   1200006c8: 02c08076    addi.d  $r22,$r3,32(0x20)
176 int x = 125;
177   1200006cc: 0281f40c    addi.w  $r12,$r0,125(0x7d)
178   1200006d0: 29bfb2cc    st.w    $r12,$r22,-20(0xfec)
179 int y = 80;
180   1200006d4: 0281400c    addi.w  $r12,$r0,80(0x50)
181   1200006d8: 29bfa2cc    st.w    $r12,$r22,-24(0xfe8)
182 swap(&x,&y);
183   1200006dc: 02ffa2cd    addi.d  $r13,$r22,-24(0xfe8)
184   1200006e0: 02ffb2cc    addi.d  $r12,$r22,-20(0xfec)
185   1200006e4: 001501a5    move    $r5,$r13
186   1200006e8: 00150184    move    $r4,$r12
187   1200006ec: 57ff87ff    bl -124(0xffff84) # 120000670 <swap>
188 printf("x=%d  y=%d\n",x,y);
189   1200006f0: 28bfb2cc    ld.w    $r12,$r22,-20(0xfec)
190   1200006f4: 28bfa2cd    ld.w    $r13,$r22,-24(0xfe8)
191   1200006f8: 001501a6    move    $r6,$r13
192   1200006fc: 00150185    move    $r5,$r12
193   120000700: 1c000004    pcaddu12i $r4,0
194   120000704: 02c42084    addi.d  $r4,$r4,264(0x108)
195   120000708: 57fdabff    bl -600(0xfffda8) # 1200004b0 <printf
196 }
197   12000070c: 03400000    andi    $r0,$r0,0x0
198   120000710: 28c06061    ld.d    $r1,$r3,24(0x18)
199   120000714: 28c04076    ld.d    $r22,$r3,16(0x10)
200   120000718: 02c08063    addi.d  $r3,$r3,32(0x20)
201   12000071c: 4c000020    jirl    $r0,$r1,0
202
```

```
loongson@loongson-pc: ~/LA64/ch4
文件(F) 编辑(E) 视图(V) 搜索(S) 终端(T) 帮助(H)
(gdb) i r pc
pc              0x12000070c        0x12000070c <caller+80>
(gdb) si
0x0000000120000710    12        }
(gdb) si
0x0000000120000714    12        }
(gdb) si
0x0000000120000718 in caller () at swap.c:12
12        }
(gdb) si
0x000000012000071c in caller () at swap.c:12
12        }
(gdb) i r r3 r22
r3              0xffffff6f60       0xffffff6f60
r22             0xffffff6f70       0xffffff6f70
(gdb) si
main () at swap.c:17
17        }
(gdb) i r pc
pc              0x120000734        0x120000734 <main+20>
(gdb)
```

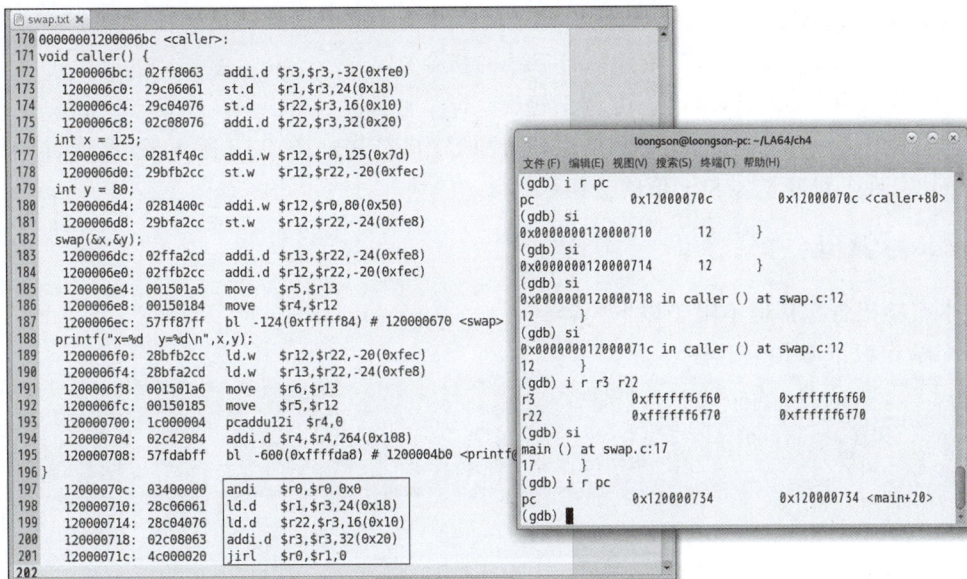

图 4.13　步骤 10 完成后各窗口的部分内容

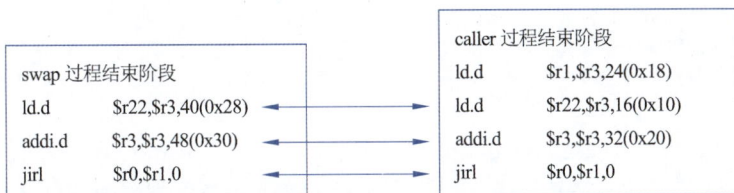

图 4.14　swap 过程和 caller 过程结束阶段的指令对照

指令"ld.d　$r22，$r3，16(0x10)"和"addi.d　$r3，$r3，32(0x20)"与图 4.10 所示的 swap 结束阶段指令类似，用于释放 caller 的栈帧空间，这两条指令执行后，R[r22]＝ M[R[r3]+16]＝M[0xff ffff 6f50]＝0xff ffff 6f70，R[r3]＝R[r3]+32＝0xff ffff 6f60，使得当前帧指针和栈指针指向了 main 过程的栈帧。命令"i r r3 r22"的执行结果验证了上述结论。

对照 caller 过程的准备阶段和结束阶段所对应的指令序列，可以看出两者之间有明显的对应关系。如图 4.15 所示，准备阶段通过指令 addi.d 将 r3 中内容减 32 以生成栈帧，结束阶段通过指令 addi.d 将 r3 中内容加 32 以实现栈帧的释放；准备阶段通过指令 st.d 将 r1 中的返回地址保存到栈帧中，结束阶段通过指令 ld.d 将返回地址恢复送入 r1；准备阶段通过指令 st.d 将 r22 中旧的帧指针(fp)保存到栈帧中，结束阶段通过指令 ld.d 将旧的帧指针 (fp)恢复送入 r22。

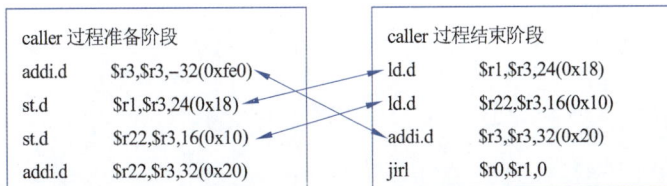

图 4.15　caller 过程准备阶段和结束阶段的指令对照

步骤 11：输入 gdb 调试命令，输出程序执行结果并退出 gdb 调试过程。

（1）输入命令"continue"，继续执行后续的指令。

（2）输入命令"quit"，退出 gdb 调试过程。

程序的一次调试执行过程到此结束，程序的输出结果如图 4.12 所示，程序通过调用过程 swap 实现了对变量 x 和 y 值的交换。

五、实验报告

本实验报告包括但不限于以下内容。

1. 给定以下 C 语言程序：

```c
#include "stdio.h"
int swap(int x, int y)
{ int t=x;
    x=y;
    y=t;
}
void caller() {
    int x = 125;
    int y = 80;
    swap(x, y);
    printf("x=%d y=%d\n", x, y);
}
void main()
{
    caller();
}
```

编辑生成上述 C 语言源程序文件，然后对其进行编译转换以生成可执行文件，并对可执行文件进行调试，以查看各变量的存储情况和程序输出结果，要求将整个调试过程截图，根据调试结果回答以下问题或完成以下任务。

（1）画出 swap 过程体执行前、后 caller 和 swap 的栈帧结构。

（2）将上述程序与 swap.c 的反汇编代码和执行过程中栈帧状态进行对比，分析过程调用的入口参数按地址传递和按值传递两种方式的差异。

2. func() 的反汇编代码为：

```
void func()
{ int x=4, y=2, z=10;
   120000640:    02ff8063    addi.d   $r3,$r3,-32(0xfe0)
   120000644:    29c06061    st.d     $r1,$r3,24(0x18)
   120000648:    29c04076    st.d     $r22,$r3,16(0x10)
   12000064c:    02c08076    addi.d   $r22,$r3,32(0x20)
   120000650:    0280100c    addi.w   $r12,$r0,4(0x4)
   120000654:    29bfb2cc    st.w     $r12,$r22,-20(0xfec)
   120000658:    0280080c    addi.w   $r12,$r0,2(0x2)
   12000065c:    29bfa2cc    st.w     $r12,$r22,-24(0xfe8)
   120000660:    0280280c    addi.w   $r12,$r0,10(0xa)
   120000664:    29bf92cc    st.w     $r12,$r22,-28(0xfe4)
```

```
       add(____①____);
    120000668:    02ff92ce    addi.d    $r14,$r22,-28(0xfe4)
    12000066c:    28bfa2cd    ld.w      $r13,$r22,-24(0xfe8)
    120000670:    28bfb2cc    ld.w      $r12,$r22,-20(0xfec)
    120000674:    001501c6    move      $r6,$r14
    120000678:    001501a5    move      $r5,$r13
    12000067c:    00150184    move      $r4,$r12
    120000680:    57ff73ff    bl        -144(0xffffff70) #1200005f0 <add>
}
    120000684:    03400000    andi      $r0,$r0,0x0
    120000688:    28c06061    ld.d      $r1,$r3,24(0x18)
    12000068c:    28c04076    ld.d      $r22,$r3,16(0x10)
    120000690:    02c08063    addi.d    $r3,$r3,32(0x20)
    120000694:    4c000020    jirl      $r0,$r1,0
```

上述代码中包含 C 语言语句及其对应的指令序列,每行指令有 3 列,分别是指令的地址、机器指令和其汇编指令。回答以下问题。

(1) 说明哪些指令对应过程 func 的准备阶段,逐条指令分析其功能。

(2) 说明哪些指令对应过程 func 的结束阶段,逐条指令分析其功能。

(3) 用 RTL 描述指令"addi.d $r14, $r22, -28(0xfe4)"和"ld.w $r13, $r22, -24 (0xfe8)"的功能,从入口参数传递的角度分析这两条指令功能的差异。

(4) 根据代码写出①处的内容,以完善函数 add() 调用时的入口参数序列。

实验 2 入口参数的传递与分配

一、实验目的

1. 掌握整型变量、浮点型变量和指针型变量的参数传递方法。

2. 掌握过程调用返回结果的传送方法。

3. 理解变量与参数的区别。

4. 深刻理解过程调用中按值传递参数和按地址传递参数之间的差别。

二、实验要求

给定 C 语言源程序 para.c,代码如下。

```
#include "stdio.h"
double funct(int i, double x, long j, double y, double * yptr);
void main()
{   int i=1;
    double x=2;
    long j=4;
    double y=8;
    y=funct(i, x, j, y, &x);
    printf("y=%f\n", y);
}
```

给定 C 语言源程序 funct.c 的内容：

```
double funct(int i, double x, long j, double y, double * yptr)
{   * yptr = y;
    return i * x/j;
}
```

编辑生成上述 C 语言源程序，然后对其进行编译转换，以生成可执行文件，并对可执行文件进行调试，根据程序调试结果，完成以下任务或回答以下问题。

（1）在表 4.2 中填写调用 funct(i,x,j,y,&x)时传递各入口参数所用的寄存器。

表 4.2　入口参数使用的寄存器

参　　数	寄　存　器	参　　数	寄　存　器
i		x	
j		y	
yptr			

（2）画出 main 的栈帧结构，并说明程序在转入执行 funct(i，x，j，y，&x)函数的过程中，当执行到返回指令"jirl $ r0，$r1,0"时，变量 i、j、x、y 所在存储单元中的内容。

三、实验准备

1. 通过文本编辑器编辑生成 C 语言源程序文件 para.c 和 funct.c，并将其保存在目录"~/LA64/ch4"中。

2. 打开终端窗口，设置终端窗口的当前目录为"~/LA64/ch4"。在终端窗口中进行以下操作。

（1）输入命令"gcc -g -O1 -c funct.c -o funct.o"，用-O1 选项将 funct.c 编译转换为可重定位目标文件 funct.o。

（2）输入命令"gcc -g -O0　-c para.c -o para.o"，用-O0 选项将 para.c 编译转换为可重定位目标文件 para.o。

（3）输入命令"gcc -g para.o funct.o -o para"，将 para.o 和 funct.o 链接为可执行目标文件 para。

（4）输入命令"objdump -S para > para.txt"，对 para 进行反汇编，并将反汇编结果保存在文件 para.txt 中。

（5）输入命令"./para"，启动可执行文件 para 的执行。

3. 在文本编辑器窗口中打开 para.c、funct.c 和 para.txt 文件。

上述操作完成后各窗口的部分内容如图 4.16 所示。

LA64 如何实现整型变量、浮点型变量和指针型变量的参数传递？从 C 语言程序看，在执行 funct(i，x，j，y，&x)函数过程中，会把 y 的值写入变量 x 所在的存储单元，从而将变量 x 的值从 2 改为 8，使得 funct 函数返回值等于 $1 \times 8/4 = 2$，但从程序执行结果看，其返回值为 0.5，这是为什么呢？从 C 语言程序层面较难找到原因，而通过对过程调用的机器级代码进行分析就很容易发现其原因了。

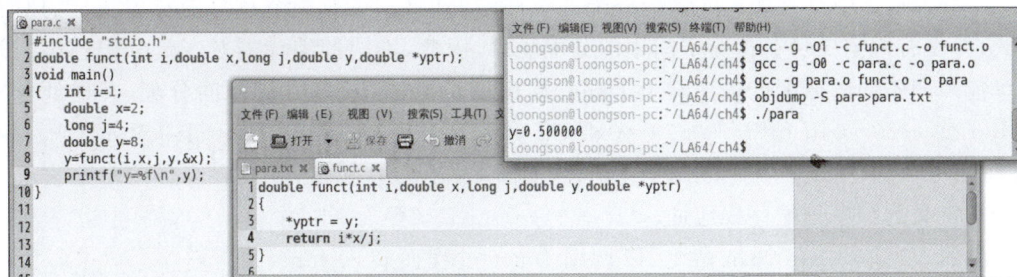

图 4.16 各窗口的部分内容

四、实验步骤

按如下步骤在终端窗口中输入 gdb 调试操作命令,对可执行文件进行调试。

步骤 1:启动 gdb 调试命令,使程序执行到设置的断点处停下。具体操作如下。

(1) 在 shell 命令行提示符下,输入命令"gdb para",启动 gdb 命令并加载 para 可执行文件。

(2) 在 gdb 调试状态下,输入命令"break main"或"b main",在函数 main()处设置断点。

(3) 输入命令"run"或"r",启动程序运行,并在设置的断点处停下。

步骤 2:输入 gdb 调试命令,查看变量 i、j、x、y 的机器数。

(1) 输入命令"i r pc",查看 PC 的内容(当前程序的断点位置)。

(2) 输入命令"s",执行 C 语言语句"int i=1;"。

(3) 输入命令"s",执行 C 语言语句"double x=2;"。

(4) 输入命令"s",执行 C 语言语句"long j=4;"。

(5) 输入命令"s",执行 C 语言语句"double y=8;"。

(6) 输入命令"i r r22",查看寄存器 r22 的内容。

(7) 输入命令"x/8xw 0xffffff6f40",查看变量 i、j、x、y 的机器数。

上述操作完成后各窗口的部分内容如图 4.17 所示。其中,下画线标出了各变量的存储地址和机器数。

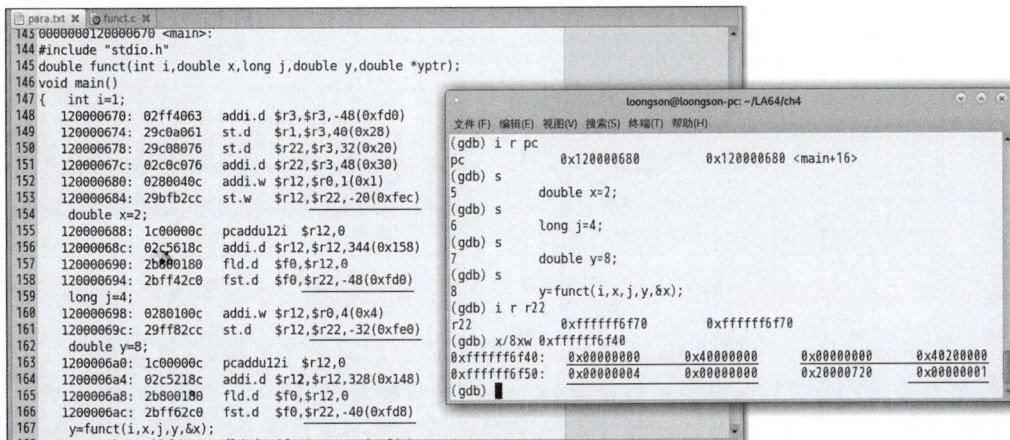

图 4.17 步骤 2 完成后各窗口的部分内容

C 语言规范中没有规定变量所分配的存储空间顺序，ABI 规范也只确定了变量的对齐方式，并没有规定变量在存储空间中的分配顺序，因此，不同的编译器对变量分配存储空间时可能采用不同的分配方式。对于上述程序中变量 i、j、y、x 的存储空间分配，其地址分别为 R[r22]−20＝0xff ffff 6f70−20＝0xff ffff 6f5c、R[r22]−32＝0xff ffff 6f50、R[r22]−40＝0xff ffff 6f48、R[r22]−48＝0xff ffff 6f40，如图 4.17 所示，显然，并没有按照在 C 语言程序中变量定义的顺序分配存放地址。

步骤 3：输入 gdb 调试命令，以调用 funct 过程而转入 funct (i, x, j, y, &x) 函数执行。

（1）输入命令"i r pc"，查看 PC 的内容（当前程序的断点位置）。

（2）输入命令"si"，执行指令"fld.d \$f0, \$r22, −48(0xfd0)"。

（3）输入命令"si"，执行指令"addi.d \$r13, \$r22, −48(0xfd0)"。

（4）输入命令"si"，执行指令"ld.w \$r12, \$r22, −20(0xfec)"。

（5）输入命令"si"，执行指令"move \$r6, \$r13"。

（6）输入命令"si"，执行指令"fld.d \$f1, \$r22, −40(0xfd8)"。

（7）输入命令"si"，执行指令"ld.d \$r5, \$r22, −32(0xfe0)"。

（8）输入命令"si"，执行指令"move \$r4, \$r12"。

（9）输入命令"i r r4 r5 r6 fa0 fa1"，查看入口参数的内容。

（10）输入命令"si"，执行指令"bl 44(0x2c)"。

（11）输入命令"i r r1 pc"，查看返回地址和程序的跳转地址。

上述操作完成后各窗口的部分内容如图 4.18 所示。其中，方框标出了执行的指令序列。

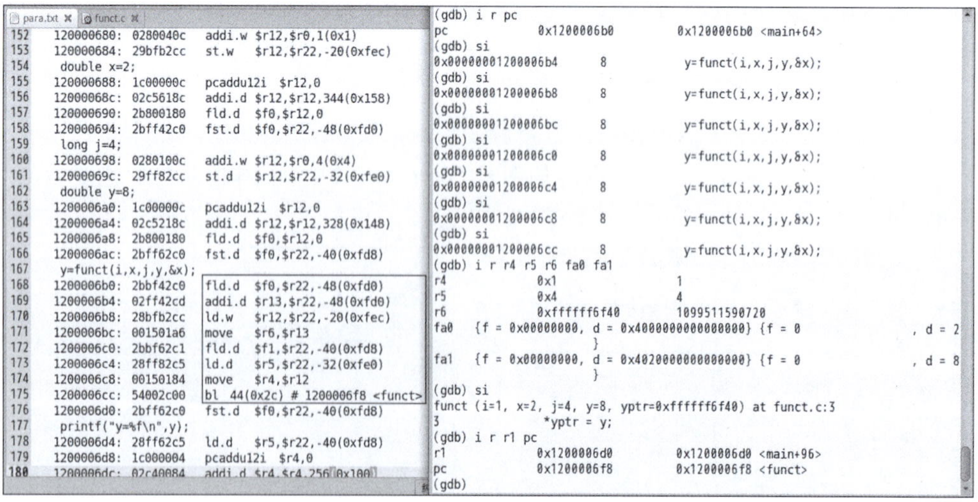

图 4.18 步骤 3 完成后各窗口的部分内容

在 LoongArch 中，当被调用过程的入口参数列表中同时包含整型、浮点型和指针型参数时，整型和指针型参数通过通用寄存器 r4~r11（即参数寄存器 a0~a7）传递，浮点型参数通过浮点寄存器 f0~f7（即参数寄存器 fa0~fa7）传递。每个入口参数与寄存器之间的映射关系取决于参数类型和排列顺序。

根据步骤 2 标出的变量 i、j、y、x 所在的存放地址,很容易理解图 4.18 方框中用于入口参数传递的指令序列。其中,指令"fld.d $f0, $r22, −48(0xfd0)"实现的功能为 R[f0]←M[R[r22]−48],即 R[f0]←x;指令"addi.d $r13, $r22, −48(0xfd0)"和"move $r6, $r13"实现的功能为 R[r6]←&x;指令"ld.w $r12, $r22, −20(0xfec)"和"move $r4, $r12"实现的功能为 R[r4]←i;指令"fld.d $f1, $r22, −40(0xfd8)"实现的功能为 R[f1]←y;指令"ld.d $r5, $r22, −32(0xfe0)"实现的功能为 R[r5]←j。综上可知,函数调用语句"funct(i, x, j, y, &x);"中,3 个整型和指针型变量 i、j、&x 对应的入口参数依次通过 r4(a0)、r5(a1)、r6(a3)3 个参数寄存器进行传递,而两个浮点型变量 x 和 y 对应的入口参数依次通过 f0(fa0)和 f1(fa1)2 个参数寄存器进行传递。命令"i r r4 r5 r6 fa0 fa1"的执行结果验证了上述结论。

指令"bl 44(0x2c)"用于调用过程 funct,具体功能是:将返回地址 0x1 2000 06d0 送入 r1 寄存器,同时计算出跳转目的地址为 PC=PC+0x2c=0x1 2000 06cc+0x2c=0x1 2000 06f8,此处即为 funct 过程首地址。命令"i r r1 pc"的执行验证了 bl 指令执行结果的正确性。

步骤 4:输入 gdb 调试命令,执行函数 funct(i, x, j, y, &x)对应的指令序列。

(1) 输入命令"i r pc",查看 PC 的内容(当前程序的断点位置)。

(2) 输入命令"si",执行指令"fst.d $f1, $r6, 0"。

(3) 输入命令"x/2xw 0xffffff6f40",查看变量 x 的机器数。

(4) 输入命令"si",执行指令"movgr2fr.w $f1, $r4"。

(5) 输入命令"si",执行指令"ffint.d.w $f1, $f1"。

(6) 输入命令"si",执行指令"fmul.d $f0, $f1, $f0"。

(7) 输入命令"si",执行指令"movgr2fr.d $f1, $r5"。

(8) 输入命令"si",执行指令"ffint.d.l $f1, $f1"。

(9) 输入命令"si",执行指令"fdiv.d $f0, $f0, $f1"。

(10) 输入命令"i r fa0",查看 f0 的内容。

(11) 输入命令"si",执行指令"jirl $r0, $r1, 0"。

上述操作完成后各窗口的部分内容如图 4.19 所示。其中,方框标出了执行的指令序列。

指令"fst.d $f1, $r6, 0"实现的功能为 M[R[r6]]←R[f1]=y,根据步骤 3 可知,r6 中是变量 x 的地址。命令"x/2xw 0xffffff6f40"显示 x 的机器数为 0x4020 0000 0000 0000,按 double 类型转换,其值为 8。

根据第 3 章实验 7 可知,指令"movgr2fr.w $f1, $r4"和"ffint.d.w $f1, $f1"配合使用,可将 r4 中 int 型变量 i 的机器数转换为 double 型机器数,并存入 f1;指令"fmul.d $f0, $f1, $f0"实现 i*x,这里的 x 是在 f0 寄存器中的入口参数 x,而不是地址 0xff ffff 6f40 中存储的变量 x,根据步骤 3 可知,指令 fmul.d 执行前 R[f0]=2,故该 fmul.d 指令执行后 R[f0]=1*2=2。

调用 funct(i, x, j, y, &x)函数时,入口参数 x 是按值传递,其值通过寄存器 f0 传递,入口参数 &x 是按地址传递,通过该地址可修改变量 x 的内容,但不会影响寄存器 f0 中保存的入口参数 x 的值。

104

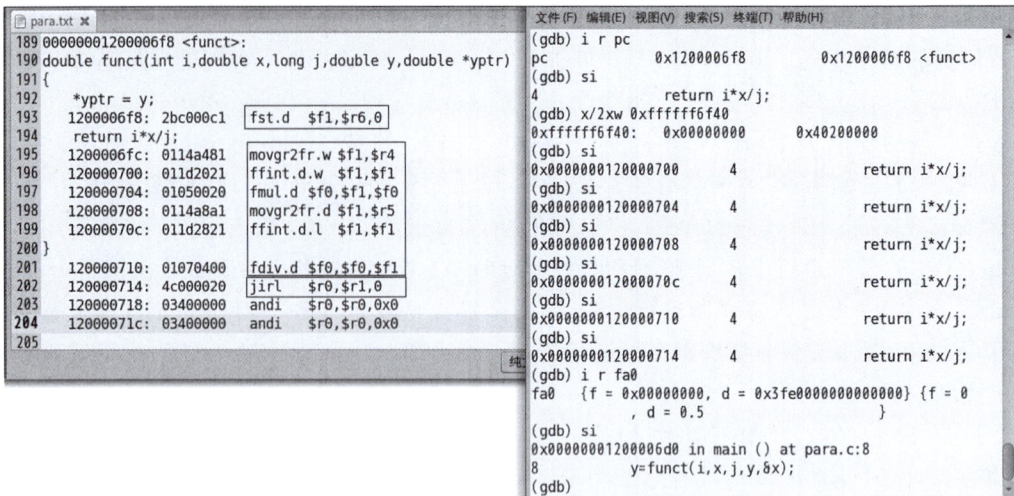

图 4.19　步骤 4 完成后各窗口的部分内容

指令"movgr2fr.d ＄f1，＄r5"和"ffint.d.l ＄f1，＄f1"配合使用，可将 r5 中 long 型变量 j 的机器数转换为 double 型机器数，并存入 f1；指令"fdiv.d ＄f0，＄f0，＄f1"的功能为 R[f0]←R[f0]/R[f1]，该指令执行后 R[f0]＝2/4＝0.5。命令"i r fa0"的执行结果验证了上述分析的正确性。funct 过程的返回结果最终通过浮点寄存器 f0(fa0)传递给调用过程 main。

指令"jirl ＄r0，＄r1，0"实现从 funct 过程返回到 main 过程。

步骤 5：输入 gdb 调试命令，将 funct 过程的返回结果写入变量 y。

（1）输入命令"i r pc"，查看 PC 的内容（当前程序的断点位置）。

（2）输入命令"si"，执行指令"fst.d ＄f0，＄r22，－40(0xfd8)"。

（3）输入命令"x/2xw 0xffffff6f48"，查看变量 y 的机器数。

上述操作完成后各窗口的部分内容如图 4.20 所示。其中，方框标出了执行的指令。

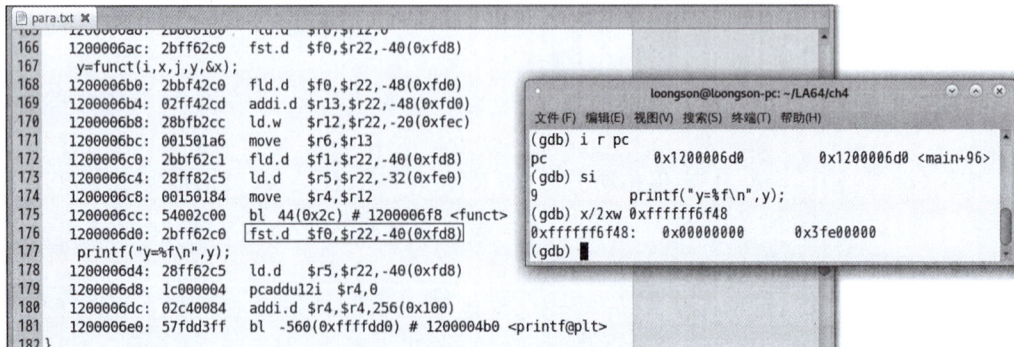

图 4.20　步骤 5 完成后各窗口的部分内容

指令"fst.d ＄f0，＄r22，－40(0xfd8)"将 funct 过程返回的浮点结果写入变量 y 所在的存储单元。命令"x/2xw 0xffffff6f48"的执行结果显示，该指令执行后变量 y 的机器数为 0x3fe0 0000 0000 0000，对应 double 型数据的真值为 0.5，如图 4.16 程序输出结果所示。

步骤 6：输入 gdb 调试命令，输出程序执行结果并退出 gdb 调试过程。

（1）输入命令"continue"，继续执行随后的 C 语言语句，从而输出程序执行结果。

（2）输入命令"quit"，退出 gdb 调试过程。

五、实验报告

本实验报告包括但不限于以下内容。
给定以下 C 语言程序 main.c 和 test.c：

```
main.c
#include "stdio.h"
void test(char a,char * ap,short b,short * bp,int c,int * cp,long d,long * dp,int
e,int * ep);
void main() {
    char a=1; short b=2; int c=3; long d=4, z; int e=5;
    test(a, &a, b, &b, c, &c, d, &d, e, &e);
    z=a * b+c * d+e;
    printf("%ld\n", z);
}


test.c
void test(char a,char * ap,short b,short * bp,int c,int * cp,long d,long * dp,int
e,int * ep)
{
    * ap+=a;    * bp+=b;    * cp+=c;    * dp+=d;   * ep+=e;
}
```

输入命令"gcc -g -O1 -c test.c -o test.o"，用-O1 选项将 test.c 编译转换为可重定位目标文件 test.o。输入命令"gcc -g -O0 -c main.c -o main.o"，用-O0 选项将 main.c 编译转换为可重定位目标文件 main.o。输入命令"gcc -g main.o test.o -o main"，将 main.o 和 test.o 链接为可执行目标文件 main。输入命令"objdump -S main > main.txt"，对 main 进行反汇编，并将反汇编结果保存在文件 main.txt 中。回答以下问题（要求用调试查看到的信息对你的答案进行解释说明）。

（1）test 函数的各入口参数分别通过哪个寄存器或什么地址进行传递？

（2）画出执行 test 过程中的返回指令（即 jirl 指令）前 main 过程的栈帧结构。在 test 过程的准备阶段是否生成了自己的栈帧？

实验 3　流程控制语句的实现

一、实验目的

1. 理解 C 语言程序中流程控制语句所对应的机器级代码表示。
2. 理解 I/O 标准库函数 scanf() 和 printf() 的入口参数传递方式。
3. 了解 switch 语句对应的机器级表示结构。
4. 理解 gcc 命令中编译优化选项-O1 下所生成的机器级代码的基本特点。

二、实验要求

给定 C 语言源程序 switch.c 的内容：

```
#include "stdio.h"
void main() {
    int a, b, c, result;
    scanf("%d %d %d", &a, &b, &c);
    switch(a) {
    case 15:
        c=b&0x0f;
    case 10:
        result=c+50;
        break;
    case 12:
    case 17:
        result=b+50;
        break;
    case 14:
        result=b;
        break;
    default:
        result=a;
    }
    printf("result=%d\n", result);
}
```

编辑生成上述 C 语言源程序，然后对其进行编译转换，生成可执行文件，并对可执行文件进行调试，根据程序调试结果，查看反汇编文件，填写表 4.3 和表 4.4 中的相关内容。

表 4.3　字符串常量的首地址和内容

	首　地　址	字符串内容（十六进制表示）
"%d %d %d"		
"result＝%d\n"		

表 4.4　switch 跳转表的表项地址及跳转地址

	表　项　地　址	跳　转　地　址
a＝10		
a＝11		
a＝12		
a＝13		
a＝14		
a＝15		
a＝16		
a＝17		

三、实验准备

1. 通过文本编辑器编辑生成 C 语言源程序文件 switch.c，并将其保存在目录"～/

LA64/ch4"中。

2. 打开终端窗口,设置终端窗口的当前目录为"~/LA64/ch4"。在终端窗口中进行以下操作。

(1) 输入命令"gcc -g -O1 switch.c -o switch",将 switch.c 编译转换为可执行目标文件 switch。

(2) 输入命令"objdump -S -D switch > switch.txt",对 switch 进行反汇编,并将反汇编结果保存在文件 switch.txt 中。

(3) 输入命令"./switch",执行可执行文件 switch。

(4) 输入 a、b、c 的值,例如输入"10 4 9",程序输出结果"result=59"。

可重复执行(3)和(4)的操作,输入不同 a、b、c 的组合,观察程序的输出值。上述操作完成后各窗口的部分内容如图 4.21 所示。

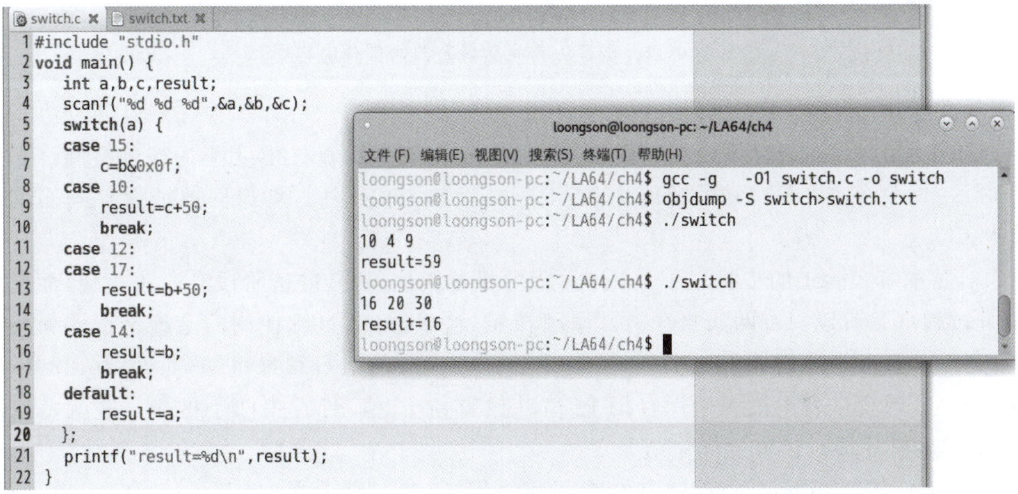

图 4.21　第 2 步完成后各窗口的部分内容

四、实验步骤

按如下步骤在终端窗口中输入 gdb 调试操作命令,对可执行文件进行调试。

步骤 1:启动 gdb 调试命令,使程序执行到设置的断点处停下。具体操作如下。

(1) 在 shell 命令行提示符下,输入命令"gdb switch",启动 gdb 命令并加载 switch 可执行文件。

(2) 在 gdb 调试状态下,输入命令"break main"或"b main",在函数 main()处设置断点。

(3) 输入命令"run"或"r",启动程序运行,并在设置的断点处停下。

步骤 2:输入 gdb 调试命令,执行 main 过程的准备阶段。

(1) 输入命令"i r pc",查看 PC 的内容(当前程序的断点位置)。

(2) 输入命令"s",执行 main 过程的准备阶段。

(3) 输入命令"i r r3 r22",显示寄存器 r3 和 r22 的内容。

上述操作完成后各窗口的部分内容如图 4.22 所示。其中,方框中是执行的指令序列。

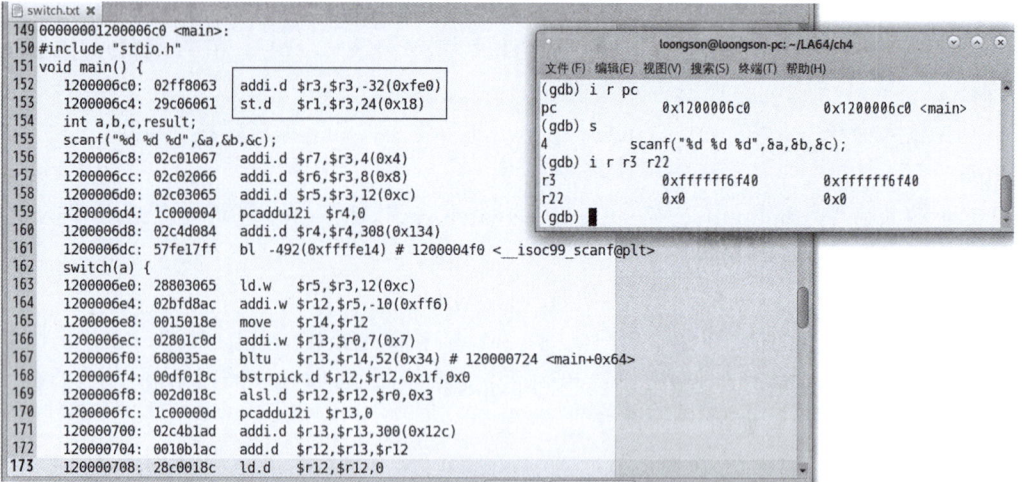

图 4.22　步骤 2 完成后各窗口的部分内容

main 过程准备阶段只有两条指令。指令"addi.d $r3，$r3，−32(0xfe0)"的功能为 R[r3]←R[r3]−32,通过调整栈指针 sp(r3) 为 main 过程分配 32B 大小的栈帧空间。指令 "st.d $r1，$r3,24(0x18)"的功能为 M[R[r3]+24]←R[r1],将返回地址保存到当前栈帧中。

对照本章实验 1 的步骤 3 中 caller 过程的机器级代码,其准备阶段有 4 条指令,而此处 main 过程准备阶段只有两条指令。其原因在于,这里 main 过程使用的基址寄存器为栈指针 sp(r3),而不是帧指针 fp(r22)。从命令"i r r3 r22"的执行结果可知,此处 R[r22]=0。因此,main 过程准备阶段无须保存旧 fp 值并设置新 fp 值,可省去两条指令。这就是使用 -O1选项后编译器对代码的优化结果。

步骤 3：输入 gdb 调试命令,执行 C 语言语句"scanf("%d %d %d"，&a，&b，&c);"。

(1) 输入命令"i r pc",查看 PC 的内容(当前程序的断点位置)。

(2) 输入命令"next",执行 C 语言语句"scanf("%d %d %d"，&a，&b，&c);"。

(3) 输入 a、b、c 的值,例如输入"10　4　9",按 Enter 键。

上述操作完成后各窗口的部分内容如图 4.23 所示。其中,方框标出了调用"scanf("%d %d %d"，&a，&b，&c);"时对应的指令序列。

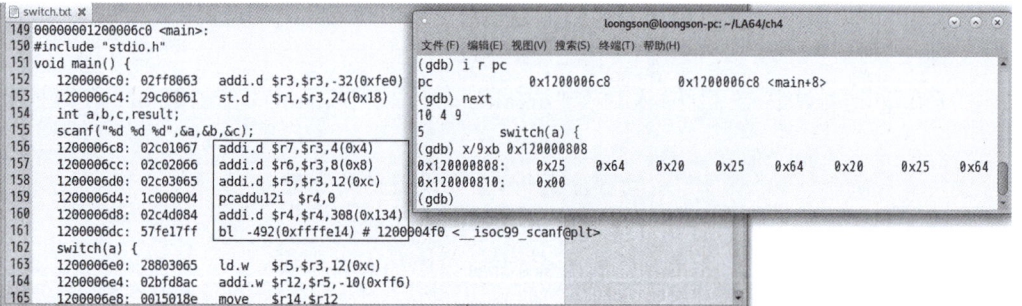

图 4.23　步骤 3 完成后各窗口的部分内容

scanf()是 C 语言 I/O 标准库函数,对于图 4.23 中用方框标出的指令序列,其中,3 条 addi.d 指令用于将函数 scanf()的 3 个入口参数 &c、&b、&a(对应地址值分别为 R[r3]+4、R[r3]+8、R[r3]+12)分别送入参数寄存器 r7、r6、r5 中。栈帧从高地址向低地址生长,因此,若用帧指针 fp 作基址,则用 R[r22]−n 表示所访问的当前栈帧中存储单元的地址,其中 n 是位移量;若用栈指针 sp 作基址,则用 R[r3]+m 表示所访问的当前栈帧中存储单元的地址,其中 m 是位移量。根据 &c、&b、&a 对应地址值分别为 R[r3]+4、R[r3]+8、R[r3]+12,说明局部变量 a、b、c 按地址从大到小依次存放在 main 的栈帧中。

根据第 3 章实验 2 可知,指令"pcaddu12i $r4,0"和"addi.d $r4,$r4,308(0x134)"配合使用时,可用于计算存储单元的地址,这里用于计算函数 scanf()第一个入口参数"%d %d %d"所存放的首地址,然后将其保存到参数寄存器 r4 中,即 R[r4]=0x1 2000 06d4+0x134=0x1 2000 0808。"%d %d %d"是一个输入格式字符串,其中包含 8 个字符和一个结束符 0x00,共 9 个字节编码。执行命令"x/9xb 0x120000808"后,显示从地址 0x1 2000 0808 开始的 9 字节内容为字符串"%d %d %d"所含各字符的 ASCII 码和结束符 0x00,其中 0x25、0x64、0x20 分别是字符'%'、'd' 和空格的 ASCII 码。由此可知,字符串作为参数传递时,传递的不是字符串,而是字符串的首地址。字符串通常存放在可执行文件的只读数据节(.rodata),分配在其存储空间中的只读代码段。

步骤 4:输入 gdb 调试命令,执行图 4.24 左侧窗口中显示的 C 语言语句"switch(a) {…}"对应部分指令序列,实现基于 a 的跳转执行。

(1)输入命令"i r pc",查看 PC 的内容(当前程序的断点位置)。

(2)连续 4 次输入 "si"命令,执行第 163～166 行指令,从而得到 R[r12]=R[r14]=a−10,R[r13]=7。

(3)输入命令"i r r13 r14",查看 r13 和 r14 的内容。

(4)输入命令"si",执行指令"bltu $r13,$r14,52(0x34) ♯120000724",从而通过比较 7 与 a−10 之间的大小来确定是否跳转到地址为 0x1 2000 0724 的指令执行。

(5)连续 2 次输入"si"命令,执行第 168、169 行指令,从而计算索引值 a−10 并根据索引值计算在 switch 跳转表中的位移量。

(6)输入命令"i r r12",查看 r12 的内容(switch 跳转表中的位移量)。

(7)连续 4 次输入"si"命令,执行第 170～173 行指令,从而获取跳转表首地址,以及当前 a 的值所对应跳转表项中的跳转地址。

(8)输入命令"i r r12",查看 r12 的内容(a 对应的跳转地址)。

(9)输入命令"si",执行指令"jirl $r0,$r12,0",从而使程序跳转到 r12 指定的跳转地址处。

上述操作完成后各窗口的部分内容如图 4.24 所示。其中,方框标出了执行的指令序列,下画线标出了当 a=10 时 jirl 指令执行后程序所跳转到的目的语句。

编译器为 switch.c 中的"switch(a){…}"语句建立了跳转表,因为该语句中最小的 case 值为 10,所以编译器将 a−10 的值作为跳转表项的索引。图 4.24 中方框内的指令序列实现的功能为:若 a−10>7(即 a>17,因为 17 是最大的 case 值),则直接跳转到 default 分支;否则,以 a−10 的值为索引取出相应跳转表项中的地址,然后跳转到该地址对应的 case 分支或 default 分支处执行。以 a=10 为例,将图 4.24 方框内的指令序列实现的功能按如下 7

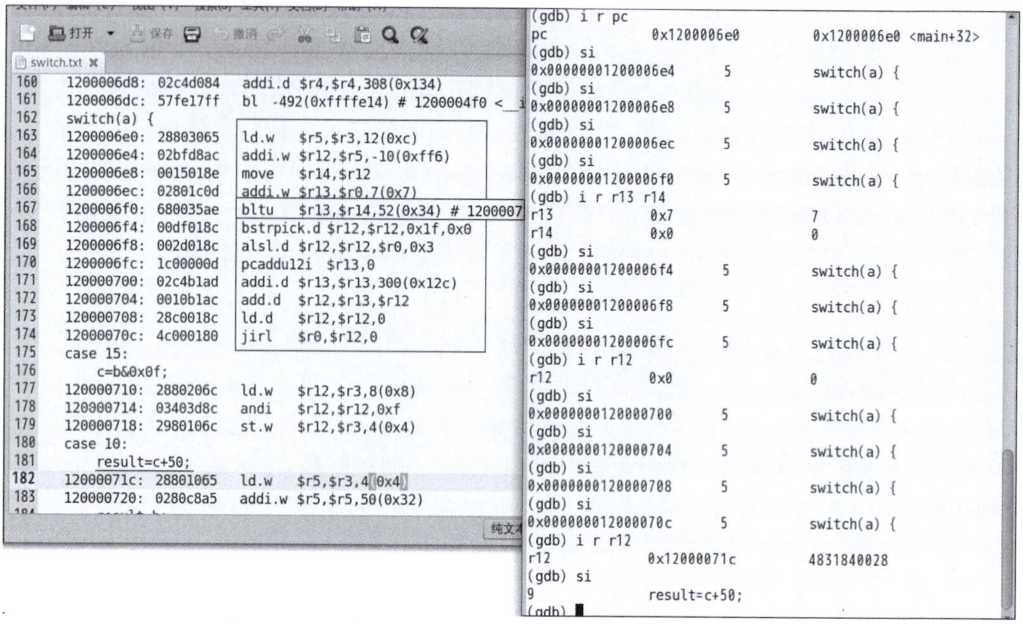

图 4.24　步骤 4 完成后各窗口的部分内容

个步骤说明。

（1）计算索引值 a－10 并将其与 7 分别存入 r14 和 r13。

指令"ld.w ＄r5，＄r3,12(0xc)"将地址 R[r3]＋12 处变量 a 的机器数送入 r5，指令执行后 R[r5]＝a；指令"addi.w ＄r12,＄r5，－10(0xff6)"将 a－10 送入 r12。上述指令执行后 R[r12]＝a－10＝0；指令"move ＄r14，＄r12"将 r12 内容写入 r14，故 R[r14]＝0；指令"addi.w ＄r13，＄r0,7(0x7)"执行后 R[r13]＝7；命令"i r r13 r14"的执行结果验证了 r13 和 r14 的内容。

综上所述，上述指令执行后 r12 和 r14 中存放的都是 a－10 的值 0，r13 中存放的是 7。

（2）比较 a－10 和 7 之间的大小。

指令"bltu ＄r13，＄r14,52(0x34) ♯120000724"将 r13 和 r14 的内容视作无符号整数进行比较，若 R[r13]＜R[r14]，则跳转到目标地址执行，否则顺序执行下一条指令。此处将 7 与 a－10 比较，若 7＜a－10，则跳转到地址 0x1 2000 0724 处的 default 分支执行，否则顺序执行。因为 a＝10，故 7＞a－10＝0，因而按顺序执行。

（3）计算索引值 a－10 对应表项与跳转表首地址之间的位移量。

指令"bstrpick.d ＄r12，＄r12,0x1f,0x0"提取 r12 中[0x1f:0x0]位并零扩展至 64 位，然后存入 r12，其功能用 RTL 描述为 R[r12]←ZeroExtend(R[r12][0x1f:0x0],64)，其含义为将 a－10 的结果中低 32 位存入 r12 中低 32 位，r12 的高 32 位置 0，即将索引值 a－10 解释为 32 位整数。

指令"alsl.d ＄r12，＄r12，＄r0,0x3"的源操作数采用"基址加比例变址"的寻址方式，其中 r0 是基址寄存器，r12 是变址寄存器，比例因子是 $2^3＝8$，其功能用 RTL 描述为 R[r12]← R[r0]＋R[r12]×8。因为 R[r0]＝0，因此，该指令执行后，r12 中存放的是索引值 a－10 对应表项与跳转表首地址之间的位移量。跳转表中存放的是每个 case 分支对应指令序列的首地址,在 LA64 架构中,地址为 64 位,故跳转表中每个表项占 8 字节,索引值 a－10 对应表项与跳转表首地址的位移量为(a－10)×8。

（4）计算跳转表首地址。

指令"pcaddu12i $r13,0"和"addi.d $r13,$r13,300(0x12c)"用于计算跳转表的首地址并存入 r13,该指令执行结果为 R[r13]=0x1 2000 06fc+0x12c=0x1 2000 0828。在 switch.txt 文件中找到地址 0x1 2000 0828,从该地址开始的内容就是跳转表,如表 4.5 所示。

表 4.5 语句 switch 的跳转表

索引值 a－10	表 项 地 址	跳 转 地 址	对应 switch 分支
0	0x1 2000 0828	0x1 2000 071c	case 10
1	0x1 2000 0830	0x1 2000 0724	default
2	0x1 2000 0838	0x1 2000 073c	case 12
3	0x1 2000 0840	0x1 2000 0724	default
4	0x1 2000 0848	0x1 2000 0748	case 14
5	0x1 2000 0850	0x1 2000 0710	case 15
6	0x1 2000 0858	0x1 2000 0724	default
7	0x1 2000 0860	0x1 2000 073c	case 17(与 case12 相同)

（5）计算索引值 a－10 对应表项的地址。

指令"add.d $r12,$r13,$r12"的功能为 R[r12]←R[r13]+R[r12],r13 中为跳转表首地址,r12 中为索引值 a－10 对应表项与跳转表首地址的位移量,故 R[r13]+R[r12]为索引值 a－10 对应表项的地址。例如,当 a=15 时,a－10=5,索引值 a－10 对应表项的地址为 R[r12]=R[r13]+R[r12]=0x1 2000 0828+(a－10)×8=0x1 2000 0850,由表 4.5 可知,表项地址 0x1 2000 0850 中存储的跳转地址为 0x1 2000 0710,该地址处的指令对应分支"case 15:"处的 C 语言语句。可在 switch.txt 文件中验证"case 15:"处 C 语言语句开始的指令地址是否为 0x1 2000 0710。本实验步骤 3 进行调试执行时输入 a 的值为 10,故 R[r12]=R[r13]+R[r12] =0x1 2000 0828+(a－10)×8=0x1 2000 0828。

（6）根据表项地址获取跳转地址。

指令"ld.d $r12,$r12,0"从跳转表中读出索引值 a－10 对应的跳转地址并送入 r12 中。由表 4.5 可知,R[r12]=M[0x1 2000 0828+(a－10)×8]=M[0x1 2000 0828]= 0x1 2000 071c。

（7）根据跳转地址跳转到对应的 case 分支或 default 分支。

指令"jirl $r0,$r12,0"的功能为 PC←R[r12],即无条件跳转到索引值 a－10 对应的跳转地址处。本实验步骤 3 进行调试执行时输入 a 的值为 10,因此本指令执行后程序将跳转到地址为 PC=0x1 2000 071c 处,即"case 10:"分支处。

步骤 5：输入 gdb 调试命令,执行"case 10:"分支处的指令序列。

（1）输入命令"i r pc",查看 PC 的内容(当前程序的断点位置)。

（2）输入命令"s"，执行 C 语言语句"result＝c＋50;"。

（3）输入命令"i r r5"，查看 r5 的内容。

上述操作完成后各窗口的部分内容如图 4.25 所示。其中，方框中是所执行的指令序列。

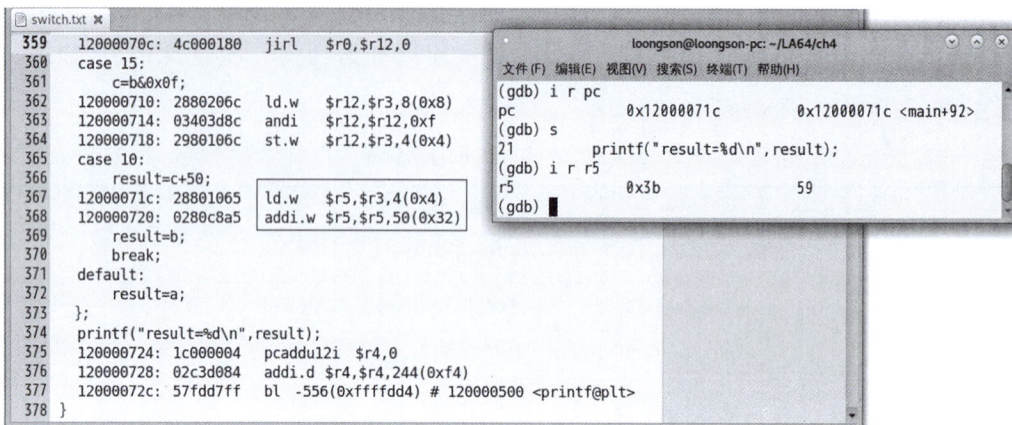

```
359    12000070c: 4c000180    jirl    $r0,$r12,0
360    case 15:
361        c=b&0x0f;
362    120000710: 2880206c    ld.w    $r12,$r3,8(0x8)
363    120000714: 03403d8c    andi    $r12,$r12,0xf
364    120000718: 2980106c    st.w    $r12,$r3,4(0x4)
365    case 10:
366        result=c+50;
367    12000071c: 28801065    ld.w    $r5,$r3,4(0x4)
368    120000720: 0280c8a5    addi.w  $r5,$r5,50(0x32)
369        result=b;
370        break;
371    default:
372        result=a;
373    };
374    printf("result=%d\n",result);
375    120000724: 1c000004    pcaddu12i $r4,0
376    120000728: 02c3d084    addi.d  $r4,$r4,244(0xf4)
377    12000072c: 57fdd7ff    bl   -556(0xfffffd4) # 120000500 <printf@plt>
378  }
```

```
loongson@loongson-pc: ~/LA64/ch4
文件(F) 编辑(E) 视图(V) 搜索(S) 终端(T) 帮助(H)
(gdb) i r pc
pc              0x12000071c      0x12000071c <main+92>
(gdb) s
21          printf("result=%d\n",result);
(gdb) i r r5
r5              0x3b             59
(gdb)
```

图 4.25　步骤 5 完成后各窗口的部分内容

指令"ld.w $r5,$r3,4(0x4)"将变量 c 的机器数存入 r5；指令"addi.w $r5,$r5,50（0x32)"将 c＋50 的结果存入 r5。

通常将 C 语言语句"break;"编译为无条件跳转的 b 指令，以跳出 switch 语句。这里因为采用了-O1 编译选项，直接将 switch 语句后面的函数 printf() 调用对应指令序列置于上述两条指令之后，因而省略了 b 指令。

步骤 6：输入 gdb 调试命令，以执行函数 printf() 调用，结束程序调试。

（1）输入命令"i r pc"，查看 PC 的内容（当前程序的断点位置）。

（2）输入命令"si"，执行指令"pcaddu12i $r4,0"。

（3）输入命令"si"，执行指令"addi.d $r4,$r4,244(0xf4)"。

（4）输入命令"i r r4"，查看 r4 的内容。

（5）输入命令"x/10xb 0x120000818"，查看字符串"result＝%d\n"的 ASCII 码。

（6）输入命令"conti"，继续执行 C 语言语句"printf("result＝%d\n",result);"。

（7）输入命令"quit"，退出 gdb 调试过程。

上述操作完成后窗口的部分内容如图 4.26 所示。其中，方框中是执行的部分指令序列。

指令"pcaddu12i $r4,0"和"addi.d $r4,$r4,244(0xf4)"用于计算字符串"result＝%d\n"的首地址，并将首地址作为入口参数存入参数寄存器 r4，R[r4]＝0x1 2000 0724＋0xf4＝0x1 2000 0818。命令"i r r4"用于验证 r4 的内容。由命令"x/10xb 0x120000818"执行结果可知，地址 0x1 2000 0818 开始的 10 字节内容为"72 65 73 75 6c 74 3d 25 64 0a"，是字符串"result＝%d\n"中各字符的 ASCII 码。

C 语言语句"printf("result＝%d\n", result);"中的函数 printf() 调用有两个入口参数，但其对应的指令序列中仅将字符串"result＝%d\n"首地址送入 r4，而没有将第 2 个参数 result 送入 r5 的指令，这是因为在执行"result＝c＋50;"时已将 c＋50 作为 result 的值存

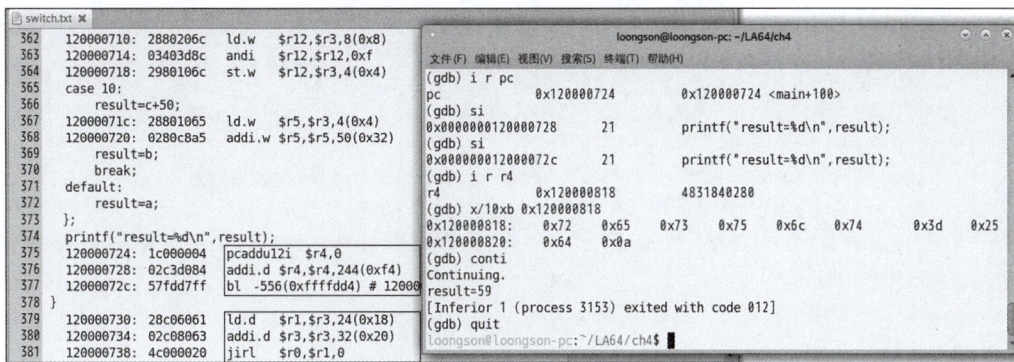

图 4.26　步骤 6 完成后各窗口的部分内容

入了 r5,并且在每一个 case 分支处的指令序列中,都将计算得到的结果作为 result 的值存入了 r5。这也是使用-O1 选项的编译优化结果。

　　指令"ld.d $r1,$r3,24(0x18)""addi.d $r3,$r3,32(0x20)"和"jirl $r0,$r1,0"属于 main 过程结束阶段的指令,与 main 准备阶段的指令有对应关系,用于将原来保存在栈帧中的返回地址恢复送入 r1,并释放 main 的栈帧空间,最后返回到 main 过程的调用过程执行。

五、实验报告

　　本实验报告包括但不限于以下内容。

　　1. 在 switch.txt 中看到函数 printf() 调用的指令序列位于"case 12"、"case 17"和"case 14"分支对应指令序列的前面,为什么编译器要这么做? 为什么 default 分支的"result＝a;"语句没有对应的指令?

　　2. 给定 C 语言程序 ifa.c,代码如下。

```
#include "stdio.h"
void main() {
    int a, b, c;
    scanf("%d %d", &a, &b);
    if (a>0 && b>0)
        c=a+b;
    else
        c=a-b;
    printf("c=%d\n", c);
}
```

用命令"gcc -g -O1 ifa.c -o ifa"编译转换该文件后,main()对应的反汇编代码为:

```
void main() {
  1200006c0:  02ff8063  addi.d   $r3,$r3,-32(0xfe0)
  1200006c4:  29c06061  st.d     $r1,$r3,24(0x18)
  int a, b, c;
  scanf("%d %d", &a, &b);
  1200006c8:  02c02066  addi.d   $r6,$r3,8(0x8)
  1200006cc:  02c03065  addi.d   $r5,$r3,12(0xc)
```

```
1200006d0:   1c000004   pcaddu12i   $r4,0
1200006d4:   02c42084   addi.d      $r4,$r4,264(0x108)
1200006d8:   57fe1bff   bl          -488(0xffffe18) #1200004f0 <__isoc99_scanf@plt>
if (a>0 && b>0)
1200006dc:   28803065   ld.w        $r5,$r3,12(0xc)
1200006e0:   64001405   bge         $r0,$r5,20(0x14) #1200006f4 <main+0x34>
1200006e4:   2880206c   ld.w        $r12,$r3,8(0x8)
1200006e8:   64000c0c   bge         $r0,$r12,12(0xc) #1200006f4 <main+0x34>
    c=a+b;
1200006ec:   001030a5   add.w       $r5,$r5,$r12
1200006f0:   50000c00   b           12(0xc) #1200006fc <main+0x3c>
else
    c=a-b;
1200006f4:   2880206c   ld.w        $r12,$r3,8(0x8)
1200006f8:   001130a5   sub.w       $r5,$r5,$r12
printf("c=%d\n", c);
1200006fc:   1c000004   pcaddu12i   $r4,0
120000700:   02c39084   addi.d      $r4,$r4,228(0xe4)
120000704:   57fdffff   bl          -516(0xffffdfc) #120000500 <printf@plt>
}
120000708:   28c06061   ld.d        $r1,$r3,24(0x18)
12000070c:   02c08063   addi.d      $r3,$r3,32(0x20)
120000710:   4c000020   jirl        $r0,$r1,0
```

根据调试结果回答以下问题或完成以下任务。

（1）为什么 ifa.c 中只有一个 if 语句，而其反汇编代码中有两个条件跳转指令 bge？这两个条件跳转指令一定都会执行吗？什么情况下只会执行其中一个条件跳转指令？

（2）存储字符串"%d %d"和"c＝%d\n"的首地址分别是多少？

（3）从上述机器级代码中列举两处由-O1选项带来的编译优化例子。

实验 4　复杂数据类型的分配和访问

一、实验目的

1. 了解数组在存储空间中的存放和访问方式。

2. 理解与数组元素和指针变量相关的表达式含义及其计算方式。

3. 了解基址加比例变址指令 ALSL.W、ALSL.WU 和 ALSL.D 的使用场合。

二、实验要求

给定 C 语言程序 array.c，代码如下。

```
#include <stdio.h>
int buf[8] = {10, 20, 30, 40, 50, 60, 70, 80};
void main()
{   int i, y=0;
    scanf("%d", &i);
```

```
        y=buf[i];
        printf("buf[%d]=%d\n", i, y);
}
```

编辑生成上述 C 语言源程序,然后对其进行编译转换,生成可执行文件,并对可执行文件进行调试,根据程序调试过程,分析理解数组元素的存储和访问相关的问题。

三、实验准备

1. 通过文本编辑器编辑生成 C 语言源程序文件 array.c,并将其保存在目录"～/LA64/ch4"中。

2. 打开终端窗口,设置终端窗口的当前目录为"～/LA64/ch4"。在终端窗口中进行以下操作。

(1)输入命令"gcc -g -O1 array.c -o array",将 array.c 编译转换为可执行目标文件 array。

(2)输入命令"objdump -S array > array.txt",对 array 进行反汇编,并将反汇编结果保存在文件 array.txt 中。

(3)输入命令"./array",启动可执行文件 array 的执行。

(4)输入 i 的值,例如输入"3",程序输出结果"buf[3]=40"。

四、实验步骤

按如下步骤在终端窗口中输入 gdb 调试操作命令,对可执行文件进行调试。

步骤 1:启动 gdb 调试命令,使程序执行到设置的断点处停下。具体操作如下。

(1)在 shell 命令行提示符下,输入命令"gdb array",启动 gdb 命令并加载 array 可执行文件。

(2)在 gdb 调试状态下,输入命令"break main"或"b main",在函数 main()处设置断点。

(3)输入命令"run"或"r",启动程序运行,并在设置的断点处停下。

步骤 2:输入 gdb 调试命令,执行 main 过程准备阶段对应的指令序列。

(1)输入命令"i r pc",查看 PC 的内容(当前程序的断点位置)。

(2)输入命令"s",执行 main 准备阶段对应指令序列。

(3)输入命令"i r r3 r22",显示寄存器 r3 和 r22 的内容。

上述操作完成后各窗口的部分内容如图 4.27 所示。其中,方框标出了执行的指令序列。

根据本章实验 3 步骤 2 中的分析可知,指令"addi.d $r3,$r3,-32(0xfe0)"通过调整栈指针 sp(r3)的内容为 main 过程分配 32B 的栈帧。指令"st.d $r1,$r3,24(0x18)"将 r1 中的返回地址保存到当前栈帧中。

步骤 3:输入 gdb 调试命令,执行 C 语言语句"scanf("%d",&i);"。

(1)输入命令"i r pc",查看 PC 的内容(当前程序的断点位置)。

(2)输入命令"next",执行 C 语言语句"scanf("%d",&i);"。

(3)给变量 i 输入值"3"。

(4)输入命令"x/1xw 0xffffff6f5c",查看变量 i 的值。

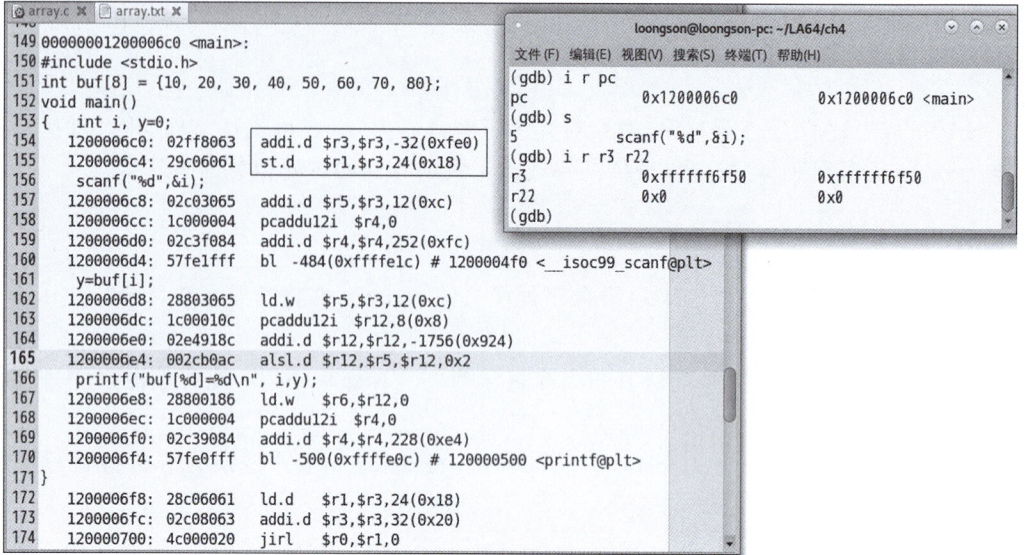

图 4.27　步骤 2 完成后各窗口的部分内容

上述操作完成后各窗口的部分内容如图 4.28 所示。其中，方框中是执行的指令序列，下画线标出了输入的 i 值。

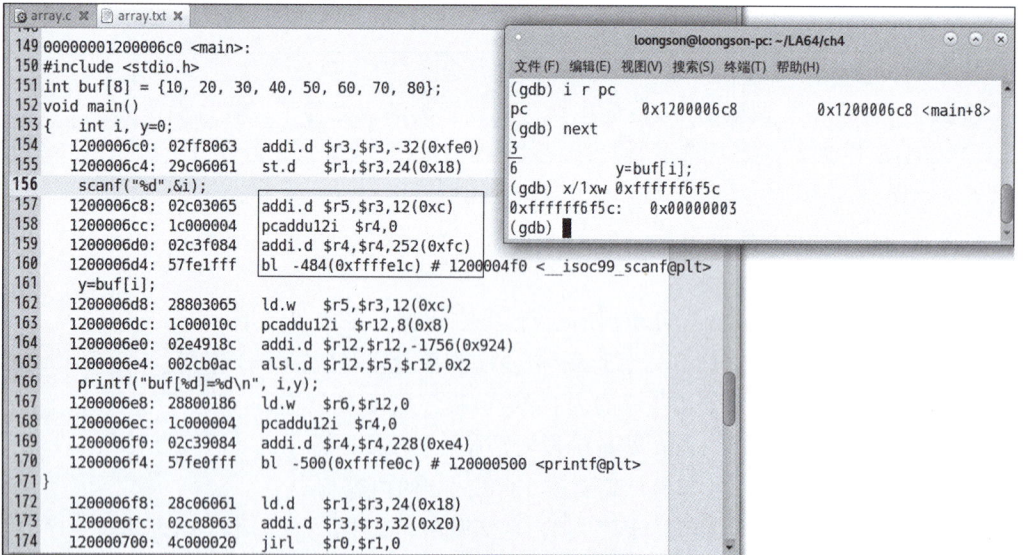

图 4.28　步骤 3 完成后各窗口的部分内容

语句"scanf("％d"，&i);"中的 scanf 有两个入口参数，分别存放在寄存器 r4 和 r5 中。第 2 个入口参数是 &i，指令"addi.d $r5,$r3,12(0xc)"将变量 i 的地址 R[r3]＋12＝0xff ffff 6f50＋0xc＝0xff ffff 6f5c 存入 r5；第 1 个入口参数是字符串"％d"的首地址，指令"pcaddu12i $r4,0"和"addi.d $r4,$r4,252(0xfc)"用于计算该首地址＝0x1 2000 06cc＋0xfc＝0x1 2000 07c8，并存入 r4。bl 指令用于调用系统库函数_isoc99_scanf()以输入变量 i 的值。

命令"x/1xw 0xffffff6f5c"的执行结果验证了执行"scanf("%d",&i);"后变量 i 的机器数为 0x0000 0003。

步骤 4：输入 gdb 调试命令,执行 C 语言语句"y＝buf[i];"对应的指令序列。

（1）输入命令"i r pc",查看 PC 的内容（当前程序的断点位置）。

（2）输入命令"si",执行指令"ld.w ＄r5,＄r3,12(0xc)"。

（3）输入命令"si",执行指令"pcaddu12i ＄r12,8(0x8)"。

（4）输入命令"si",执行指令"addi.d ＄r12,＄r12,－1756(0x924)"。

（5）输入命令"i r r12",查看寄存器 r12 的内容。

（6）输入命令"x/8xw 0x120008000",查看数组 buf 的内容。

（7）输入命令"si",执行指令"alsl.d ＄r12,＄r5,＄r12,0x2"。

（8）输入命令"i r r12",查看寄存器 r12 的内容。

上述操作完成后各窗口的部分内容如图 4.29 所示。其中,方框中是执行的指令序列。

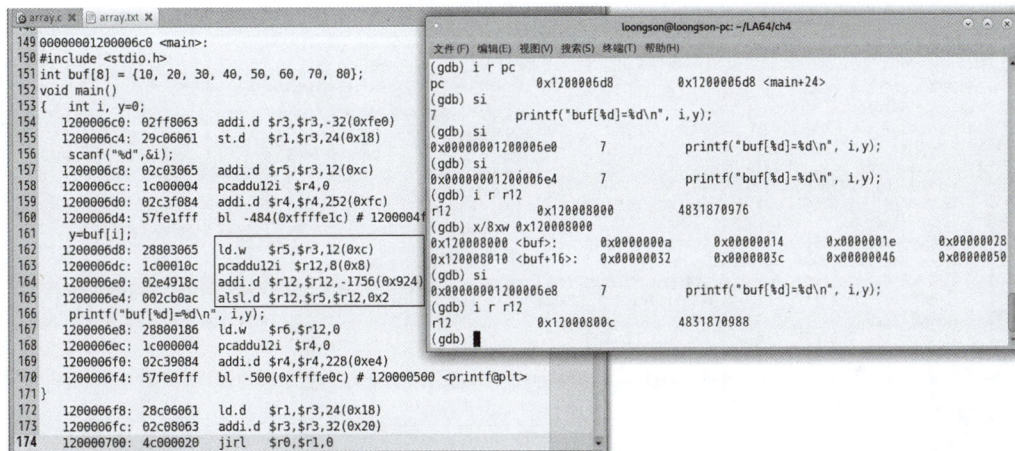

图 4.29　步骤 4 完成后各窗口的部分内容

指令"ld.w ＄r5,＄r3,12(0xc)"用于将变量 i 的机器数送入 r5,指令执行后 R[r5]＝i。指令"pcaddu12i ＄r12,8(0x8)"和"addi.d ＄r12,＄r12,－1756(0x924)"用于计算数组 buf 的首地址,并写入 r12,buf 的首地址为 R[r12]＝0x1 2000 06dc＋0x8000＋0x924 ＝0x1 2000 8000。

命令"i r r12"的执行结果验证了 R[r12]＝0x1 2000 8000。

编译器将初始化为非 0 值的全局变量分配在目标文件的.data 节,该节位于程序所在存储空间中的可读写数据区,非静态局部变量分配在栈区。这里数组 buf 定义为全局变量,因此,编译器把 buf 分配在地址 0x1 2000 8000 开始的存储单元中,命令"x/8xw 0x120008000"用于显示数组 buf 中 8 个数组元素的机器数。数组元素总是依次从小地址向大地址方向存放,如图 4.29 所示,数组元素 buf[i] 的地址为 &buf[i]＝&buf[i−1]＋4＝&buf[0]＋i×4。

指令"alsl.d ＄r12,＄r5,＄r12,0x2"的功能用 RTL 描述为 R[r12]←R[r12]＋R[r5]×4。源操作数采用"基址＋比例变址"寻址方式,其比例因子为 2^2＝4。在高级语言程序中会出现对数组、结构体和联合体等复合型数据结构的访问,其中对数组元素的访问通常使用指令 alsl.d 实现。例如,对于数组元素 buf[i] 的访问,若 r12 和 r5 中分别存放数组 buf 的首地址和下标变量 i，每个数组元素长度为 4B，则 buf[i] 相对于数组 buf 首地址的位移量为 $R[r5] \times 4$，因而 buf[i] 的地址可通过指令"alsl.d ＄r12，＄r5，＄r12，0x2"计算得到，即该指令执行后 $R[r12] = \&buf[i] = \&buf[0] + i \times 4$。

所有表都相当于一个数组，回顾本章实验 3 中 switch 语句对应的跳转表，其表项的索引值 $a-10$ 可看作数组的下标，访问 $a-10$ 对应表项时也是使用 alsl.d 指令实现的，其原理完全相同。

命令"i r r12"的执行结果验证了当 i＝3 时 $R[r12] = 0x1\,2000\,800c = \&buf[3]$。

步骤 5：输入 gdb 调试命令，执行函数 printf() 调用，结束程序调试。

(1) 输入命令"i r pc"，查看 PC 的内容（当前程序的断点位置）。

(2) 输入命令"conti"，继续执行 C 语言语句"printf("result＝%d\n"，result)；"。

(3) 输入命令"quit"，退出 gdb 调试过程。

上述操作完成后窗口的部分内容如图 4.30 所示。其中，方框中是执行的部分指令序列。

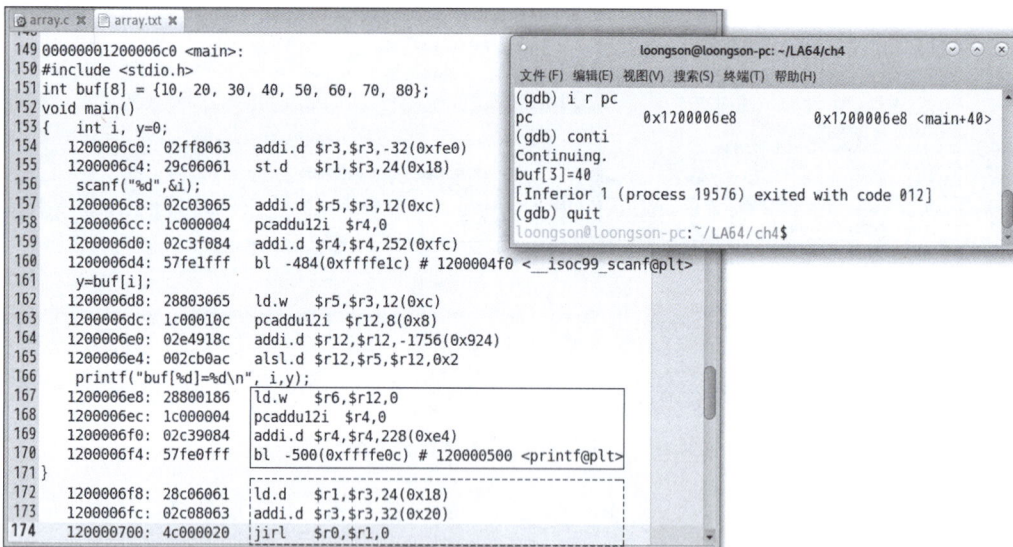

图 4.30 步骤 5 完成后各窗口的部分内容

C 语言语句"printf("buf[%d]＝%d\n"，i，y)；"执行时有 3 个入口参数，分别放在寄存器 r4、r5、r6 中。地址为 0x1 2000 06d8 的指令"ld.w ＄r5，＄r3,12(0xc)"已经将入口参数 i 的机器数送入 r5，且后续指令没有破坏 r5 的内容，故这里省略了参数 i 送 r5 的指令。指令"ld.w ＄r6，＄r12,0"将参数 y 送入 r6。指令"pcaddu12i ＄r4,0"和"addi.d ＄r4，＄r4，228(0xe4)"用于计算字符串"buf[%d]＝%d\n"首地址并送 r4，执行结果为 $R[r4] = 0x1\,2000\,06ec + 0xe4 = 0x1\,2000\,07d0$。bl 指令用于调用库函数 printf() 以输出数组元素 buf[i] 的值。

虚线方框中的指令序列对应 main 过程结束阶段。指令"ld.d ＄r1，＄r3,24(0x18)"将以前保存的返回地址恢复并送入 r1；指令"addi.d ＄r3，＄r3,32(0x20)"用于释放 main 过程的栈帧空间；指令"jirl ＄r0，＄r1,0"返回到 main 过程的调用过程执行。

五、实验报告

本实验报告包括但不限于以下内容。

1. 若将程序 array.c 中 buf 数组的数据类型修改为 short,得到如下 C 语言语句"y＝buf[i]；"对应的指令序列。

```
1200006d8:  28803065   ld.w        $r5,$r3,12(0xc)
1200006dc:  1c00010c   pcaddu12i   $r12,8(0x8)
1200006e0:  02e4918c   addi.d      $r12,$r12,-1756(0x924)
1200006e4:  002c30ac   alsl.d      $r12,$r5,$r12,0x  ①
```

则数组 buf 的首地址是多少? ①处的内容是什么? buf[3] 的存储地址是多少?

2. 给定 C 语言程序 ptr.c,代码如下。

```
#include <stdio.h>
int buf[8] = {10, 20, 30, 40, 50, 60, 70, 80};
void main()
{   int i, y=0;
    int * ptr=&buf[0];
    scanf("%d", &i);
    y= * (ptr+i);
    printf(" * (ptr+%d)=%d\n", i, y);
}
```

编辑生成上述 C 语言源程序文件,用命令"gcc -g -O1 ptr.c -o ptr"进行编译转换,生成可执行文件 ptr,并对 ptr 反汇编得到的内容保存为 prt.txt。根据 ptr.txt 中函数 main()对应的指令序列,填写表 4.6 中表达式计算对应的汇编指令(或汇编指令序列)。

表 4.6　表达式计算对应的汇编指令

序　　号	表　达　式	类　　型	汇编指令(或指令序列)
1	buf	int*	
2	buf[i]	int	
3	ptr	int*	
4	* (ptr+i)	int	

3. 对实验中的程序 array.c 用命令"gcc -g -O0 array.c -o array2"进行编译转换,以生成可执行文件 array2,并对 array2 反汇编得到的内容保存为 array2.txt。语句"y＝buf[i]；"对应的指令序列如下,说明每一条指令的功能。

```
1200006e8:  28bfa2cc   ld.w        $r12,$r22,-24(0xfe8)
1200006ec:  1c00010d   pcaddu12i   $r13,8(0x8)
1200006f0:  02e451ad   addi.d      $r13,$r13,-1772(0x914)
1200006f4:  0041098c   slli.d      $r12,$r12,0x2
1200006f8:  0010b1ac   add.d       $r12,$r13,$r12
1200006fc:  2880018c   ld.w        $r12,$r12,0
Z20000700:  29bfb2cc   st.w        $r12,$r22,-20(0xfec)
```

*实验 5　缓冲区溢出攻击

一、实验目的

1. 理解缓冲区溢出引起的原因。
2. 理解缓冲区溢出攻击的基本原理。
3. 深刻理解过程调用中栈帧结构的变化与相关指令之间的关系。
4. 了解通过 execve()函数加载并启动程序执行的过程。

二、实验要求

给定 C 语言程序 a.c,代码如下。

```
#include "stdio.h"
#include "string.h"
char code[]= "0123456789abcdef";
int main(){
    char * arg[3];
    arg[0]="./b";
    arg[1]=code;
    arg[2]=NULL;
    execve(arg[0], arg, NULL);
    return 0;
}
```

给定 C 语言程序 b.c,代码如下。

```
#include "stdio.h"
#include "string.h"
void outputs(char * str){
    char buffer[16];
    strcpy(buffer, str);
    printf("%s\n", buffer);
}
void hacker(void){
    printf("being hacked\n");
}
int main(int argc, char * argv[]){
    outputs(argv[1]);
    printf("yes\n");
    return 0;
}
```

编辑生成上述 C 语言源程序,然后对其进行编译转换,生成可执行文件,对可执行文件进行调试执行,并完成下列任务。

（1）文件 a.c 的程序执行流程如图 4.31(a)所示,观察程序执行的输出结果,画出函数 outputs()中的调用语句"strcpy(buffer, str);"执行后,程序 b 对应进程的用户栈栈帧结构。

（2）修改文件 a.c 中数组 code 的内容并保存为 a1.c,使得 a1.c 对应程序的执行流程如

(a) 缓冲区不溢出	(b) 缓冲区溢出并发生攻击	(c) 缓冲区溢出攻击后正常返回

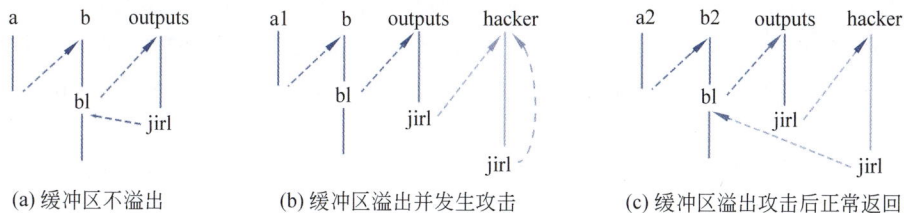

图 4.31　程序执行流程示意图

图 4.31(b)所示,观察程序执行的输出结果,画出函数 outputs()中的调用语句"strcpy(buffer, str);"执行后,程序 b 对应进程的用户栈栈帧结构。

(3) 修改文件 a1.c 中 arg[0]的赋值语句并保存为 a2.c,修改 b.c 中 hacker()内容并保存为 b2.c,使得 a2.c 对应程序的执行流程如图 4.31(c)所示,观察程序执行的输出结果,画出 hacker()结束阶段执行前,程序 b2 对应进程的用户栈栈帧结构。

三、缓冲区不溢出实验

首先通过以下操作过程进行实验准备工作。

1. 通过文本编辑器编辑生成 C 语言源程序文件 a.c 和 b.c,并将其保存在目录"～/LA64/ch4/hacker"中。

2. 打开终端窗口,设置终端窗口的当前目录为"～/LA64/ch4/hacker"。在终端窗口中进行以下操作。

(1) 输入命令"gcc -g -O1 a.c -o a",将 a.c 编译转换为可执行目标文件 a。

(2) 输入命令"gcc -g -O1 b.c -o b",将 b.c 编译转换为可执行目标文件 b。

(3) 输入命令"objdump -S a > a.txt",对 a 进行反汇编,并将反汇编结果保存在文件 a.txt 中。

(4) 输入命令"objdump -S b > b.txt",对 b 进行反汇编,并将反汇编结果保存在文件 b.txt 中。

(5) 输入命令"./a",执行可执行文件 a。

上述操作完成后各窗口的部分内容如图 4.32 所示。从程序的输出结果可判断程序执行流程如图 4.31(a)所示,

图 4.32　第 2 步完成后各窗口的部分内容

在上述调试执行环境准备好后,按如下步骤在终端窗口中输入 gdb 调试操作命令,对可执行文件进行调试执行。

步骤 1：启动 gdb 调试命令，使程序执行到设置的断点处停下。具体操作如下。

（1）在 shell 命令行提示符下，输入命令"gdb a"，启动 gdb 命令并加载可执行文件 a。

（2）在 gdb 调试状态下，输入命令"break main"或"b main"，在函数 main()处设置断点。

（3）在 gdb 调试状态下，输入命令"break outputs"或"b outputs"，在 outputs 函数处设置断点。

（4）输入命令"run"或"r"，启动程序 a 运行，并在设置的断点处停下。

步骤 2：输入 gdb 调试命令，执行程序 a 中 C 语言语句，并启动可执行文件 b 执行。

（1）输入命令"i r pc"，查看 PC 的内容（当前程序的断点位置）。

（2）输入命令"s"，执行 C 语言语句"arg[0]="./b";"。

（3）输入命令"s"，执行 C 语言语句"arg[1]=code;"。

（4）输入命令"s"，执行 C 语言语句"arg[2]=NULL;"。

（5）输入命令"next"，执行 C 语言语句"execve(arg[0], arg, NULL);"，从而启动可执行文件 b 执行，文件 b.c 中的函数 main()起始处为新断点。

（6）输入命令"x/4xw 0xfffffff7e58"，显示 argv 数组内容。

（7）输入命令"x/21xb 0xfffffff7fdf"，显示字符串"./b"和"0123456789abcdef"对应的编码内容。

上述操作完成后各窗口的部分内容如图 4.33 所示。其中，方框标出执行的指令序列。

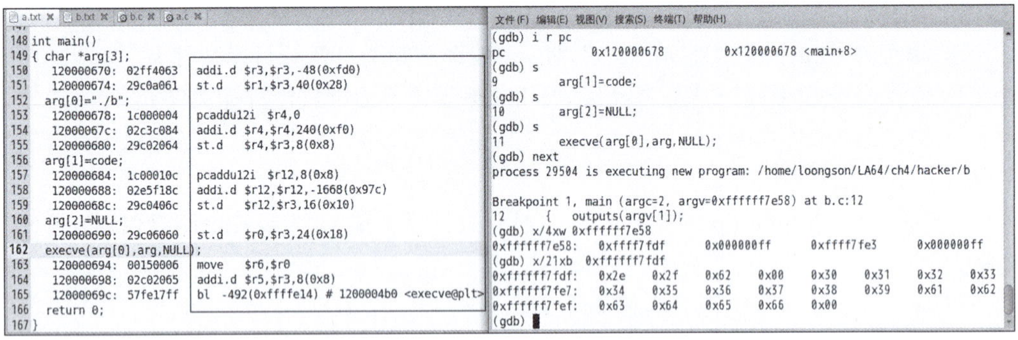

图 4.33　步骤 2 完成后各窗口的部分内容

从图 4.33 可看出，3 条"s"命令分别执行对 arg[0]、arg[1]、arg[2]进行赋值的 C 语言语句；命令"next"执行 C 语言语句"execve(arg[0],arg,NULL);"，此时输出信息为"process 10504 is executing new program：/home/loongson/LA64/ch4/hacker/b"，表明已从可执行文件 a 跳转到可执行文件 b 执行，显然这种跳转并不是通过过程调用实现的，而是通过上述第（5）步执行"next"调试命令启动了函数调用语句"execve(arg[0],arg,NULL);"的执行而实现的。当前断点 1 在"main（argc=2，argv=0xfffffff7e58）at b.c:12"处，即文件 b.c 中第 12 行的 C 语言语句"outputs(argv[1]);"位置。

在 UNIX/Linux 系统中，可通过调用 execve()函数在当前进程的上下文中加载并运行一个新程序。其函数原型为"int execve(char * filename，char * argv[]， * envp[]);"，用来加载并运行可执行目标文件 filename，可带参数列表 argv 和环境变量列表 envp 作为入口参数。根据文件 a.c 中的 C 语言语句"execve(arg[0]，arg，NULL);"可知，这里启动加

载的可执行文件为实参 arg[0]＝"./b"所指出的"～/LA64/ch4/hacker/b",根据第 2 个实
参 arg 的定义可知,这里 execve()函数启动执行的命令行为"./b "0123456789abcdef""。

函数调用语句"execve(arg[0],arg,NULL);"正常执行后,将直接跳转到被启动的程
序./b 中函数 main()执行,并将 arg 和 NULL 分别作为参数 argv 和 envp 的实参传递给函
数 main(),根据图 4.33 中显示的断点 1 在"main (argc＝2,argv＝0xffffff7e58) at b.c:12"
可知,此处 b.c 中函数 main()的参数 argc 对应的实参为 2,参数 argv 对应的实参为地址
0xff ffff 7e58,说明被函数 execve()启动执行的命令行存放在地址 0xff ffff 7e58 处,命令行
中字符串个数为 2。

命令"x/4xw 0xffffff7e58"显示命令行中两个字符串地址分别为 0xff ffff 7fdf 和 0xff
ffff 7e3。命令"x/21xb 0xffffff7fdf"显示命令行中两个字符串的内容分别为"./b"和
"0123456789abcdef"的 ASCII 码,每个字符串以 0x00 结束。

步骤 3:输入 gdb 调试命令,执行可执行文件 b 中调用 outputs(argv[1])的指令序列。

(1) 输入命令"i r pc r3",查看当前 PC 和 r3 的内容。

(2) 输入两条"si"命令,依次执行指令"addi.d ＄r3,＄r3,−16(0xff0)"和"st.d ＄r1,
＄r3,8(0x8)"。

(3) 输入命令"i r r3",查看当前 r3 的内容。

(4) 输入命令"si",执行指令"ld.d ＄r4,＄r5,8(0x8)"。

(5) 输入命令"i r r4",查看当前 r4 的内容。

(6) 输入命令"x/17xb 0xffffff7e3",查看 code 字符串内容。

(7) 输入命令"si",执行指令"bl −84(0xfffffac)"。

上述操作完成后各窗口的部分内容如图 4.34 所示。其中,方框标出了执行的指令
序列。

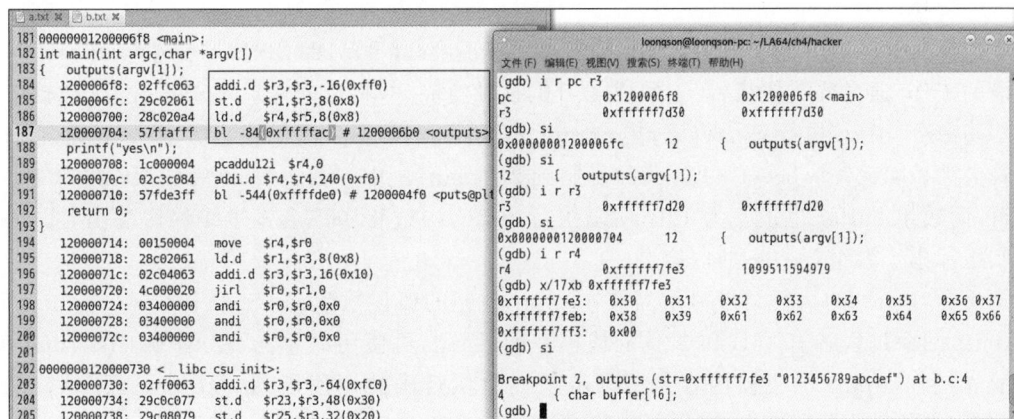

图 4.34　步骤 2 完成后各窗口的部分内容

指令"addi.d ＄r3,＄r3,−16(0xff0)"和"st.d ＄r1,＄r3,8(0x8)"完成 main 准备阶段
的工作,通过修改栈指针 sp 生成 16B 的栈帧空间,并将返回地址写入 main 的栈帧中。

指令"ld.d ＄r4,＄r5,8(0x8)"和"bl −84(0xfffffac)"实现 outputs 过程调用,进入被调
用过程 outputs 的起始处时,断点 2 设置在"outputs (str＝0xffffff7e3 "0123456789
abcdef") at b.c:4",此时,命令行中第 2 个字符串"0123456789abcdef"的地址 0xff ffff 7e3

存入 r4 中，作为传递给调用过程 outputs 的实参，命令"i r r4"和"x/17xb 0xffffff7fe3"的执行结果验证了上述分析的正确性。

步骤 4：输入 gdb 调试命令，执行可执行文件 b 中 outputs(argv[1]) 的指令序列。

（1）输入命令"i r pc"，查看 PC 的内容（当前程序的断点位置）。

（2）输入命令"s"，完成 outputs 准备阶段的工作。

（3）输入命令"next"，执行 C 语言语句"strcpy(buffer,str);"。

（4）输入命令"i r r3"，查看 r3 的内容。

（5）输入命令"x/12xw 0xffffff7d00"，查看 main 和 outputs 的栈帧内容。

（6）输入命令"next"，执行 C 语言语句"printf("%s\n",buffer);"，并返回 main 过程执行。

上述操作完成后各窗口的部分内容如图 4.35 所示。其中，方框标出了执行的指令序列，实下画线标出了数组 buffer 内容，虚下画线分别标出了从 outputs 和 main 返回的返回地址。

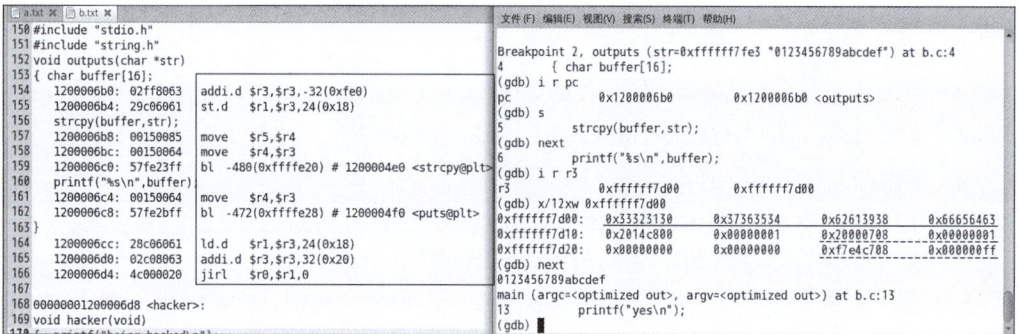

图 4.35 步骤 4 完成后各窗口的部分内容

指令"addi.d ＄r3,＄r3,−32(0xfe0)"和"st.d ＄r1,＄r3,24(0x18)"完成 outputs 准备阶段的工作，通过修改栈指针 sp 生成 32B 的栈帧空间，并将返回地址写入 outputs 栈帧中。

用命令"next"执行 C 语言语句"strcpy(buffer,str);"。该语句执行后，将 str 所指向的字符串"0123456789abcdef"（即 code）复制到数组 buffer 中。"0123456789abcdef"共有 16 个字符，而数组 buffer 也正好为 16B，所以执行 strcpy() 过程中不会发生缓冲区溢出，图 4.35 中实线标出了数组 buffer 的内容。

命令"i r r3"的执行结果显示当前 outputs 栈帧的栈顶指针 sp＝0xff ffff 7d00。main 和 outputs 两个过程各有 16B 和 32B 的栈帧空间，因此，可使用命令"x/12xw 0xffffff7d00"查看 main 和 outputs 的栈帧内容。结合步骤 2 中执行函数调用语句"execve(arg[0]，arg，NULL);"过程的调试信息，可以画出程序 b 对应进程的用户栈栈帧结构，如图 4.36 所示。

命令"next"执行 C 语言语句"printf("%s\n"，buffer);"，输出 buffer 内容。执行 outputs 过程中的 jirl 指令后，程序返回到 b.c 中的函数 main() 继续执行。

步骤 5：输入 gdb 调试命令，输出程序执行结果并退出 gdb 调试过程。

（1）输入命令"continue"，继续执行 b.c 中主函数 main() 的 C 语言语句，从而输出程序执行结果。

（2）输入命令"quit"，退出 gdb 调试过程。

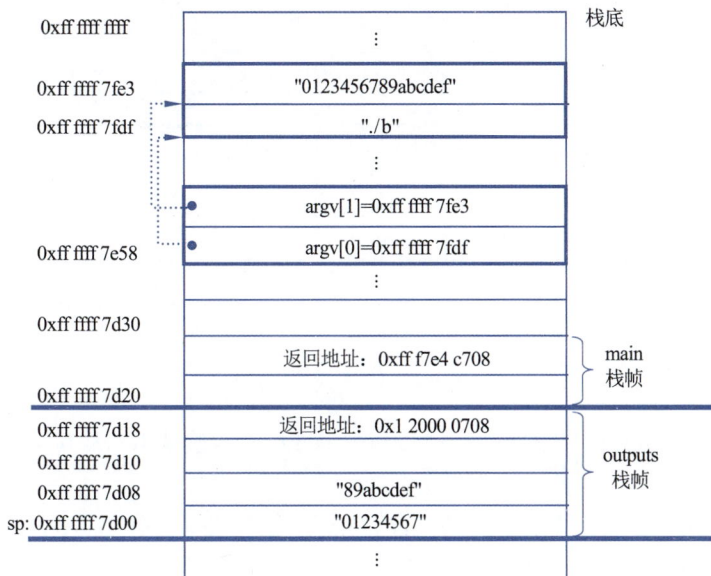

图 4.36　程序 b 对应进程的用户栈栈帧结构示意

上述操作完成一次调试执行过程,最终程序输出结果如图 4.32 所示。

四、缓冲区溢出攻击实验

上述实验在 strcpy() 函数进行字符串复制过程中,没有将信息覆盖到数组 buffer 以外的空间,因而没有破坏如图 4.36 所示的在 outputs 栈帧中保存的返回地址 0x1 2000 0708,使得执行图 4.35 中第 164 行的 ld.d 指令时能取到正确的返回地址,从而执行 jirl 指令时能正确地从 outputs 过程返回到 main 过程执行。

若想利用缓冲区溢出调出 hacker() 函数执行攻击,则只要将从 b.txt 中查到的 hacker 过程的首地址 0x1 2000 06d8 填入地址 0x0xff ffff 7d18 即可,即用 hacker 首地址 0x1 2000 06d8 替代在 outputs 栈帧中保存的返回地址 0x1 2000 0708,使得从 outputs 过程返回时跳转到地址 0x1 2000 06d8 处调用 hacker 执行。

只要重新构造调用语句"strcpy(buffer, str);"中复制的源字符串 str,使得源字符串的长度足够长,不仅能覆盖数组 buffer,还能将地址 0x0000 0001 2000 06d8 覆盖到地址 0xff ffff 7d18 处的原返回地址 0x0000 0001 2000 0708,就可将返回地址修改为 0x1 2000 06d8。

基于上述思路,将文件 a.c 中的字符串 code 定义如下,并将修改后的文件保存为 a1.c。

```
char code[]="0123456789abcdef"
        "abcdabcd"                    //填充 buffer 与返回地址之间空隙
"\xd8\x06\x00\x20\x01\x00\x00\x00";   //hacker 首地址
```

其中,字符串"abcdabcd"用于填补图 4.36 中地址 0xffffff7d10 开始的 8 字节;在 code 中的地址以十六进制形式表示,LoongArch 为小端方式,因此,表示 hacker 首地址的 8 字节采用倒序方式,如"\xd8\x06\x00\x20\x01\x00\x00\x00"所示。

根据对上述缓冲区不溢出实验过程的分析可知,a1.c 文件中的"execve(arg[0], arg, NULL);"可启动执行程序 b 对应的进程,在执行完"strcpy(buffer, str);"后,过程 main 和

outputs 的栈帧状态如图 4.37 所示。

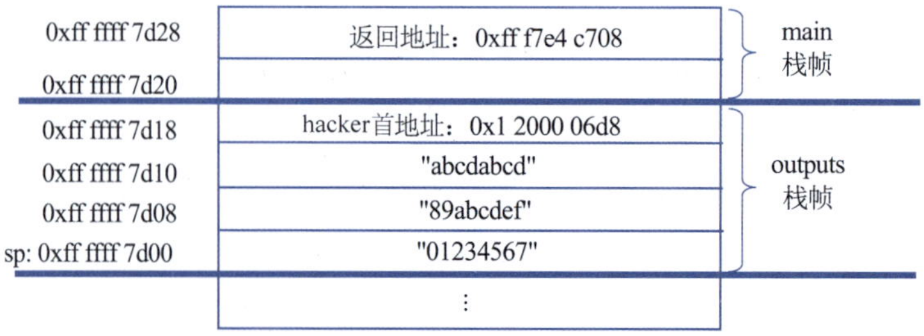
0xff ffff 7d28
返回地址：0xff f7e4 c708
0xff ffff 7d20
main
栈帧
0xff ffff 7d18
hacker首地址：0x1 2000 06d8
0xff ffff 7d10
"abcdabcd"
0xff ffff 7d08
"89abcdef"
sp: 0xff ffff 7d00
"01234567"
outputs
栈帧
⋮

图 4.37　程序 b 对应进程的用户栈栈帧状态示意

通过以下操作进行实验。

1. 将 a1.c 文件存放在目录"～/LA64/ch4/hacker"中，确认 b.c 及其可执行文件 b 也在该目录中。

2. 打开终端窗口，设置终端窗口的当前目录为"～/LA64/ch4/hacker"。在终端窗口中进行以下操作。

(1) 输入命令"gcc -g -O1 a1.c -o a1"，将 a1.c 编译转换为可执行目标文件 a1。

(2) 输入命令"objdump -S a1 > a1.txt"，对 a1 进行反汇编，并将反汇编结果保存在文件 a1.txt 中。

(3) 输入命令"./a1"，以启动可执行文件 a1 的执行。

执行上述攻击程序后的输出结果：

```
0123456789abcdefabcdabcd�
being hacked
being hacked
…
```

第一行内容为 outputs()中执行 C 语言语句"printf("%s\n",buffer);"的输出结果，buffer 的最后几个字符，例如"\xd8\x06"为不可识别的编码，故显示为"�"。

第二行内容为 hacker()中执行 C 语言语句"printf("being hacked\n");"的输出结果。执行 outputs 过程中地址 0x1 2000 06cc 处的指令"ld.d \$r1,\$r3,24(0x18)"时，得到的返回地址是 hacker 首地址，即该指令执行后 R[r1]=0x1 2000 06d8，故执行返回指令 jirl 后，就会跳转到 hacker()函数执行，因此会输出字符串"being hacked"。

由于跳转到函数 hacker()时，R[r1]=0x1 2000 06d8，在 hacker 准备阶段，指令"st.d \$r1,\$r3,8(0x8)"又把 0x1 2000 06d8 内容当作返回地址保存在 hacker 过程的栈帧中，因此执行 hacker 过程时，main 和 hacker 的栈帧内容如图 4.38 所示。在执行 hacker 结束阶段的指令序列时，恢复到 r1 中的返回地址依旧为 hacker 首地址 0x1 2000 06d8，如此程序便进入死循环，反复调用 hacker 过程，不断输出"being hacked"。程序的执行流程如图 4.31(b)所示。

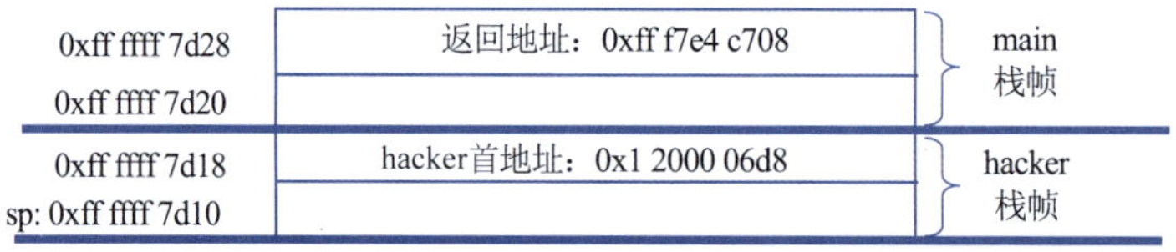
0xff ffff 7d28
返回地址：0xff f7e4 c708
0xff ffff 7d20
main
栈帧
0xff ffff 7d18
hacker首地址：0x1 2000 06d8
sp: 0xff ffff 7d10
hacker
栈帧

图 4.38　执行 hacker()时程序 b 对应进程的栈帧状态示意

如果希望函数 hacker() 执行结束后能返回程序 b 的函数 main() 继续执行，那么应该如何修改程序？

五、缓冲区溢出攻击后正常返回实验

若希望程序的执行流程如图 4.31(c) 所示，即执行一次 hacker() 后就根据 outputs() 中的原返回地址 0x1 2000 0708 返回到函数 main() 中 bl 指令的下一条指令处执行，则需要把从 outputs 过程栈帧中恢复得到的返回地址填入 hacker 过程的栈帧中。通过直接修改 code 中的内容来替换返回地址，只能将从 outputs 和 hacker 返回的两个返回地址都存放在同一个地址处，这从图 4.36 和图 4.38 就可以看出，这两个返回地址都存放在地址 0xff ffff 7d18 处，因此要在实施缓冲区溢出攻击后能正常返回到函数 main() 执行，不能仅修改 code 中的内容，还需要在函数 hacker() 中增加修改返回地址的汇编指令。假设 hacker 栈帧大小为 16B，在 hacker 过程中增加 4 条指令后从 outputs 返回的返回地址变为 0x1 2000 0718，修改函数 hacker() 的 C 语言代码如下，并将修改后的文件保存为 b2.c。

```
void hacker(void) {
    printf("being hacked\n");
    asm volatile(
        "ibar 0\r\n"
        "addi.d $r1,$r0,1816\r\n"
        "st.h $r1,$r3,8\r\n"
        "ibar 0\r\n"
    );
}
```

其中，两条 ibar 指令是用于实现存储器访问一致性的屏障指令，在此实验过程中可以略过不管，第 3 条指令中立即数 1816 的十六进制表示为 0x0718，用 0x0718 去替换原来返回地址中最低 16 位的 0x06d8，使得 hacker() 执行结束时的返回地址为 0x1 2000 0718。

同时修改源程序文件 a1.c，代码如下所示，并将修改后的文件保存为 a2.c。

```
#include "stdio.h"
#include "string.h"
char code[]=
    "0123456789abcdef"
    "abcdabcd"                              //填充 buffer 与返回地址之间空隙
    "\xd8\x06\x00\x20\x01\x00\x00\x00";     //hacker() 的首地址
int main()
{   char * arg[3];
    arg[0]="./b2";
    arg[1]=code;
    arg[2]=NULL;
    execve(arg[0],arg,NULL);
    return 0;
}
```

通过以下操作进行实验。

1. 将 a2.c 和 b2.c 文件存放在目录"～/LA64/ch4/hacker"中。

2. 打开终端窗口，设置终端窗口的当前目录为"～/LA64/ch4/hacker"。在终端窗口中

进行以下操作。

（1）输入命令"gcc -g -O1 a2.c -o a2"，将 a2.c 编译转换为可执行目标文件 a2。

（2）输入命令"gcc -g -O1 b2.c -o b2"，将 b2.c 编译转换为可执行目标文件 b2。

（3）输入命令"objdump -S a2 > a2.txt"，对 a2 进行反汇编，并将反汇编结果保存在文件 a2.txt 中。

（4）输入命令"objdump -S b2 > b2.txt"，对 b2 进行反汇编，并将反汇编结果保存在文件 b2.txt 中。

（5）打开 b2.txt，确认 hacker() 的首地址为 0x1 2000 06d8，确认 outputs() 返回地址为 0x1 2000 0718。

（6）输入命令"./a2"，启动可执行文件 a2 的执行。

执行上述程序后的输出结果：

```
0123456789abcdefabcdabcd�
being hacked
yes
```

第一行内容为执行 outputs() 中 C 语言语句"printf("%s\n",buffer);"的输出结果；第二行内容为执行 hacker() 中"printf("being hacked\n");"的输出结果；第三行内容为执行 main() 中"printf("yes\n");"的输出结果。程序的执行流程如图 4.31(c) 所示。

可通过 gdb 单步调试操作，执行文件 a2，并由 a2 加载和启动可执行文件 b2，观察在程序执行过程中程序 b2 对应进程的用户栈栈帧状态变化，分析理解程序的执行结果。其调试执行步骤类似于缓冲区不溢出实验，在此不再赘述。

六、实验报告

本实验报告包括但不限于以下内容。

1. 修改文件 b.c 的内容如下，并将修改后的文件保存为 b3.c。

```c
#include "stdio.h"
#include "string.h"
void outputs(char * str)
{   char buffer[16];
    strncpy(buffer, str, 15);
    buffer[15]='\0';
    printf("%s\n",buffer);
}
void hacker(void)
{   printf("being hacked\n");
}
int main(int argc, char * argv[])
{   outputs(argv[1]);
    printf("yes\n");
    return 0;
}
```

将 a.c 和 a1.c 中的 C 语言语句"arg[0]="./b";"都修改为"arg[0]="./b3";"。用-O1选项分别对 a.c、a1.c 和 b3.c 编译并转换生成可执行文件 a、a1 和 b3。分别执行"./a"和

"./a1"，观察不同 code 下程序执行结果是否一致。通过对可执行文件的单步调试信息，画出程序 b3 对应进程的用户栈栈帧状态示意图，分析说明程序执行的结果。

2. 分别用-O0 和-O1 选项编译下列程序，并将可执行文件分别保存为 test0 和 test1 文件。

```
#include <stdio.h>
void main() {
    int a=10;
    double * p=(double * )&a;
    printf("%e\n", * p);
}
```

完成以下任务或回答以下问题。

(1) 用命令"./test0"和"./test1"分别多次执行程序，观察每一次执行程序的输出结果。分析为什么用-O0 选项编译的程序每次执行结果不一样，而用-O1 选项编译的程序每次执行结果相同。

(2) 用命令"gdb test0"和"gdb test1"对-O0 和-O1 选项编译的可执行文件分别进行调试执行，分别画出在执行 C 语言语句"printf("%e\n", *p);"之前 main 栈帧的结构和栈帧内容，写出调试执行时*p 的机器数。

(3) 编写 C 语言程序并在计算机上执行，以验证用-O0 或-O1 选项编译时均默认使用了栈随机化策略。

第 **5** 章

程序的链接与加载执行

本章安排 3 个实验,实验 3 为选做实验。实验基于 LA64+Linux 平台以及 GCC 编译驱动程序和 gdb 调试工具等,将两个 C 语言源程序分别编译转换为可重定位目标文件,再将两个可重定位目标文件以及所关联到的标准库函数目标文件,链接生成具有统一地址空间的可被加载到存储器直接执行的可执行目标文件。

实验 1 和实验 2 分别针对可重定位文件和可执行文件两种目标文件格式,对文件中的 ELF 头、节头表、程序头表以及部分节的内容进行分析解读。在前两个实验的基础上,实验 3 通过对函数 printf() 的两次调用过程进行单步调试执行,展现对引用符号 printf 的重定位操作过程,从而了解 LA64+Linux 系统中常用的重定位类型及其重定位方法。

理解链接器的工作原理和程序的加载执行过程,将有助于养成良好的程序设计习惯,增强程序调试能力,并能够深入理解进程的虚拟地址空间概念,以进一步巩固对主教材相关内容的理解。

实验 1 可重定位目标文件格式

一、实验目的

1. 了解 ELF 可重定位目标文件格式。

2. 理解可重定位目标文件中 ELF 头、节头表、.text 节、.data 节、.bss 节、.rodata 节等内容的含义和数据结构。

二、实验要求

给定 C 语言程序 main.c,代码如下。

```
#include "stdio.h"
void swap(void);
int buf[2] = {1, 2};
int main() {
  swap();
  printf("buf[0]=%d, buf[1]=%d\n", buf[0], buf[1]);
  return 0;
}
```

给定 C 语言程序 swap.c，代码如下。

```
extern int buf[];
int * bufp0 = &buf[0];
int * bufp1;
void swap(){
    int temp;
    bufp1 = &buf[1];
    temp = * bufp0;
    * bufp0 = * bufp1;
    * bufp1 = temp;
}
```

编辑生成上述 C 语言源程序，完成以下任务或回答以下问题。

（1）填写表 5.1 中实现任务的命令。

表 5.1　实现任务的命令

任　　务	命　　令
从 main.c 生成可重定位目标文件 main.o	
将 main.o 和 swap.o 链接以生成可执行目标文件 main	
查看 main.o 的 ELF 头、节头表、.symtab 节	
查看 main.o 的.text 节、.data 节、.rodata 节	

（2）根据文件 maino.txt 和 mainoelf.txt 填写表 5.2 中给定信息的字节数。

表 5.2　给定信息的字节数

信　　息	字　节　数
main.o 的 ELF 头	
main.o 的节头表	
main.o 文件	
main.o 的.text 节	
main.o 的.data 节	
main.o 的.rodata 节	
main.o 的.bss 节	

三、实验准备

1. 通过文本编辑器编辑生成 C 语言源程序文件 main.c 和 swap.c，并将其保存在目录"～/LA64/ch5"中。

2. 打开终端窗口，设置终端窗口的当前目录为"～/LA64/ch5"。在终端窗口中进行以下操作。

（1）输入命令"gcc -g -O1 -c main.c -o main.o"，将 main.c 编译转换为可重定位目标文

件 main.o。

（2）输入命令"gcc -g -O1 -c swap.c -o swap.o"，将 swap.c 编译转换为可重定位目标文件 swap.o。

（3）输入命令"gcc -g main.o swap.o -o main"，将 main.o 和 swap.o 链接以生成可执行目标文件 main。

（4）输入命令"objdump -S -D main.o > maino.txt"，对 main.o 进行反汇编，并将反汇编结果保存在文件 maino.txt 中。

（5）输入命令"objdump -S -D swap.o > swapo.txt"，对 swap.o 进行反汇编，并将反汇编结果保存在文件 swapo.txt 中。

（6）输入命令"objdump -S -D main > main.txt"，对 main 进行反汇编，并将反汇编结果保存在文件 main.txt 中。

（7）输入命令"readelf -a main.o > mainoelf.txt"，解析可重定位目标文件 main.o 的文件格式，并保存在文件 mainoelf.txt 中。

（8）输入命令"readelf -a swap.o > swapoelf.txt"，解析可重定位目标文件 swap.o 的文件格式，并保存在文件 swapoelf.txt 中。

（9）输入命令"readelf -a main> mainelf.txt"，解析可执行目标文件 main 的文件格式，并保存在文件 mainelf.txt 中。

（10）输入命令"./main"，以启动可执行文件 main 的执行。

四、可重定位目标文件格式

main.o 是可重定位目标文件，由 ELF 头、节头表以及节头表中说明的各个节组成。使用 readelf 命令可解析 ELF 格式目标文件信息，从 mainoelf.txt 中可看到文件 main.o 的 ELF 头、节头表，以及重定位节（如.rela.text 节）和符号表（.symtab 节）等信息。使用 objdump 工具可对 main.o 中的代码部分和数据部分进行反汇编，从 maino.txt 中可看到.text 节、.data 节和.rodata 节等信息。通过 readelf 和 objdump 工具的配合使用，能显示可重定位目标文件的完整信息。

main.o 是一个二进制文件，ELF 头始终位于目标文件的起始位置，节头表与节在二进制文件中没有固定的顺序，ELF 头中会说明节头表在二进制文件中的起始位置、节头表项大小和表项个数，每个节头表项描述了文件中各个节的名称、类型、地址、偏移量和大小等信息。故实验中应该首先通过读取 ELF 头信息来定位节头表，再依次读取每一个节头表表项，定位各个节在二进制目标文件中的位置，从而构造出二进制目标文件的完整结构。

步骤 1：在文本编辑器窗口中打开文件 mainoelf.txt，可在该文件中查看 ELF 头和节头表等内容。

（1）ELF 头中的信息。

可重定位目标文件 main.o 的 ELF 头的信息内容如图 5.1 所示。

"readelf -a"命令用于显示一个 ELF 文件中的 ELF 头、节头表、符号表、动态节等信息。因此，打开 mainoelf.txt 文件可查看 main.o 的 ELF 头中的信息。如图 5.1 所示，最开始 4 字节为魔数，用于标识是 ELF 文件，其中第 1 字节是 0x7f，后面 3 字节 0x45、0x4c、0x46 分别是'E'、'L'和'F'的 ASCII 码。此外，还包括以下信息：该文件是 64 位格式，采用小端方式，

```
1 ELF 头：
2   Magic:   7f 45 4c 46 02 01 01 00 00 00 00 00 00 00 00 00
3   类别：                    ELF64
4   数据：                    2 补码, 小端序 (little endian)
5   版本：                    1 (current)
6   OS/ABI:                  UNIX - System V
7   ABI 版本：               0
8   类型：                    REL (可重定位文件)
9   系统架构：                LoongArch
10  版本：                    0x1
11  入口点地址：              0x0
12  程序头起点：              0 (bytes into file)
13  Start of section headers:         7632 (bytes into file)
14  标志：                    0x3, LP64
15  本头的大小：              64 (字节)
16  程序头大小：              0 (字节)
17  Number of program headers:        0
18  节头大小：                64 (字节)
19  节头数量：                21
20  字符串表索引节头：        20
```

图 5.1　文件 main.o 的 ELF 头的信息

OS 为类 UNIX 系统，ABI 规范为 System V，指令集架构类型为 LoongArch，文件类型为可重定位文件（REL），ELF 头（本头）包含 64 字节等。可重定位目标文件不可启动执行，因此，执行入口点地址为 0，且与程序头表相关字段（程序头起点、程序头大小和程序头数量）均为 0，说明可重定位目标文件中没有程序头表。

ELF 头中还记录了节头表的描述信息，包括节头表在文件中的起始位置、节头表中表项的大小和表项个数。如图 5.1 所示，main.o 中节头表的起始位置位于 7632 字节处；节头大小为 64 字节，说明每个表项大小为 64 字节；节头数量为 21，说明节头表由 21 个表项组成，每个表项描述一个节的相关信息。因此，节头表共占 64B×21＝1344B＝0x540B。因为 7632B＋1344B＝8976B，所以该节头表位于 main.o 文件中第 7632～8976 字节。

右击文件 main.o，在弹出的快捷菜单中选择"属性"，打开如图 5.2 所示的 main.o 的属性对话框，可看到文件 main.o 的大小为 8976 字节，说明节头表位于文件 main.o 的末尾。

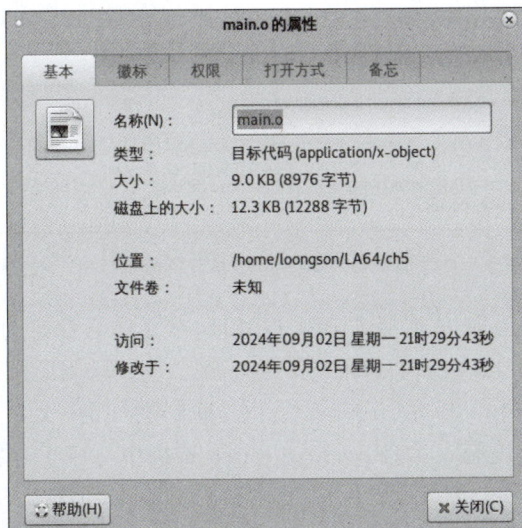

```
                    main.o 的属性                    ⊗

  基本   徽标   权限   打开方式   备忘

        名称(N)：    main.o

        类型：       目标代码 (application/x-object)
        大小：       9.0 KB (8976 字节)
        磁盘上的大小： 12.3 KB (12288 字节)

        位置：       /home/loongson/LA64/ch5
        文件卷：     未知

        访问：       2024年09月02日 星期一 21时29分43秒
        修改于：     2024年09月02日 星期一 21时29分43秒


  ⊡ 帮助(H)                               ✖ 关闭(C)
```

图 5.2　main.o 的属性对话框

（2）节头表中的信息。

目标文件 main.o 的节头表中的信息如图 5.3 所示。根据 ELF 头中的信息可知，节头表中有 21 个表项，每个表项占 64B，每个表项的数据结构定义见主教材 5.2.2 节，执行"readelf -a"命令后将每个表项解析为以下属性字段来显示其信息：名称、类型、地址、偏移量、大小、全体大小、旗标、链接、信息和对齐。

```
节头:
  [号] 名称              类型              地址                     偏移量
       大小              全体大小          旗标   链接   信息   对齐
  [ 0]                   NULL              0000000000000000       00000000
       0000000000000000  0000000000000000         0      0      0
  [ 1] .text             PROGBITS          0000000000000000       00000040
       0000000000000038  0000000000000000  AX     0      0      4
  [ 2] .rela.text        RELA              0000000000000000       000013d0
       00000000000002a0  0000000000000018  I      18     1      8
  [ 3] .data             PROGBITS          0000000000000000       00000078
       0000000000000008  0000000000000000  WA     0      0      8
  [ 4] .bss              NOBITS            0000000000000000       00000080
       0000000000000000  0000000000000000  WA     0      0      8
  [ 5] .rodata.str1.8    PROGBITS          0000000000000000       00000080
       0000000000000015  0000000000000001  AMS    0      0      8
  [ 6] .debug_info       PROGBITS          0000000000000000       00000095
       000000000000036d  0000000000000000         0      0      1
  [ 7] .rela.debug_info  RELA              0000000000000000       00001670
       0000000000000648  0000000000000018  I      18     6      8
  [ 8] .debug_abbrev     PROGBITS          0000000000000000       00000402
       0000000000000129  0000000000000000         0      0      1
  [ 9] .debug_aranges    PROGBITS          0000000000000000       0000052b
       0000000000000030  0000000000000000         0      0      1
  [10] .rela.debug_arang RELA              0000000000000000       00001cb8
       0000000000000030  0000000000000018  I      18     9      8
  [11] .debug_line       PROGBITS          0000000000000000       0000055b
       0000000000000122  0000000000000000         0      0      1
  [12] .rela.debug_line  RELA              0000000000000000       00001ce8
       0000000000000018  0000000000000018  I      18     11     8
  [13] .debug_str        PROGBITS          0000000000000000       0000067d
       00000000000002c2  0000000000000001  MS     0      0      1
  [14] .comment          PROGBITS          0000000000000000       0000093f
       000000000000002a  0000000000000001  MS     0      0      1
  [15] .note.GNU-stack   PROGBITS          0000000000000000       00000969
       0000000000000000  0000000000000000         0      0      1
  [16] .eh_frame         PROGBITS          0000000000000000       00000970
       0000000000000038  0000000000000000  A      0      0      8
  [17] .rela.eh_frame    RELA              0000000000000000       00001d00
       0000000000000018  0000000000000018  I      18     16     8
  [18] .symtab           SYMTAB            0000000000000000       000009a8
       00000000000007f8  0000000000000018         19     81     8
  [19] .strtab           STRTAB            0000000000000000       000011a0
       000000000000022b  0000000000000000         0      0      1
  [20] .shstrtab         STRTAB            0000000000000000       00001d18
       00000000000000b7  0000000000000000         0      0      1
Key to Flags:
  W (write), A (alloc), X (execute), M (merge), S (strings), I (info),
  L (link order), O (extra OS processing required), G (group), T (TLS),
  C (compressed), x (unknown), o (OS specific), E (exclude),
  p (processor specific)
```

图 5.3　文件 main.o 的节头表

从图 5.3 中可看出，.text 节类型为 PROGBITS，表示所含信息为程序中的二进制代码，在 main.o 中的偏移量为 0x040＝64，ELF 头正好占 64 字节，因此 ELF 头后面紧跟着的是 .text 节。.text 节大小为 0x38B，故 .text 节位于二进制文件的 0x40 到 0x040＋0x38－1＝0x77B 范围内，0x38 的十进制表示是 56，LoongArch 架构中每条机器指令占 4B，因此 main.o 中 .text 节包含 56B/4B＝14 条指令。旗标（Flags）为 AX，对照图 5.3 下方的说明，A 表示需要分配空间，X 表示可执行。对齐信息为 4，表示按 4 字节对齐，这符合 LoongArch 架构规范，指令按 4 字节对齐。

根据 ELF 头、节头表中各节的偏移量和大小，可以画出如图 5.4 所示的目标文件 main.o 的结构。

每个节都有对齐要求。二进制文件中，在满足对齐要求的情况下后面的节通常紧挨着前面的节存放。例如，.text 节位于 0x40～0x77 字节处，.data 节从 0x40＋0x38＝0x78 字节处开始，.rodata 节从 0x78＋0x8＝0x80 字节处开始。

为了满足对齐要求，有些节不能紧挨着前面的节存放。例如，图 5.3 中.en_frame 节必须按 8 字节对齐，从图 5.4 可看出，.en_frame 节就没有紧挨着前一节后面的位置 0x969 字节处存放，而是从 0x00970 字节处开始，因而相邻两节之间有空隙。同理，.rela.text 节和节头表也都是为了满足对齐的要求，而没有与前一节紧挨着存放。

（3）节中信息的获取并查看。

可重定位文件中的代码节、数据节以及与代码、数据相关的调试信息等可通过 objdump 工具反汇编后进行查看，而重定位节和符号表等可通过 readelf 工具解析后查看。图 5.5 显示了 mainoelf.txt 文件中.rela.text 节（代码重定位节）的部分内容。

步骤 2：在文本编辑器窗口中打开文件 maino.txt。可在该文件中查看代码节（.text）、数据节（.data）、只读数据节（.rodata）以及与代码、数据相关的调试信息等内容。

文件 maino.txt 的第一行信息为"main.o：文件格式 elf64-loongarch"，显示对应目标文件名为 main.o，属于 LoongArch 架构机器上的 64 位 ELF 格式文件。

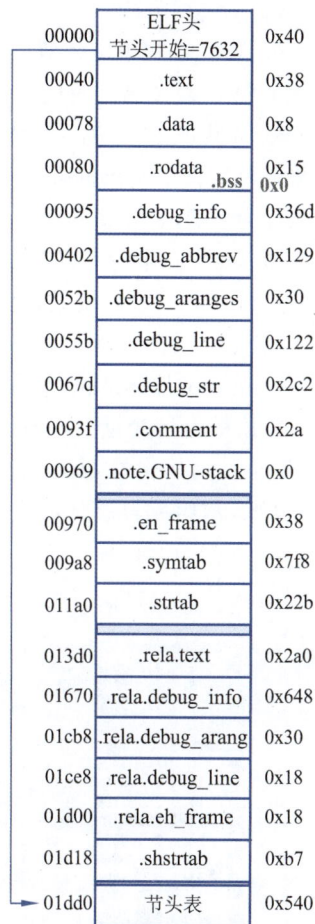

地址	内容	大小
00000	ELF头 节头开始=7632	0x40
00040	.text	0x38
00078	.data	0x8
00080	.rodata / .bss	0x15 / 0x0
00095	.debug_info	0x36d
00402	.debug_abbrev	0x129
0052b	.debug_aranges	0x30
0055b	.debug_line	0x122
0067d	.debug_str	0x2c2
0093f	.comment	0x2a
00969	.note.GNU-stack	0x0
00970	.en_frame	0x38
009a8	.symtab	0x7f8
011a0	.strtab	0x22b
013d0	.rela.text	0x2a0
01670	.rela.debug_info	0x648
01cb8	.rela.debug_arang	0x30
01ce8	.rela.debug_line	0x18
01d00	.rela.eh_frame	0x18
01d18	.shstrtab	0xb7
01dd0	节头表	0x540

图 5.4　目标文件 main.o 的结构

```
79 重定位节 '.rela.text' at offset 0x13d0 contains 28 entries:
80  偏移量           信息              类型                 符号值              符号名称 + 加数
81 000000000008  00520000001d R_LARCH_SOP_PUSH_  0000000000000000 swap + 0
82 000000000008  00000000002d R_LARCH_SOP_POP_3                   0
83 00000000000c  0053000000016 R_LARCH_SOP_PUSH_ 0000000000000000 buf + 800
84 00000000000c  000000000017 R_LARCH_SOP_PUSH_                   c
85 00000000000c  000000000022 R_LARCH_SOP_SR_                     0
86 00000000000c  00000000002b R_LARCH_SOP_POP_3                   0
87 000000000010  0053000000016 R_LARCH_SOP_PUSH_ 0000000000000000 buf + 4
88 000000000010  0053000000016 R_LARCH_SOP_PUSH_ 0000000000000000 buf + 804
89 000000000010  000000000017 R_LARCH_SOP_PUSH_                   c
90 000000000010  000000000022 R_LARCH_SOP_SR_                     0
91 000000000010  000000000017 R_LARCH_SOP_PUSH_                   c
92 000000000010  000000000021 R_LARCH_SOP_SL_                     0
93 000000000010  000000000020 R_LARCH_SOP_SUB_                    0
94 000000000010  00000000002d R_LARCH_SOP_POP_3                   0
95 00000000001c  0011000000016 R_LARCH_SOP_PUSH_ 0000000000000000 .LC0 + 800
96 00000000001c  000000000017 R_LARCH_SOP_PUSH_                   c
97 00000000001c  000000000022 R_LARCH_SOP_SR_                     0
98 00000000001c  00000000002b R_LARCH_SOP_POP_3                   0
99 000000000020  0011000000016 R_LARCH_SOP_PUSH_ 0000000000000000 .LC0 + 4
100 000000000020 0011000000016 R_LARCH_SOP_PUSH_ 0000000000000000 .LC0 + 804
101 000000000020 000000000017 R_LARCH_SOP_PUSH_                   c
102 000000000020 000000000022 R_LARCH_SOP_SR_                     0
103 000000000020 000000000017 R_LARCH_SOP_PUSH_                   c
104 000000000020 000000000021 R_LARCH_SOP_SL_                     0
105 000000000020 000000000020 R_LARCH_SOP_SUB_                    0
106 000000000020 000000000028 R_LARCH_SOP_POP_3                   0
107 000000000024 00540000001d R_LARCH_SOP_PUSH_  0000000000000000 printf + 0
108 000000000024 00000000002d R_LARCH_SOP_POP_3                   0
```

图 5.5　文件 main.o 的.rela.text 节部分内容

（1）.text 节。

main.o 文件的.text 节内容经反汇编后得到的信息如图 5.6 所示，该节中的实际内容为 main.c 中 C 语言语句对应的指令机器码，共有 14 条机器指令，指令字长为 32 位＝4B，因此该.text 节共占 14×4B＝56B＝0x38B，与图 5.3 节头表中.text 节对应表项显示的大小一致。可重定位文件中给出的都是相对地址，即每节都从地址 0 开始，因此，.text 节中第一条指令的地址为 0x0，后续指令地址依次为 0x4、0x8、……、0x34。

图 5.6 中的符号<.LVL0>和<.LVL1>是重定位调试信息，在 mainoelf.txt 的.rela.debug_info 节中可以查到，是 gcc 命令中使用-g 选项时由编译器生成的。

（2）.data 节。

main.o 文件的.data 节内容经反汇编后得到的信息如图 5.7 所示。编译器将已初始化为非零值的全局变量、全局静态变量和局部静态变量都分配在.data 节。main.c 中的数组 buf 属于已初始化的全局变量，故分配在.data 节。在可重定位文件中，.data 节也从地址 0x0 开始，数组元素总是依次从小地址向大地址方向存放，故地址 0x0 存放 buf[0]的机器数 0x0000 0001，地址 0x4 存放 buf[1]的机器数 0x0000 0002。

```
 5 Disassembly of section .text:
 6
 7 0000000000000000 <main>:
 8    0:   02ffc063    addi.d  $r3,$r3,-16(0xff0)
 9    4:   29c02061    st.d    $r1,$r3,8(0x8)
10    8:   54000000    bl      0 # 8 <main+0x8>
11
12 000000000000000c <.LVL0>:
13    c:   1c00000c    pcaddu12i $r12,0
14   10:   02c0018c    addi.d  $r12,$r12,0
15   14:   28801186    ld.w    $r6,$r12,4(0x4)
16   18:   28800185    ld.w    $r5,$r12,0
17   1c:   1c000004    pcaddu12i $r4,0
18   20:   02c00084    addi.d  $r4,$r4,0
19   24:   54000000    bl      0 # 24 <.LVL0+0x18>
20
21 0000000000000028 <.LVL1>:
22   28:   00150004    move    $r4,$r0
23   2c:   28c02061    ld.d    $r1,$r3,8(0x8)
24   30:   02c04063    addi.d  $r3,$r3,16(0x10)
25   34:   4c000020    jirl    $r0,$r1,0
```

图 5.6 文件 main.o 的.text 节反汇编后的结果

```
27 Disassembly of section .data:
28
29 0000000000000000 <buf>:
30    0:   00000001    0x00000001
31    4:   00000002    0x00000002
```

图 5.7 文件 main.o 的.data 节反汇编后的结果

（3）.rodata 节。

编译器在处理 C 语言程序中出现的字符串时，和处理浮点型常量、跳转表等信息一样，都是将其对应的二进制表示作为只读数据分配在.rodate 节。在第 3 章实验 2 和第 4 章实验 3 中提到，字符串存放的地址可用指令对 pcaddu12i 和 addi.d 进行计算。main.o 的.rodata 节内容经反汇编后得到的信息如图 5.8 所示，图中冒号右边的十六进制数字表示该.rodate 节中的内容按小端方式存放，因此，地址 0x0 处依次存放的是 0x62、0x75、0x66 和 0x5b，分别为字符'b'、'u'、'f'和'['的 ASCII 码，地址 0x4 处依次存放的是 0x30、0x5d、0x3d 和 0x25，分别为字符'0'、']'、'='和'%'的 ASCII 码，……，地址 0x13 处存放的是'\n'的 ASCII 码。由此可见，该.rodate 节中存放的是 main.c 中函数 printf()调用时格式字符串"buf[0]＝%d,buf[1]＝%d\n"中各字符对应的 ASCII 码。

图 5.8 只给出了.rodate 节中前 20 字节的内容，而未显示出字符串的结束符 0x00，实际上字符串"buf[0]＝%d,buf[1]＝%d\n"的机器级表示共占 20＋1B＝0x15B，这与图 5.3 给出的节头表中.rodata 表项显示的大小一致。图 5.8 中的<.LC0>是需要进行重定位的一个

```
Disassembly of section .rodata.str1.8:

0000000000000000 <.LC0>:
   0:   5b667562    beq $r11,$r2,-39308(0
   4:   253d5d30    stptr.w$r16,$r9,1570
   8:   75622c64    0x75622c64
   c:   5d315b66    bne $r27,$r6,78168(0x
  10:   0a64253d    xvfmsub.d  $xr29,$xr9
```

图 5.8　文件 main.o 的.rodata 节反汇编后的结果

特殊符号，表示该.rodate 节的起始位置，该符号在图 5.5 所示的.rela.text 节中可查看到。

五、实验报告

本实验报告包括但不限于以下内容。

1. 根据文件 swapoelf.txt 和 swapo.txt 填写表 5.3 中给定信息的字节数。

表 5.3　给定信息的字节数

信　　息	字　节　数
swap.o 的 ELF 头	
swap.o 的节头表	
swap.o 文件	
swap.o 的.text 节	
swap.o 的.data 节	
swap.o 的.bss 节	

2. 根据文件 swapoelf.txt 中的 ELF 头和节头表信息画出 swap.o 的文件结构。

实验 2　可执行目标文件格式

一、实验目的

1. 掌握 ELF 可执行目标文件格式。

2. 理解可执行目标文件中 ELF 头、程序头表、节头表、.text 节、.data 节等信息的含义和数据结构。

3. 深刻理解高级语言程序中变量和常量的分配和访问。

4. 理解可重定位目标文件与可执行目标文件在格式上的差异。

5. 理解 LA64 架构中程序的用户虚拟地址空间划分方式。

二、实验要求

针对本章实验 1 中的程序 main.c 和 swap.c，完成以下任务或回答以下问题。

(1) 对于 main.c 和 swap.c，在表 5.4 中填写指定变量或常量所分配的节，列举访问这些变量或常量的常用指令。

表 5.4　变量和常量的分配和访问

变量或常量	分 配 的 节	举例说明访问变量或常量的指令
bufp0		
bufp1		
buf		
"buf[0]=%d,buf[1]=%d\n"		

（2）根据实验 1 中的文件 main.txt 和 mainelf.txt 填写表 5.5 中指定信息的字节数。

表 5.5　指定信息的字节数

信　　息	字　节　数
main 中的 ELF 头	
main 中的节头表	
main 中的程序头表	
main 文件	
main 中的.text 节	
main 中的.data 节	
main 中的.rodata 节	
main 中的.bss 节	

三、实验准备

采用本章实验 1 给出的准备操作过程，确保 main.txt 和 mainelf.txt 文件在目录"～/LA64/ch5"中。

四、可执行目标文件格式

main 是可执行目标文件，由 main.o、swap.o 以及库函数链接生成。可执行目标文件由 ELF 头、程序头表、节头表以及节头表中说明的各个节组成。使用"readelf -a"命令可解析 main 文件中包含的信息，从 mainelf.txt 中可看到 main 的 ELF 头、程序头表（又称段头表）、节头表、节与段之间的映射、动态链接需要的重定位节（如.rela.plt 节）和符号表（.symtab 节）等信息。使用 objdump 工具可对 main 中程序执行相关的代码部分和数据部分进行反汇编，从 main.txt 中可看到.init 节、.fini 节、.text 节、.data 节、.rodata 节、.bss 节等信息。同样，通过 readelf 和 objdump 工具的配合使用，能显示出可执行目标文件的完整信息。

ELF 格式的可执行文件是一个二进制目标文件，ELF 头始终位于文件的起始位置，ELF 头中说明了程序头表和节头表各自在文件中的偏移位置，节头表描述了文件中各个节的名称、类型、地址、偏移位置、大小等信息。程序头表描述可执行文件中的节与段之间的关系，以及各个段在虚拟地址空间中的位置。

步骤 1：在文本编辑器窗口中打开文件 mainelf.txt。可在该文件中查看 ELF 头和节头表等内容。

（1）ELF 头中的信息。

可执行目标文件 main 的 ELF 头中的信息内容如图 5.9 所示。

对照图 5.1 和图 5.9 可知，可重定位目标文件 main.o 中 ELF 头和可执行目标文件 main 中 ELF 头的数据结构完全一致，但所包含的入口点地址的值和程序头表相关字段的信息完全不同。例如，图 5.9 中用方框标注了这些不同之处。

① 入口点地址。如图 5.1 所示，在可重定位目标文件的 ELF 头中入口点地址为 0，而在可执行目标文件的 ELF 头中，该字段指出程序执行的入口地址。例如，文件 main 的入口点地址为 0x1 2000 04c0，表明程序 main 启动执行后，将从地址 0x1 2000 04c0 处开始执行指令。

② 程序头表。程序头表的相关字段包括程序头起点、程序头大小和程序头数量。在可重定位目标文件中，通常没有程序头表，故可重定位目标文件的 ELF 头中这些字段均为 0，如图 5.1 所示。在可执行目标文件中，程序头起点是指程序头表在该文件中的偏移量，由图 5.9 可知，文件 main 的程序头表的偏移量（程序头起点）为 64B，即 0x40B；程序头大小是指程序头表中每个表项的字节数，由图 5.9 可知，表项大小为 56B；程序头数量是指程序头表中表项个数，由图 5.9 可知，main 中程序头表有 9 个表项。因而，文件 main 中的程序头表总字节数为 56B×9＝504B＝0x1f8B。

可执行目标文件中节头表的数据结构与可重定位目标文件中的相同。文件 main 的节头数量为 35，说明节头表由 35 个表项组成，每个表项描述一个节的相关信息；节头大小为 64 字节，说明表项大小为 64B，因此 main 中节头表占 64B×35＝2240B＝0x8c0 字节；由图 5.9 可知，节头表位于文件 main 中 21 728(0x54e0)字节开始处，因为 21 728B＋2240B＝23 968B，所以节头表位于文件 main 中第 21 728～23 968 字节。右击文件 main，在弹出的快捷菜单中选择“属性”，打开如图 5.10 所示的 main 的属性对话框，可看到文件 main 的大小为 23 968 字节，说明节头表位于文件 main 的末尾。

```
 1  ELF 头：
 2  Magic :   7f 45 4c 46 02 01 01 00 00 00 00 00 00 00 00 00
 3  类别：            ELF64
 4  数据：            2 补码, 小端序 (little endian)
 5  版本：            1 (current)
 6  OS/ABI:          UNIX - System V
 7  ABI 版本：        0
 8  类型：            EXEC (可执行文件)
 9  系统架构：        LoongArch
10  版本：            0x1
11  入口点地址：       0x1200004c0
12  程序头起点：       64 (bytes into file)
13  Start of section headers:      21728 (bytes into file)
14  标志：            0x3, LP64
15  本头的大小：       64 (字节)
16  程序头大小：       56 (字节)
17  Number of program headers:          9
18  节头大小：         64 (字节)
19  节头数量：         35
20  字符串表索引节头：  34
```

图 5.9 文件 main 的 ELF 头

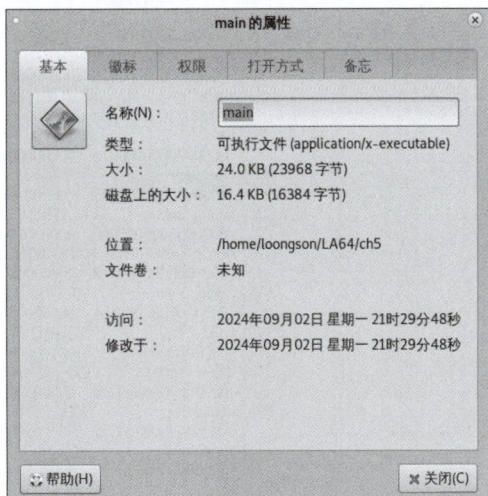

图 5.10 main 的属性对话框

（2）节头表中的信息。

文件 main 的节头表中信息如图 5.11 所示，共有 35 个节头表项，每个表项占 64B，从图 5.11 中显示的节头表格式可知，可执行文件中节头表项的数据结构定义与可重定位目标文件中的节头表项相同。

节头：

[号] 名称	类型	地址	偏移量			
大小	全体大小	旗标	链接	信息	对齐	
[0]	NULL	0000000000000000	00000000			
0000000000000000	0000000000000000	0	0	0		
[1] .interp	PROGBITS	0000000120000238	00000238			
000000000000000f	0000000000000000	A	0	0	1	
[2] .note.ABI-tag	NOTE	0000000120000248	00000248			
0000000000000020	0000000000000000	A	0	0	4	
[3] .note.gnu.build-id	NOTE	0000000120000268	00000268			
0000000000000024	0000000000000000	A	0	0	4	
[4] .hash	HASH	0000000120000290	00000290			
000000000000002c	0000000000000004	A	6	0	8	
[5] .gnu.hash	GNU_HASH	00000001200002c0	000002c0			
0000000000000024	0000000000000000	A	6	0	8	
[6] .dynsym	DYNSYM	00000001200002e8	000002e8			
0000000000000090	0000000000000018	A	7	1	8	
[7] .dynstr	STRTAB	0000000120000378	00000378			
000000000000006b	0000000000000000	A	0	0	1	
[8] .gnu.version	VERSYM	00000001200003e4	000003e4			
000000000000000c	0000000000000002	A	6	0	2	
[9] .gnu.version_r	VERNEED	00000001200003f0	000003f0			
0000000000000020	0000000000000000	A	7	1	8	
[10] .rela.dyn	RELA	0000000120000410	00000410			
0000000000000060	0000000000000018	A	6	0	8	
[11] .rela.plt	RELA	0000000120000470	00000470			
0000000000000018	0000000000000018	AI	6	21	8	
[12] .plt	PROGBITS	0000000120000490	00000490			
0000000000000030	0000000000000010	AX	0	0	16	
[13] .text	PROGBITS	00000001200004c0	000004c0			
00000000000002e0	0000000000000000	AX	0	0	16	
[14] .rodata	PROGBITS	00000001200007a0	000007a0			
0000000000000020	0000000000000000	A	0	0	8	
[15] .eh_frame_hdr	PROGBITS	00000001200007c0	000007c0			
0000000000000034	0000000000000000	A	0	0	4	
[16] .eh_frame	PROGBITS	00000001200007f8	000007f8			
00000000000000e0	0000000000000000	A	0	0	8	
[17] .init_array	INIT_ARRAY	0000000120007e30	00003e30			
0000000000000008	0000000000000008	WA	0	0	8	
[18] .fini_array	FINI_ARRAY	0000000120007e38	00003e38			
0000000000000008	0000000000000008	WA	0	0	8	
[19] .dynamic	DYNAMIC	0000000120007e40	00003e40			
00000000000001c0	0000000000000010	WA	7	0	8	
[20] .data	PROGBITS	0000000120008000	00004000			
0000000000000010	0000000000000000	WA	0	0	8	
[21] .got.plt	PROGBITS	0000000120008010	00004010			
0000000000000018	0000000000000008	WA	0	0	8	
[22] .got	PROGBITS	0000000120008028	00004028			
0000000000000050	0000000000000008	WA	0	0	8	
[23] .sdata	PROGBITS	0000000120008078	00004078			
0000000000000008	0000000000000000	WA	0	0	8	
[24] .bss	NOBITS	0000000120008080	00004080			
0000000000000010	0000000000000000	WA	0	0	8	
[25] .comment	PROGBITS	0000000000000000	00004080			
0000000000000029	0000000000000001	MS	0	0	1	
[26] .debug_aranges	PROGBITS	0000000000000000	000040a9			
0000000000000060	0000000000000000	0	0	1		
[27] .debug_info	PROGBITS	0000000000000000	00004109			
000000000000041a	0000000000000000	0	0	1		
[28] .debug_abbrev	PROGBITS	0000000000000000	00004523			
00000000000001b1	0000000000000000	0	0	1		
[29] .debug_line	PROGBITS	0000000000000000	000046d4			
0000000000000186	0000000000000000	0	0	1		
[30] .debug_str	PROGBITS	0000000000000000	0000485a			
000000000000029b	0000000000000001	MS	0	0	1	
[31] .debug_loc	PROGBITS	0000000000000000	00004af5			
0000000000000027	0000000000000000	0	0	1		
[32] .symtab	SYMTAB	0000000000000000	00004b20			
0000000000000678	0000000000000018	33	50	8		
[33] .strtab	STRTAB	0000000000000000	00005198			
00000000000001f8	0000000000000000	0	0	1		
[34] .shstrtab	STRTAB	0000000000000000	00005390			
0000000000000149	0000000000000000	0	0	1		

Key to Flags:
W (write), A (alloc), X (execute), M (merge), S (strings), I (info),
L (link order), O (extra OS processing required), G (group), T (TLS),
C (compressed), x (unknown), o (OS specific), E (exclude),
p (processor specific)

图 5.11 文件 main 的节头表

根据图 5.9 所示的 ELF 头和图 5.11 所示的节头表中各节的偏移量和大小等信息,可画出文件 main 的结构,如图 5.12 左侧所示,由于文件 main 中节的数量较大,故图 5.12 中省略了部分节的信息。

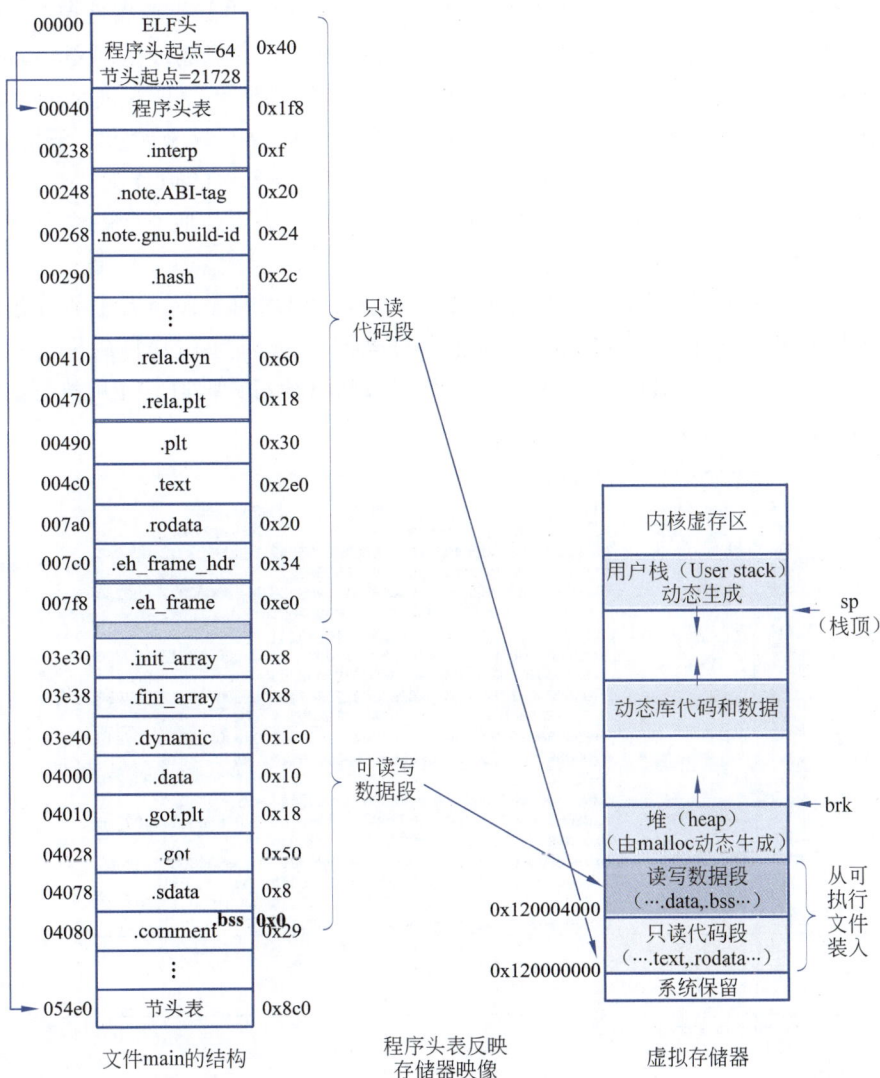

图 5.12　文件 main 的组织结构及存储器映像

通过对比可重定位目标文件 main.o 中的节头表可以发现,相对于可重定位目标文件,可执行目标文件有以下几方面的不同。

首先,可执行文件中可能会多一些节。例如,相比于文件 main.o,文件 main 中增加了 .plt 节、.got 节和 .plt.got 节等与动态链接所用的位置无关代码(Position Independent Code, PIC)相关的节。有关动态链接、位置无关代码、过程链接表(Procedure Linkage Table, PLT)和全局偏移表(Global Offset Table, GOT)等概念可参考主教材 5.4 节和 5.5 节相关内容。其次,有些节在可重定位文件中出现,但在可执行文件中不会出现。例如,文件 main.o 中出现的、与静态链接时重定位相关的 .rela.text 节和 .rela.eh_frame 节等在 main 中没有出现。因为链接器在对多个相关的可重定位文件进行合并生成可执行文件时，需要使用可重定位文件中这些重定位节的信息，所以可重定位文件中会有重定位节，而可执行文件中的符号已进行过重定位，因而可执行文件中无须再包含用于静态链接时重定位的节。

此外，可执行文件中有些节需要分配存储空间（如图 5.11 中其旗标属性包含 A（alloc）的节），链接器在生成可执行文件时，会根据 ABI 规范规定的虚拟地址空间划分方式，为这些节确定所分配的起始地址，因此，在节头表中这些节的地址字段具有确定的值。例如，图 5.11 中.text 节对应表项的地址为 0x1 2000 04c0，该地址为.text 节中第 1 条指令的首地址，也是 ELF 头指定的程序入口地址。又如.rodata 节对应表项的地址为 0x1 2000 07a0。但是，对于可重定位目标文件，如图 5.3 所示，节头表中每个表项的地址字段均为 0。

（3）程序头表中的信息。

文件 main 的程序头表如图 5.13 所示，其中包含 9 个段，每个段由若干节合并构成，各段包含的节如图 5.14 所示。图 5.13 中方框标出了类型（Type）为 LOAD 的可装入段，段节号为 02 和 03 的两个 LOAD 段分别称为只读代码段和可读写数据段。在可执行文件 main 被启动后，这两个 LOAD 段必须装入内存。

```
103 程序头:
104   Type          Offset              VirtAddr            PhysAddr
105                 FileSiz             MemSiz              Flags  Align
106   PHDR          0x0000000000000040  0x0000000120000040  0x0000000120000040
107                 0x00000000000001f8  0x00000000000001f8   R     0x8
108   INTERP        0x0000000000000238  0x0000000120000238  0x0000000120000238
109                 0x000000000000000f  0x000000000000000f   R     0x1
110       [Requesting program interpreter: /lib64/ld.so.1]
111   LOAD          0x0000000000000000  0x0000000120000000  0x0000000120000000
112                 0x00000000000008d8  0x00000000000008d8   R E   0x4000
113   LOAD          0x0000000000003e30  0x0000000120007e30  0x0000000120007e30
114                 0x0000000000000250  0x0000000000000260   RW    0x4000
115   DYNAMIC       0x0000000000003e40  0x0000000120007e40  0x0000000120007e40
116                 0x00000000000001c0  0x00000000000001c0   RW    0x8
117   NOTE          0x0000000000000248  0x0000000120000248  0x0000000120000248
118                 0x0000000000000044  0x0000000000000044   R     0x4
119   GNU_EH_FRAME  0x00000000000007c0  0x00000001200007c0  0x00000001200007c0
120                 0x0000000000000034  0x0000000000000034   R     0x4
121   GNU_STACK     0x0000000000000000  0x0000000000000000
122                 0x0000000000000000  0x0000000000000000   RW    0x10
123   GNU_RELRO     0x0000000000003e30  0x0000000120007e30  0x0000000120007e30
124                 0x00000000000001d0  0x00000000000001d0   R     0x1
```

图 5.13　文件 main 的程序头表

```
126 Section to Segment mapping:
127   段节...
128    00
129    01     .interp
130    02     .interp .note.ABI-tag .note.gnu.build-id .hash .gnu.hash .dynsym .dynstr
131 .gnu.version .gnu.version_r .rela.dyn .rela.plt .plt .text .rodata .eh_frame_hdr .eh_frame
132    03     .init_array .fini_array .dynamic .data .got.plt .got .sdata .bss
133    04     .dynamic
134    05     .note.ABI-tag .note.gnu.build-id
135    06     .eh_frame_hdr
136    07
137    08     .init_array .fini_array .dynamic
```

5.14　文件 main 中各段所包含的节

① 只读代码段。

如图 5.14 所示，段节号为 02 的只读代码段中包含.interp、.note.ABI-tag、.note.gnu.build-id、……、.text、.rodata、eh_frame_hdr 和.eh_frame 等节。根据图 5.13 中对该段的描述可知，其具有以下属性：

- 信息为可读(R)和可执行(E),说明不能对只读代码段中的信息进行修改更新。
- 从 main 中偏移量 0x0 处开始,其大小为 0x8d8 字节。由图 5.12 中给出的 main 文件的组织结构可知,.eh_frame 节的结束地址为 0x7f8+0xe0=0x8d8,因而,如图 5.12 所示,只读代码段在 main 中的位置就是从 ELF 头开始到.eh_frame 节结束的那部分,其中包含了 ELF 头和程序头表。
- 在虚拟地址空间中的起始地址为 0x1 2000 0000,因而只读代码段中每个节的起始虚拟地址为 0x1 2000 0000+该节在文件中的偏移量,如图 5.12 右侧部分所示。例如,.text节对应的起始虚拟地址为 0x1 2000 0000+0x4c0=0x1 2000 04c0。.rodata 节中存放的是浮点型常量、字符串、跳转表等只读数据,归为只读代码段,其对应的起始虚拟地址为 0x1 2000 0000+0x7a0=0x1 2000 07a0。
- 在虚拟地址空间中按 0x4000 对齐,即该段需按页大小对齐,0x4000 对齐要求反映了在 LA64 架构(按字节编址方式)中页大小为 2^{14} B=16KB。

② 可读写数据段。

如图 5.14 所示,段节号为 03 的可读写数据段中包含.init_array、.fini_array、.dynamic、.data、.got.plt、.got、.sdata 和.bss 共 8 节。根据图 5.13 中对该段的描述可知,其具有以下属性:

- 信息为可读(R)和可写(W),说明可对可读写数据段中的信息进行修改更新。
- 从文件 main 中偏移量 0x3e30 处开始,其大小为 0x250 字节,由图 5.12 中文件 main 的结构可知,可读写数据段在 main 中的位置就是从.init_array 节开始到.bss 节结束的那部分,所包含的字节数为 0x4080−0x3e30=0x250,与图 5.13 中给出的大小一致。
- 在虚拟地址空间中的起始地址为 0x1 2000 7e30,按 0x4000 对齐。在虚拟地址空间中,可读写数据段分配在只读代码段之后,即起始地址比只读代码段的地址更大,由于可读写数据按页大小(0x4000B)对齐,因此通常分配在只读代码段下一页的起始地址,即地址 0x1 2000 4000 处。为了简化该段中各符号地址的计算,每个节的起始地址映射为 0x1 2000 4000+该节在文件中的偏移量。例如,.init_array 为可读写数据段的第一个节,其起始虚拟地址为 0x1 2000 4000+0x3e30=0x1 2000 7e30,其中,0x3e30 是该节在文件 main 中的偏移量。因而,地址 0x1 2000 7e30 成为可读写数据段的起始虚拟地址。

该可读写数据段在虚拟地址空间中的大小为 0x260 字节,比在文件 main 中的大小多 0x260−0x250=0x10=16 字节。这是因为分配在.bss 节中的变量默认初始值为 0,在 main 文件中无须为.bss 节分配空间,但在 main 执行过程中,必须为.bss 节分配 16 字节的存储空间。从图 5.12 中可看出,可执行文件中所有代码位置连续,所有只读数据位置连续,所有可读可写数据位置连续。为了在可执行文件执行时能够在内存中访问到代码和数据,必须将可执行文件中的这些连续的具有相同访问属性的代码和数据段映射到虚拟地址空间中。程序头表中的可装入段(即类型为 LOAD)对应表项就用于描述这种映射关系,称为存储器映像。main 文件中程序头表所反映的存储器映像如图 5.12 中间部分所示,程序 main 所对应进程的虚拟地址空间划分如图 5.12 右侧部分所示。

(4) 节中信息的获取和查看。

可执行目标文件中的只读代码段和可读写数据段等内容可通过 objdump 工具对其反

汇编后进行查看，用于动态链接的重定位节和符号表等通常由 readelf 工具解析后查看。例如，图 5.15 中显示了 mainelf.txt 中 .rela.plt 节的内容。

```
172 重定位节 '.rela.plt' at offset 0x470 contains 1 entry:
173   偏移量         信息          类型           符号值         符号名称 + 加数
174 000120008020  000500000005 R_LARCH_JUMP_SLOT 00000001200004b0 printf@GLIBC_2.27 + 0
```

图 5.15   main 的 .rela.plt 节内容

步骤 2：在文本编辑器窗口中打开文件 main.txt，可在该文件中查看代码节(.text)、数据节(.data)、只读数据节(.rodata)以及与代码、数据相关的调试信息等内容。

文件 main.txt 的第一行信息为"main：文件格式 elf64-loongarch"，显示对应目标文件名为 main，属于 LoongArch 架构机器上的 64 位 ELF 格式文件。

（1）.text 节。

与可重定位目标文件 main.o 中的 .text 节相比，文件 main 中的 .text 节主要有如下两方面的不同。

首先，包含了更多的函数。链接器不仅将 main.o 中的 main 过程代码和 swap.o 中的 swap 过程代码合并在 main 中的 .text 节，还在其 .text 节中增加了一些系统库函数。main 中 .text 节从地址 0x1 2000 04c0 开始，该地址就是 ELF 头中描述的程序入口地址，该地址处开始为_start()函数对应的代码。程序 main 的执行从_start()开始，经过__libc_start_main()、_dl_aux_init()、__libc_init_secure()、__tunables_init()等一系列系统库函数的执行后，才开始执行主函数 main()以及所调用的函数 swap()，之后又执行__libc_start_main()、exit()、__run_exit_handlers()、__libc_csu_fini()、fini()等一系列系统库函数后，结束程序的运行。因此，上述这些没有显式出现在 main.c 和 swap.c 中的系统库函数的代码都包含在可执行文件 main 的 .text 节中。

其次，因为可重定位目标文件中的代码使用的是相对地址，而可执行目标文件中的代码已经映射到了虚拟地址空间，使用的是虚拟地址，所以在 .text 节中的指令机器码会有些区别。如图 5.16 所示，左侧可重定位目标文件反汇编结果显示函数 main()的第一条指令地址为 0，第 3 条指令的机器码为 0x5400 0000，而右侧可执行目标文件反汇编结果显示函数 main()的第一条指令地址为 1 2000 0670，第 3 条指令的机器码为 0x5400 3000。

```
7 0000000000000000 <main>:                          316 int main() {
8    0:   02ffc063    addi.d $r3,$r3,-16(0xff0)      317 120000670: 02ffc063    addi.d $r3,$r3,-16(0xff0)
9    4:   29c02061    st.d   $r1,$r3,8(0x8)           318 120000674: 29c02061    st.d   $r1,$r3,8(0x8)
10   8:   54000000    bl 0 # 8 <main+0x8>             319 swap();
11                                                    320 120000678: 54003000    bl _48(0x30) # 1200006a8 <swap>_
12 000000000000000c <.LVL0>:                          321 printf("buf[0]=%d,buf[1]=%d\n", buf[0], buf[1]);
13   c:   1c00000c    pcaddu12i $r12,0                322 12000067c: 1c00010c    pcaddu12i $r12,8(0x8)
14   10:  02c0018c    addi.d $r12,$r12,0              323 120000680: 02e6118c    addi.d $r12,$r12,-1660(0x984)
15   14:  28801186    ld.w   $r6,$r12,4(0x4)          324 120000684: 28801186    ld.w   $r6,$r12,4(0x4)
16   18:  28800185    ld.w   $r5,$r12,0               325 120000688: 28800185    ld.w   $r5,$r12,0
17   1c:  1c000004    pcaddu12i $r4,0                 326 12000068c: 1c000004    pcaddu12i $r4,0
18   20:  02c00084    addi.d $r4,$r4,0                327 120000690: 02c47084    addi.d $r4,$r4,284(0x11c)
19   24:  54000000    bl 0 # 24 <.LVL0+0x18>          328 120000694: 57fe1fff    bl -484(0xfffffe1c) # 1200004b0 <printf@plt>
20                                                    329 return 0;
21 0000000000000028 <.LVL1>:                          330 }
22   28:  00150004    move   $r4,$r0                  331 120000698: 00150004    move   $r4,$r0
23   2c:  28c02061    ld.d   $r1,$r3,8(0x8)           332 12000069c: 28c02061    ld.d   $r1,$r3,8(0x8)
24   30:  02c04063    addi.d $r3,$r3,16(0x10)         333 1200006a0: 02c04063    addi.d $r3,$r3,16(0x10)
25   34:  4c000020    jirl   $r0,$r1,0                334 1200006a4: 4c000020    jirl   $r0,$r1,0
```

图 5.16   函数 main()在可重定位文件和可执行文件中反汇编结果对照

在可重定位文件中，某些指令所引用的外部符号还未确定位置，指令中与位置信息相关的立即数字段只能用初始值 0 表示。例如，图 5.16 中 main 过程第 3 条指令是调用 swap 过程的调用指令,需要引用外部 swap 模块中的符号 swap,因此该指令立即数字段填充 0x0,使得指令机器码为 0x5400 0000。

在可执行目标文件中,指令所引用的符号在虚拟地址空间中都有确定的地址,链接器会根据重定位信息,将指令中与引用符号地址相关的立即数字段填入重定位后的内容。例如,图 5.16 中右侧第 320 行的 bl 指令实现 swap 过程调用,bl 指令的地址为 0x1 2000 0678,swap 过程首地址为 0x1 2000 06a8,链接器基于这两个地址以及重定位前立即数字段的初始值 0,根据对应重定位表项中给定的重定位类型等信息,确定重定位后 bl 指令中立即数字段表示的偏移量 offset=0x1200006a8−0x120000678=0x30,故该指令为"bl 48(0x30)",根据 bl 指令的格式(I26-型)得到其机器码为 0x5400 3000。

从图 5.16 所示的可重定位目标文件 main.o 和可执行目标文件 main 两者的反汇编结果可以看出,两种目标文件中同一个过程(图中显示的是 main 过程)对应的指令条数和每条指令的操作码都是一致的。这个结论在通常情况下是正确的,但在有些情况下两者的指令条数会不一致。例如,RISC-V 指令集架构对应的链接器中,允许使用链接器松弛技术,可以将可重定位目标文件中实现过程调用的两条指令转换为可执行目标文件中的一条过程调用指令。

(2).data 节。

链接器将 main.o 和 swap.o 的.data 节合并后作为 main 中的.data 节,必要时需要进行重定位以确定变量的初始值。图 5.17 方框中是文件 main.o、swap.o 和 main 中的.data 节。

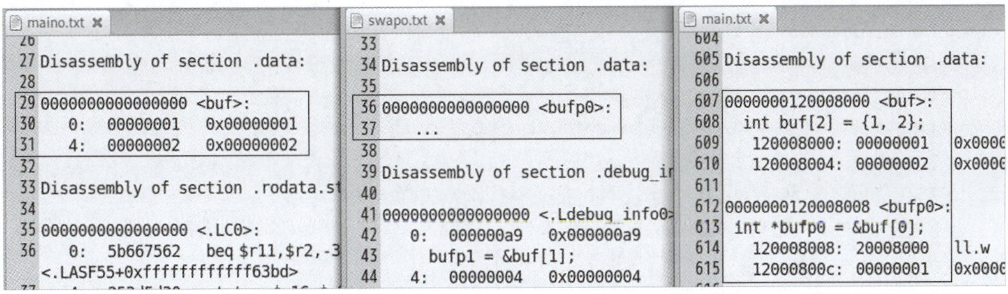

图 5.17   main.o、swap.o 和 main 的.data 节

可重定位文件 main.o 和 swap.o 中的.data 节从 0x 地址开始,而对于可执行文件 main 中的.data 节,如图 5.11 中节头表内容所示,其起始地址为 0x1 2000 8000。

数组 buf 是 main.c 模块中已初始化的全局变量,因此在 main.o 的.data 节中定义了符号 buf,其起始地址为 0x0,内容为 0x0000 0001 和 0x0000 0002。在 swap.c 模块中对全局变量 bufp0 初始化为 &buf[0],由于编译器在处理 swap.c 文件时并不知道数组元素 buf[0] 的地址,所以在 swap.o 的.data 节中 bufp0 的内容为空。链接器将可执行文件 main 中的数组 buf 分配在地址 0x1 2000 8000 处,bufp0 分配在地址 0x1 2000 8008 处,同时将 bufp0 的内容重定位为 0x1 2000 8000。

五、实验报告

本实验报告包括但不限于以下内容。

1. 对比图 5.16 中可重定位目标文件和可执行目标文件的机器级代码,分析说明链接器对哪些指令进行过重定位。

2. 根据图 5.16 给出的信息，推导说明地址 0x1 2000 0694 处的 bl 指令中位移量的值应为－484。bl 指令采用 I26-型指令格式，如图 5.18 所示，推导说明其指令机器码应为 0x57fe 1fff。

010101	offs[15:0]	offs[25:16]

图 5.18　bl 指令的指令格式

实验 3　LoongArch 代码的重定位

一、实验目的

1. 理解延迟绑定技术的含义和意义。
2. 了解 LoongArch 代码的重定位方法和重定位处理操作过程。
3. 了解动态链接的实现思想，理解模块间过程调用和跳转的实现方式。

二、实验要求

修改本章实验 1 中的文件 main.c，代码如下，并保存为 link.c。swap.c 内容不变。

```c
#include "stdio.h"
void swap(void);
int buf[2] = {1, 2};
int main() {
    printf("buf[0]=%d, buf[1]=%d\n", buf[0], buf[1]);
    swap();
    printf("buf[0]=%d, buf[1]=%d\n", buf[0], buf[1]);
    return 0;
}
```

编辑生成上述 C 语言源程序，完成以下任务或回答以下问题。

(1) 写出第一次调用函数 printf() 前 printf@got.plt 的内容。

(2) 写出第二次调用函数 printf() 前 printf@got.plt 的内容。

(3) 假设共有 n 次 printf() 函数调用，写出执行 <.plt> 和 <printf@plt> 的次数。

(4) 对于符号 swap、printf、_dl_runtime_resolve_lasx 和 __printf 的引用，分别是在何时（可能是静态链接时、加载时或第一次执行函数调用时）进行重定位操作的？

三、实验准备

1. 通过文本编辑器编辑生成 C 语言源程序文件 link.c，并将其保存在目录"～/LA64/ch5"中，确认该目录中存在文件 swap.c 和 swap.o。

2. 打开终端窗口，设置终端窗口的当前目录为"～/LA64/ch5"。在终端窗口中进行以下操作。

(1) 输入命令"gcc -g -O1 -c link.c -o link.o "，将 link.c 编译转换为可重定位目标文件 link.o。

（2）输入命令"gcc -g link.o swap.o -o link "，将 link.o 和 swap.o 链接为可执行目标文件 link。

（3）输入命令"objdump -S -D -r link.o >linko.txt"，对 link.o 进行反汇编，并将反汇编结果保存在文件 linko.txt 中。

（4）输入命令"objdump -S -D link >link.txt"，对 link 进行反汇编，并将反汇编结果保存在文件 link.txt 中。

（5）输入命令"./link"，启动可执行文件 link 的执行。

四、引用符号 printf 时的重定位操作

link.c 中的函数 main()调用了两次库函数 printf()，因为对符号 printf 进行定义的模块 printf.o 在标准库文件中，所以在 link.c 中的函数 main()对函数 printf()的调用属于模块间过程调用。如果在 gcc 编译时没有使用静态链接选项，那么调用函数 printf 就需要通过 .got.plt 节中的 GOT 和.plt 节中的 PLT 实现。第一次调用函数 printf()时,.plt 节和.got.plt 节中的内容以及调用流程如图 5.19 所示。

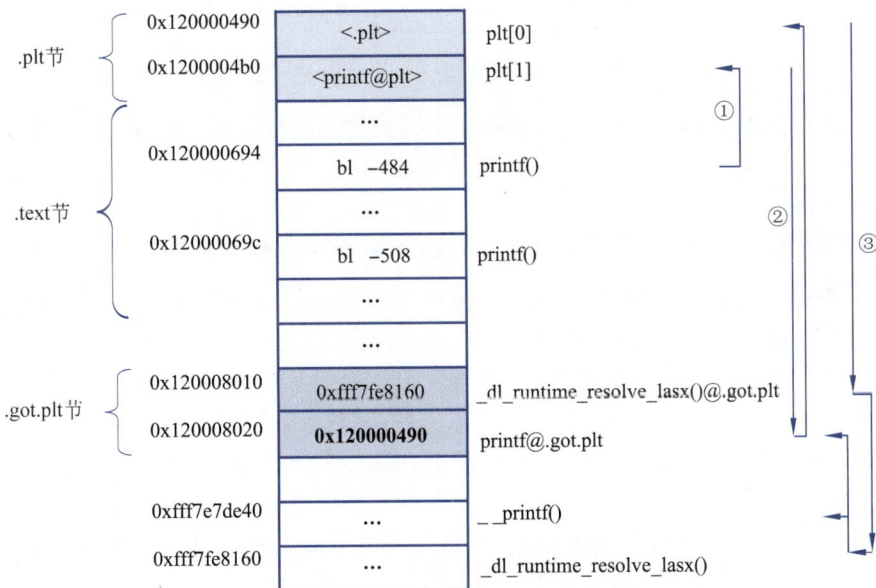

图 5.19　第一次调用函数 printf()时的.plt 节和.got.plt 节以及调用流程

第二次调用函数 printf()时,.plt 节和.got.plt 节中的内容以及调用流程如图 5.20 所示。

如图 5.19 和图 5.20 所示，可执行目标文件 link 中的.got.plt 节有两个 GOT 表项。其中,.got.plt[0]是函数_dl_runtime_resolve_lasx()的 GOT 表项，用于存放过程_dl_runtime_resolve_lasx 的首地址，记为_dl_runtime_resolve_las@.got.plt;.got.plt[1]是函数__printf()的 GOT 表项，用于存放过程__printf 的首地址，记为 printf@.got.plt。事实上，需要动态链接的每个不同的外部函数都有各自的 GOT 表项，其中存放对应的过程代码首地址。

对于外部模块的函数调用，通常采用延迟绑定技术，因而对符号 printf 的重定位并不在链接时进行，而是延迟到第一次函数 printf()调用时进行。如图 5.19 所示，为了在第一次调

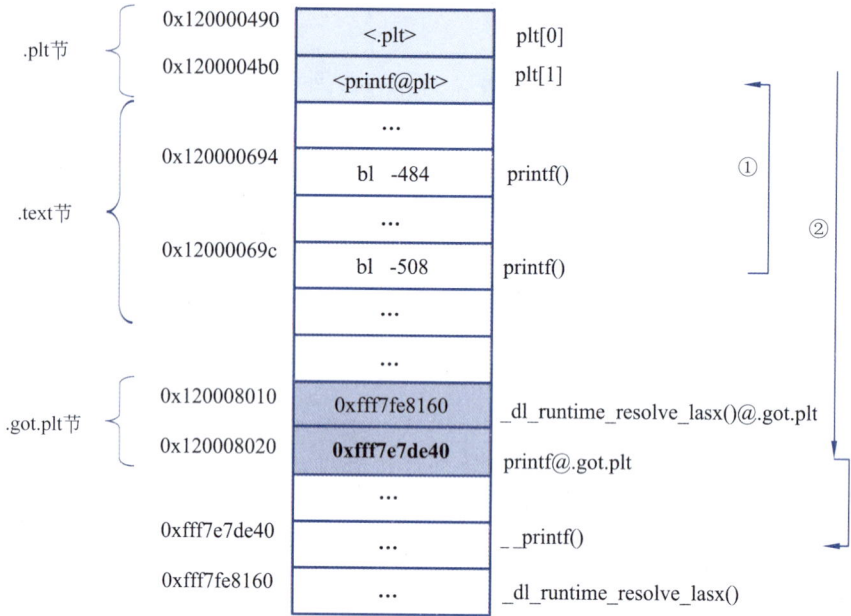

图 5.20　第二次调用函数 printf（）时的.plt 节和.got.plt 节以及调用流程

用函数 printf（）而引用符号 printf 时，程序能跳转到动态链接器延迟绑定函数_dl_runtime_resolve_lasx（）去执行对 printf 的重定位操作，链接器将.got.plt[1]中的初始值设定为 plt[0]的首地址。

　　plt[0]中存放的是调用_dl_runtime_resolve_lasx（）函数对应的代码<.plt>，在<.plt>代码的执行过程中，会先从.got.plt[0]获取_dl_runtime_resolve_lasx 过程首地址，然后再跳转到_dl_runtime_resolve_lasx 过程执行。

　　plt[1]中存放的是调用__printf（）函数对应的代码<printf@plt>，在<printf@plt>代码的执行过程中，会先从.got.plt[1]获取__printf 过程首地址，然后再调用__printf 过程执行。事实上，需要动态链接的每个不同的外部函数，都有各自的 PLT 表项，其中存放对应的 PLT 代码，通过 PLT 代码读取对应 GOT 表项中该函数对应过程代码首地址，从而跳转到对应过程执行。因此，每次调用函数 printf（）时，都会先执行.plt[1]中的代码<printf@plt>，从而转到.got.plt[1]所指向的地址处执行。

　　综上可知，第一次调用函数 printf（）时执行过程如图 5.19 所示，包含以下 3 步：①程序先从 main 过程跳转到.plt[1]中的<printf@plt>代码执行；②<printf@plt>代码从.got.plt[1]中读出 plt[0]首地址，然后跳转到 plt[0]处执行<.plt>代码；③<.plt>代码从.got.plt[0]获取_dl_runtime_resolve_lasx 过程首地址，然后跳转到_dl_runtime_resolve_lasx 过程执行对 printf 的重定位操作，并将重定位得到的__printf 过程首地址填入.got.plt[1]中，最后跳转到__printf 过程执行。

　　因此，第一次调用函数 printf（）的调用语句"printf（"buf[0]＝％d，buf[1]＝％d\n"，buf[0]，buf[1]）；"执行结束时，在.got.plt[1]中填入的是__printf 过程的首地址 0xfff7e7de40。

五、实验步骤

按如下步骤在终端窗口中输入 gdb 调试操作命令,对可执行文件进行调试。

步骤 1:启动 gdb 调试命令,使程序执行到设置的断点处停下。具体操作如下。

(1) 在 shell 命令行提示符下,输入命令"gdb link",启动 gdb 命令并加载 link 可执行文件。

(2) 输入命令"break link.c:5",在第一次函数 printf()调用处设置断点。

(3) 输入命令"break link.c:7",在第二次函数 printf()调用处设置断点。

(4) 输入命令"run"或"r",启动程序运行,并在设置的断点处停下。

步骤 2:输入 gdb 调试命令,传递入口参数给 printf(),并跳转到 printf@plt()。

(1) 输入命令"i r pc",查看 PC 的内容(当前程序的断点位置)。

(2) 连续输入 6 条"si"命令,将入口参数存入 r4、r5、r6。

(3) 输入命令"si",执行指令"bl −484(0xfffe1c)"。

上述操作完成后各窗口的部分内容如图 5.21 所示。其中,方框中是执行的指令序列。

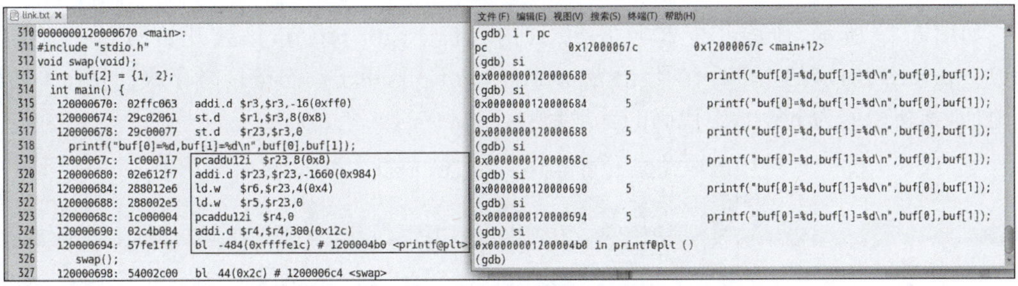

图 5.21 步骤 2 完成后各窗口的部分内容

从图 5.21 可知,第一次执行"printf("buf[0]=%d,buf[1]=%d\n",buf[0],buf[1]);"时,bl 指令没有直接调用 printf 过程,而是调用了<printf@plt>,如图 5.19 中①处所示。

步骤 3:输入 gdb 调试命令,执行<printf@plt>,并跳转到<.plt>。

(1) 输入命令"i r pc",查看 PC 的内容(当前程序的断点位置)。

(2) 连续输入两条"si"命令,执行指令"pcaddu12i $r15,8(0x8)"和"ld.d $r15,$r15,−1168(0xb70)"。

(3) 输入命令"i r r15",查看 r15 的内容。

(4) 输入命令"x/2xw 0x120008020",查看 printf@.got.plt 的内容。

(5) 输入命令"si",执行指令"pcaddu12i $r13,0"。

(6) 输入命令"si",执行指令"jirl $r0,$r15,0"。

上述操作完成后各窗口的部分内容如图 5.22 所示。其中,方框中是执行的指令。

从图 5.22 可知,<printf@plt>代码在.plt 节,不属于.text 节。在文件 link 中,.plt 节的代码包括 plt[0]和 plt[1],plt[0]中为<.plt>代码段,plt[1]中为<printf@plt>代码段。

<printf@plt>代码段中的指令"pcaddu12i $r15,8(0x8)"和"ld.d $r15,$r15,−1168(0xb70)"执行后,R[r15]=M[0x1 2000 04b0+0x0 0000 8000+0xf ffff fb70]=M[0x1 2000 8020]=0x1 2000 0490。

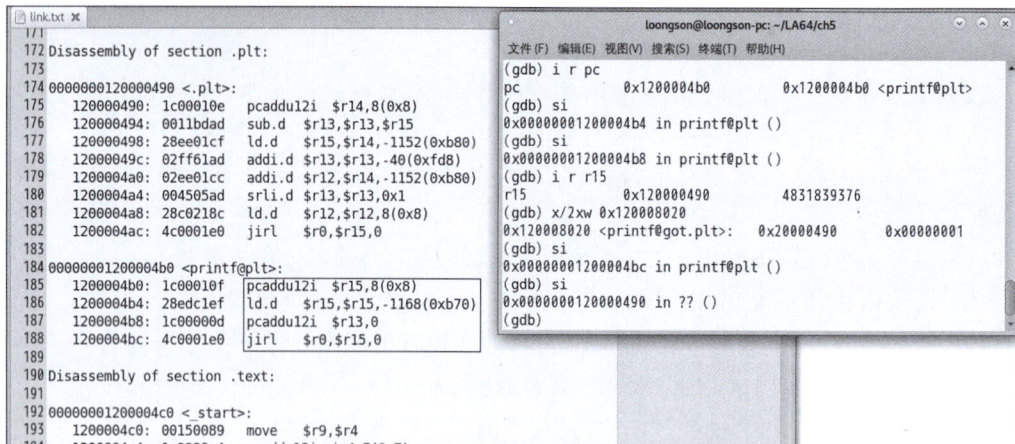

图 5.22　步骤 3 完成后各窗口的部分内容

命令"i r r15"和" x/2xw 0x120008020"的执行结果验证了对上述指令功能分析的正确性。

如图 5.23 所示，地址 0x1 2000 8020 处内容位于.got.plt 节，该处开始的 8 字节属于函数__printf()对应的 GOT 表项，记为 printf@.got.plt，用于动态链接时存放__printf 过程首地址，其初始值为 plt[0]中代码的首地址 0x1 2000 0490。

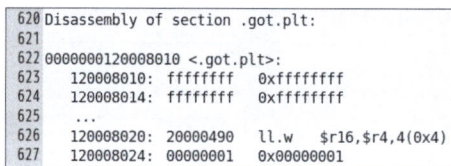

图 5.23　.got.plt 节反汇编的结果

指令"pcaddu12i $r13,0"用于将当前指令地址存入 r13，指令"jirl $r0,$r15,0"执行后，程序便跳转到 r15 所指向的地址 0x1 2000 0490 处执行，即跳转到 plt[0]中的<.plt>代码处执行。

步骤 4：输入 gdb 调试命令，执行<.plt>代码，并跳转到_dl_runtime_resolve_lasx()。

（1）输入命令"i r pc"，查看 PC 的内容（当前程序的断点位置）。

（2）输入命令"si"，执行指令"pcaddu12i $r14,8(0x8)"。

（3）输入命令"si"，执行指令"sub.d $r13,$r13,$r15"。

（4）输入命令"si"，执行指令"ld.d $r15,$r14,−1152(0xb80)"。

（5）输入命令"i r r15"，查看 r15 的内容。

（6）输入命令"x/2xw 0x120008010"，查看_dl_runtime_resolve_lasx@.got.plt 的内容。

（7）输入命令"conti"，继续执行到第二个断点处。

上述操作完成后各窗口的部分内容如图 5.24 所示。其中，方框中是执行的部分指令序列。

图 5.24 中指令"pcaddu12i $r14,8(0x8)"执行后 R[r14]=0x1 2000 0490+0x8000=0x1 2000 8490。指令"ld.d $r15,$r14,−1152(0xb80)"执行结束时，R[r15]=M[R[r14]+

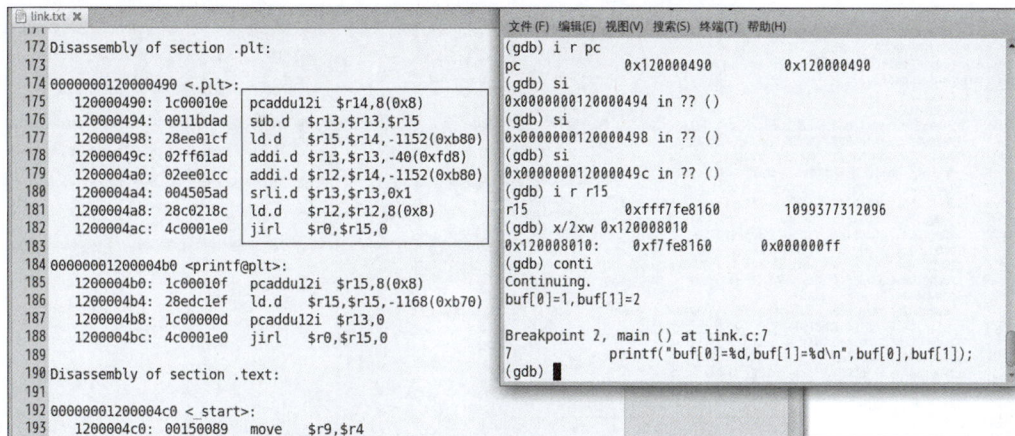

图 5.24　步骤 4 完成后各窗口的部分内容

0xb80]＝M[0x1 2000 8490＋0xf ffff fb80]＝M[0x1 2000 8010]＝0xff f7fe 8160。

命令"i r r15"和"x/2xw 0x120008010"的执行结果验证了对上述指令功能分析的正确性。

地址 0x1 2000 8010 处内容位于.got.plt 节,该处开始的 8 字节属于_dl_runtime_resolve_lasx()函数对应的 GOT 表项,记为_dl_runtime_resolve_lasx@.got.plt。_dl_runtime_resolve_lasx()是动态链接器延迟绑定函数,该函数能实现动态重定位操作,将重定位后得到的某外部过程首地址填到对应的 GOT 表项中。在实验中,它将对__printf 进行重定位,并将重定位得到的__printf 过程首地址填入地址 0x1 2000 8020 处的 GOT 表项中,最后调用__printf 过程执行,从而输出结果"buf[0]＝1, buf[1]＝2"。从上述分析可知,函数_dl_runtime_resolve_lasx()对应过程首地址为 0xff f7fe 8160,显然,此地址不在用户虚拟地址空间范围,属于内核空间代码。为了不陷入内核空间中系统函数_dl_runtime_resolve_lasx()的执行过程,实验时可通过执行命令"conti"直接跳转到第二次的函数 printf()调用语句去执行。

在函数 main()执行第一次 printf()函数调用时,执行流程如图 5.19 所示,函数调用路径为 printf()→<printf@plt>→<.plt>→_dl_runtime_resolve_lasx()→__printf()。

步骤 5：输入 gdb 调试命令,传递入口参数给 printf(),并跳转到<printf@plt>。

(1) 输入命令"i r pc",查看 PC 的内容(当前程序的断点位置)。

(2) 输入连续 4 条"si"命令,将入口参数存入 r4、r5、r6。

(3) 输入命令"si",执行指令"bl −508(0xffffe04)"。

上述操作完成后各窗口的部分内容如图 5.25 所示。其中,方框中是执行的指令序列。

第二次执行 C 语言语句"printf("buf[0]＝%d, buf[1]＝%d\n", buf[0], buf[1]);"时,与步骤 2 中第一次执行该语句一样,bl 指令没有直接调用 printf 过程,而调用了<printf@plt>,如图 5.20 中①处所示。

步骤 6：输入 gdb 调试命令,执行<printf@plt>,并跳转到__printf()。

(1) 输入命令"i r pc",查看 PC 的内容(当前程序的断点位置)。

(2) 连续输入两条"si"命令,执行指令"pcaddu12i $r15,8(0x8)"和"ld.d $r15, $r15,

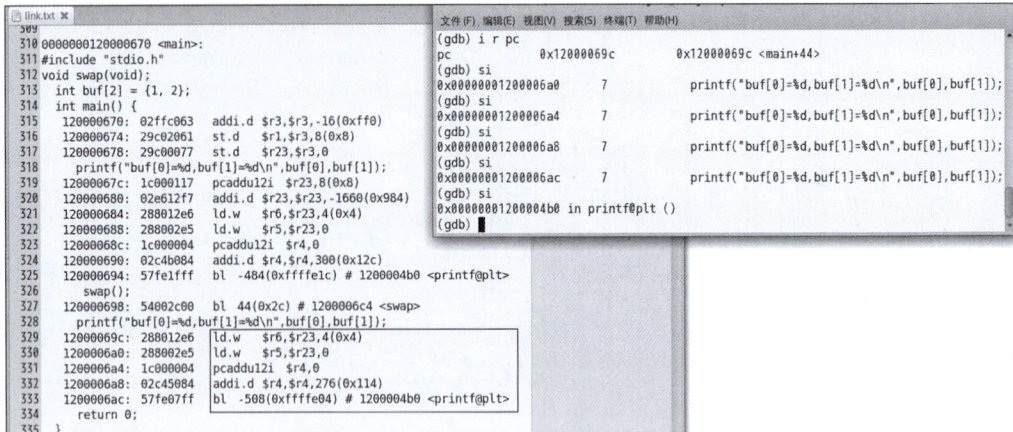

图 5.25　步骤 5 完成后各窗口的部分内容

—1168(0xb70)"。

（3）输入命令"i r r15"，查看 r15 的内容。

（4）输入命令"x/2xw 0x120008020"，查看 printf@.got.plt 的内容。

（5）输入命令"conti"，结束程序执行。

上述操作完成后各窗口的部分内容如图 5.26 所示。其中，方框中是执行的指令序列。

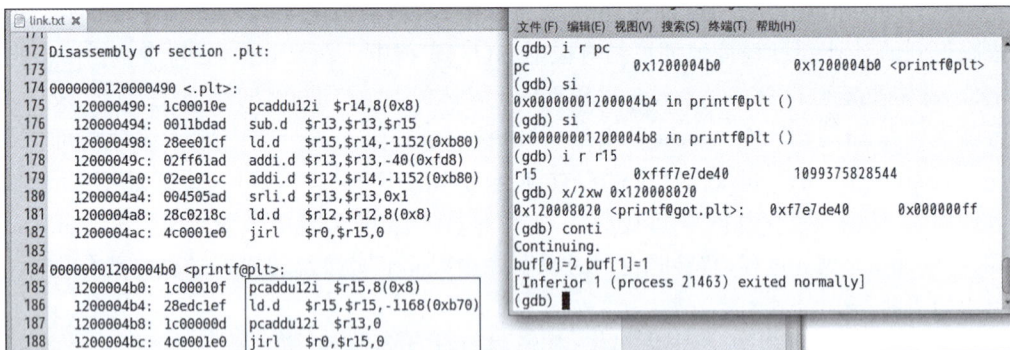

图 5.26　步骤 6 完成后各窗口的部分内容

图 5.26 中指令"pcaddu12i $r15,8(0x8)"执行后 R[r15]=0x1 2000 04b0+0x8000=0x1 2000 84b0，指令"ld.d $r15,$r15,−1168(0xb70)"执行结束时，R[r15]=M[R[r15]+0xf ffff fb70]]=M[0x1 2000 84b0+0xf ffff fb70]=M[0x1 2000 8020]=0xff f7e7 de40。

命令"i r r15"和"x/2xw 0x120008020"的执行结果验证了对上述指令功能分析的正确性。

上述 pcaddu12i 和 ld.d 两条指令用于计算 printf()对应 GOT 表项.got.plt[1]（记为 printf@.got.plt）的地址 0x1 2000 8020，并根据地址 0x1 2000 8020 取出该表项中记录的 __printf 过程首地址 0xff f7e7 de40 存入 r15，最后通过指令"jirl $r0,$r15,0"直接调用 __printf 过程执行。程序的执行流程如图 5.20 中②处所示。注意，第一次调用函数 printf() 时，printf()对应 GOT 表项.got.plt[1]中的内容是 plt[0]首地址 0x1 2000 0490，而第二次调用函数 printf()时，对应 GOT 表项.got.plt[1]中内容变为 __printf 过程首地址 0xff f7e7 de40。其原因是对于外部模块的函数 printf() 采用了延迟绑定技术，第一次函数调用语句执行结束时，动态链接器延迟绑定函数 _dl_runtime_resolve_lasx() 已经将重定位后得到的 __printf 过程首地址填入 .got.plt[1] 中。

从上述分析可知，函数 __printf() 对应过程首地址为 0xff f7e7 de40，显然，此地址不在用户虚拟地址空间范围，属于内核空间代码。实验时可通过执行命令"conti"而跳过对内核空间中系统函数 __printf() 的调试执行，从而直接输出结果"buf[0]＝2，buf[1]＝1"，并结束程序执行。

在第二次执行函数 printf() 调用语句时，执行流程如图 5.20 所示，函数调用路径为 printf()→<printf@plt>→__printf()。

步骤 7：输入命令"quit"，退出 gdb 调试过程。

六、实验报告

本实验报告包括但不限于以下内容。

1. 在图 5.21 中，对于地址 0x1 2000 0694 处的 bl 指令，其在可重定位目标代码 link.o 中的重定位信息为：

```
24: 54000000    bl    0 #24 <main+0x24>
   24: R_LARCH_SOP_PUSH_PLT_PCREL    printf
   24: R_LARCH_SOP_POP_32_S_0_10_10_16_S2    * ABS *
```

写出该指令机器码中立即数字段的重定位过程，并给出重定位后的指令机器码。

2. 对于 link.c 来说，swap() 也是外部函数，为什么 link.o 与 swap.o 链接时由静态链接器实现 swap 过程的重定位？查找 link.o 文件中函数调用语句"swap();"对应的 bl 指令的重定位信息，写出该 bl 指令机器码中立即数字段的重定位过程。

3. 可执行文件 link 中 .interp 节的虚拟地址为 0x1 2000 0238，调试时显示信息为：

```
(gdb) x/16xb 0x120000238
0x120000238: 0x2f 0x6c 0x69 0x62 0x36 0x34 0x2f 0x6c
0x120000240: 0x64 0x2e 0x73 0x6f 0x2e 0x31 0x00 0x00
```

写出动态链接器的目录（路径）名。

4. 图 5.23 显示了从可执行文件 link 的反汇编文件 link.txt 中截取的 .got.plt 节的内容，其中，地址 0x1 2000 8010 处的内容（即 .got.plt[0]）为 0xffff ffff ffff ffff，地址 0x1 2000 8020 处的内容（即 .got.plt[1]）为 0x0000 0001 2000 0490，在调试执行时，图 5.24 中显示 0x1 2000 8010 处的内容（即 .got.plt[0]）为 0x0000 00ff f7fe 8160。为什么在图 5.23 所显示的两个 GOT 表项内容中，.got.plt[0] 是全 1 而 .got.plt[1] 是具体的代码地址？为什么 .got.plt[0] 中的内容在两个图中显示的不一致？

第二部分
模块级分析性实验

第 6 章

二进制程序分析与逆向工程

本章安排 8 个实验,每个实验都需要通过相应的一个关卡,可通过 objdump 反汇编工具、文本编辑器和 gdb 调试工具等对一个给定的二进制可执行目标文件中的代码和数据进行分析和调试执行,通过逆向工程方式分析其对应高级语言程序的功能和行为,从而构建并输入通过每个实验关卡所需的字符串或整数。通过完成本章设置的一系列分析性实验,能更加深刻理解 LoongArch 64 指令系统中机器指令的格式、操作数类型、寄存器组织、指令的寻址方式等内容,进一步将 LoongArch 指令系统、数据的表示、数据的运算和程序的机器级表示等内容融会贯通,并提升反汇编、跟踪/调试等常用编程调试技能。

8 个实验所用的可执行目标文件中的机器级代码涵盖了常用的 LoongArch 基础整数指令和基础浮点指令,以及主教材中的主要知识点。虽然 8 个实验共用同一个可执行文件,但每个实验内容之间没有直接的关联,从涉及的知识点来说难度系数是逐渐增加的。在进入第 1 次通关前,将显示提示信息"欢迎使用 LoongArch 64 的二进制程序通关游戏!"和"开始第 1 关游戏!",此时等待从键盘输入一个字符串。若输入数据正确,则输出"祝贺通过! 开始第 2 关游戏!",此时再次等待输入,以执行第 2 个实验,若输入数据正确,则输出"祝贺通过! 开始第 3 关游戏!",如此重复,直到第 8 个实验关卡通过时,输出"祝贺顺利闯关!"并使程序执行结束。若某个实验关卡要求输入的数据不正确,则直接输出"再接再厉,加油!",然后退出程序的运行,后续的实验不再继续。

针对本章实验,提供的文件包括 C 语言源程序 main.c 和二进制可执行目标文件 phase。实验开始时可以先查看 main.c 的内容,以理解 8 个实验的执行流程,然后用"objdump -d phase>phase.txt"命令对文件 phase 进行反汇编,并将反汇编结果保存为文件 phase.txt。在文件 phase.txt 中,<phase1>、<phase2>、……、<phase8>部分的机器级代码分别对应 8 个实验所用的函数 phasen()(函数名中的 n=1,2,…,8)。若要通过第 n 个实验关卡,则需要对<phasen>部分及其相关过程的机器级代码进行阅读分析,并结合对 phase 的调试与跟踪所获得的信息,对程序的执行逻辑进行推理分析,进而构造出通过本实验关卡的输入数据。若要测试某实验关卡能否通过,必须先通过前面各实验关卡。如果能正确构造 8 个实验关卡的输入数据,那么只要执行 1 次 phase 即可顺利闯关完成所有实验。

在 phase.txt 中,<bomb>部分的机器级代码对应 bomb()函数,其功能是退出程序的运行。

对于第 6 章的所有实验,本书仅给出对相关指令的功能分析,并给出对指令序列实现的程序执行逻辑的推理分析，而不给出详细的实验步骤，实验调试过程自行完成。

实验 1　字符串比较

一、实验目的

1. 掌握对二进制目标文件进行反汇编的命令 objdump 的使用。
2. 理解字符串数据的机器级表示、存储与访问方式。
3. 掌握对二进制目标文件进行调试以获取程序执行数据的方法。

二、实验要求

本实验要求输入一个字符串，函数 phase1() 将输入的字符串与另一个字符串进行比较，若两个字符串相同，则通过实验 1 关卡。实验 1 的关键是要在二进制目标文件 phase 中找到函数 phase1() 用于条件检测的比较字符串。通过对 phase1 过程相应机器级代码的执行逻辑的推理分析，并对可执行文件 phase 进行跟踪和调试执行，可以获取比较字符串的首地址，从而找到该字符串的内容。

三、代码分析

在 phase.txt 中，函数 phase1() 对应的反汇编结果如图 6.1 所示。从左至右的 4 列分别为行号、虚拟地址、机器指令和汇编指令。

```
0000000120000964 <phase1>:
1   120000964:02ffc063    addi.d    $r3,$r3,-16(0xff0)
2   120000968:29c02061    st.d      $r1,$r3,8(0x8)
3   12000096c:00150085    move      $r5,$r4
4   120000970:1c000004    pcaddu12i $r4,0
5   120000974:02db4084    addi.d    $r4,$r4,1744(0x6d0)
6   120000978:57fd0bff    bl        -760(0xffffd08) # 120000680 <strcmp@plt>
7   12000097c:44001080    bnez      $r4,16(0x10) # 12000098c <phase1+0x28>
8   120000980:28c02061    ld.d      $r1,$r3,8(0x8)
9   120000984:02c04063    addi.d    $r3,$r3,16(0x10)
10  120000988:4c000020    jirl      $r0,$r1,0
11  12000098c:54044800    bl        1088(0x440) # 120000dcc <bomb>
```

图 6.1　phase1() 对应的反汇编结果

1. phase1 过程中指令序列的功能划分

一个过程的执行可划分为准备阶段、过程体和结束阶段三部分。图 6.1 给出的 phase1 过程对应的机器级代码中，第 1、2 行指令对应 phase1 准备阶段，该阶段通过修改栈指针 r3 (sp)，为 phase1 过程生成 16B 的栈帧空间，并将从 phase1 过程返回到调用过程的返回地址保存在 phase1 栈帧中。第 8～10 行指令对应 phase1 结束阶段，用于释放 phase1 的栈帧空间,并将返回地址恢复到 r1 寄存器中,然后返回到调用过程 main。其他则属于 phase1 过程体中的指令,用于实现 phase1() 函数的功能,下面着重分析该过程体中的指令。

2. 比较字符串的获取

在 LoongArch 指令系统中,使用 bl 指令实现过程调用,通常 bl 指令前的指令序列用于为过程调用传递入口参数。若过程调用有返回结果,则 bl 指令后面的指令序列用于实现对返回结果的处理。因此,可以通过对 bl 指令前、后指令序列功能的分析,推断这部分指令序列的执行逻辑。

第 6 行指令"bl −760(0xffffd08) ♯ 120000680 <strcmp@plt>"实现对 strcmp() 函数的调用,关于 strcmp() 函数的功能和使用请自行查阅资料。根据 strcmp() 函数的原型可知其有两个参数,因而寄存器 r4 和 r5(即参数寄存器 a0 和 a1)应该分别用于存放 strcmp() 函数调用时的第一个和第二个入口参数。

在该 bl 指令前,第 3 行的伪指令"move $ r5,$ r4"用于将 r4 中的内容传入 r5,此处 r5 中的内容即为第二个入口参数。那么此时 r4 中存放的是什么信息呢?

要知道执行上述第 3 行指令时 r4 中的内容,就需要查看 main.c 的内容。在文件 main.c 的函数 main() 中,存在如下一行代码"str = read_string(); phase1(str);",其中实现了 phase1(str) 函数的调用,因而可得出以下结论:从 main 过程跳转到 phase1 过程时,r4 中存放的是字符串 str 的首地址,即用户输入字符串的地址。显然在执行第 3 行指令前,r4 中的内容没有发生改变,因此第 3 行指令执行后,r5 中存放的就是用户输入字符串的地址。

第 4、5 行指令"pcaddu12i $ r4,0"和"addi.d $ r4,$ r4,1744(0x6d0)"用于将一个相对于当前 PC 位移量为 0x6d0 的地址写入 r4,该地址即为第一个入口参数。

strcmp() 函数用于对两个地址中的字符串进行比较,从上述分析可知,用于比较的两个字符串中,用户输入字符串的地址在 r5 中,另一个比较字符串的地址在 r4 中。要知道 r4 所指向的地址中的比较字符串内容,需要对 phase1 过程进行调试执行,以查看 r4 的内容,并根据 r4 中的内容确定比较字符串的地址,从而找到比较字符串。

3. 对字符串比较结果的两种处理方式

第 7 行指令"bnez $ r4,16(0x10)"实现程序执行流程的条件跳转,此时 r4(即返回值寄存器 a0)中的内容为 strcmp() 函数的返回值。该 bnez 指令的功能为:若 strcmp 返回值不为 0,即输入字符串不相同于比较字符串,则跳转到第 11 行指令处以执行 bomb 过程调用;否则,继续执行 phase1 结束阶段指令,从 phase1 返回到调用过程 main 执行。

根据上述对 phase1() 函数所对应的机器级代码的功能分析,可将 phase1 过程中的指令序列按图 6.1 所示的方框划分,以帮助理解程序的执行逻辑。

4. bomb() 函数的功能分析

如图 6.2 所示,可在 phase.txt 中查看 bomb 过程的反汇编结果。执行 bomb 过程中,第 5 行的 bl 指令会调用 puts() 函数以在屏幕上输出信息,第 7 行的 bl 指令会调用 exit() 函数以结束 phase 程序的运行。

四、实验报告

本实验报告包括但不限于以下内容。

图 6.3 为给定的可执行文件 string 的部分反汇编结果,通过对图中 main 过程代码的分

```
0000000120000dcc <bomb>:
1  120000dcc:   02ffc063    addi.d      $r3,$r3,-16(0xff0)
2  120000dd0:   29c02061    st.d        $r1,$r3,8(0x8)
3  120000dd4:   1c000004    pcaddu12i   $r4,0
4  120000dd8:   02cab084    addi.d      $r4,$r4,684(0x2ac)
5  120000ddc:   57f887ff    bl          -1916(0xffff884) # 120000660 <puts@plt>
6  120000de0:   00150004    move        $r4,$r0
7  120000de4:   57f88fff    bl          -1908(0xffff88c) # 120000670 <exit@plt>
```

图 6.2　bomb 过程对应的反汇编结果

析，以及对可执行文件 string 的调试执行，回答下列问题或完成下列任务。

（1）函数 printf() 的入口参数中出现了几个字符串参数？每个字符串的内容及其地址各是什么？

（2）哪些字符串存放在 .rodata 节？哪些字符串存放在 main 的栈帧中？对于存放在 .rodata 节中的字符串，其首地址是由程序处理过程中的哪个环节确定的？

```
0000000120000670 <main>:
   120000670:   02ff8063    addi.d      $r3,$r3,-32(0xfe0)
   120000674:   29c06061    st.d        $r1,$r3,24(0x18)
   120000678:   14e4caec    lu12i.w     $r12,468567(0x72657)
   12000067c:   039dc58c    ori         $r12,$r12,0x771
   120000680:   2980206c    st.w        $r12,$r3,8(0x8)
   120000684:   29003060    st.b        $r0,$r3,12(0xc)
   120000688:   02c02066    addi.d      $r6,$r3,8(0x8)
   12000068c:   1c000005    pcaddu12i   $r5,0
   120000690:   02c370a5    addi.d$r5   $r5,220(0xdc)
   120000694:   1c000004    pcaddu12i   $r4,0
   120000698:   02c37084    addi.d      $r4,$r4,220(0xdc)
   12000069c:   57fe17ff    bl          -492(0xfffffe14) # 1200004b0 <printf@plt>
   1200006a0:   00150004    move        $r4,$r0
   1200006a4:   28c06061    ld.d        $r1,$r3,24(0x18)
   1200006a8:   02c08063    addi.d      $r3,$r3,32(0x20)
```

图 6.3　可执行文件 string 的部分反汇编结果

实验 2　浮点数的表示

一、实验目的

1. 掌握 IEEE 754 标准浮点数编码格式。
2. 理解 C 语言程序中函数 scanf() 调用对应的机器级表示。
3. 掌握 C 语言程序中 if 语句对应的机器级表示。

二、实验要求

本实验要求输入一个带符号整型数 x,函数 phase2() 判断 2^x 是否属于 IEEE 754 标准单精度规格化浮点数表示范围,若是,则将 2^x 等值转换为 float 类型(IEEE 754 标准单精度浮点数)表示,并将其与另一个 float 型浮点数进行比较,若两个浮点数的二进制编码相同,则通过本实验关卡。实验 2 的关键是要找到满足函数 phase2() 中用于条件检测的比较浮点数。为此,需要通过对可执行文件 phase 的跟踪和调试执行,以及对 phase2 过程的机器级代码执行逻辑的分析推理,来获知比较浮点数的机器级表示,从而推导出满足条件的输入数据 x。

三、代码分析

在 phase.txt 中,phase2() 函数对应的反汇编结果如图 6.4 所示。从左至右的 4 列分别为行号、虚拟地址、机器指令和汇编指令。

```
0000000120000994 <phase2>:
1  120000994:    02ff8063    addi.d      $r3,$r3,-32(0xfe0)
2  120000998:    29c06061    st.d        $r1,$r3,24(0x18)
3  12000099c:    02c03065    addi.d      $r5,$r3,12(0xc)
4  1200009a0:    1c000004    pcaddu12i   $r4,0
5  1200009a4:    02dac084    addi.d      $r4,$r4,1712(0x6b0)
6  1200009a8:    57fc8bff    bl          -888(0xffffc88)# 120000630 <__isoc99_scanf@plt>
7  1200009ac:    2880306c    ld.w        $r12,$r3,12(0xc)
8  1200009b0:    0281f98e    addi.w      $r14,$r12,126(0x7e)
9  1200009b4:    0283f40d    addi.w      $r13,$r0,253(0xfd)
10 1200009b8:    680029ae    bltu        $r13,$r14,40(0x28) # 1200009e0 <phase2+0x4c>
11 1200009bc:    0281fd8c    addi.w      $r12,$r12,127(0x7f)
12 1200009c0:    0040dd8c    slli.w      $r12,$r12,0x17
13 1200009c4:    1495000d    lu12i.w     $r13,305152(0x4a800)
14 1200009c8:    5c00118d    bne         $r12,$r13,16(0x10) # 1200009d8 <phase2+0x44>
15 1200009cc:    28c06061    ld.d        $r1,$r3,24(0x18)
16 1200009d0:    02c08063    addi.d      $r3,$r3,32(0x20)
17 1200009d4:    4c000020    jirl        $r0,$r1,0
18 1200009d8:    5403f400    bl          1012(0x3f4) # 120000dcc <bomb>
19 1200009dc:    53fff3ff    b           -16(0xfffff0) # 1200009cc <phase2+0x38>
20 1200009e0:    5403ec00    bl          1004(0x3ec) # 120000dcc <bomb>
21 1200009e4:    53ffebff    b           -24(0xffffe8)#1200009cc<phase2+0x38>
```

图 6.4   phase2() 对应的反汇编结果

1. phase2 过程中指令序列的功能划分

图 6.4 中第 1、2 行指令对应 phase2 准备阶段,用于为 phase2 过程创建 32B 大小的栈帧

空间，并将从 phase2 过程返回到调用过程的返回地址保存到 phase2 栈帧中。第 15～17 行指令对应 phase2 结束阶段，用于释放 phase2 栈帧空间，并将返回地址恢复到 r1 寄存器中，最后返回调用过程 main。其他则是属于 phase2 过程体中的指令，用于实现 phase2 的功能。下面着重分析过程体中的指令。

2. phase2() 函数要求输入的数据及其类型

图 6.4 中第 6 行指令"bl −888(0xffffc88)"实现对函数 scanf() 的调用，函数 scanf() 用于从键盘输入指定格式的信息，并将输入信息保存到指定地址中。关于函数 scanf() 的功能和使用方面的详细信息，请自行查阅相关资料。

第 3 行指令"addi.d \$r5,\$r3,12(0xc)"用于将 R[r3]+12 的计算结果写入寄存器 r5，r5 中存放的是调用函数 scanf() 时的第二个入口参数。根据函数 scanf() 的功能可知，R[r3]+12 是键盘输入信息存放的地址，假设地址 R[r3]+12 中存放的输入信息对应的变量名为 x。

第 4、5 行指令"pcaddu12i \$r4,0"和"addi.d \$r4,\$r4,1712(0x6b0)"用于将一个相对于当前 PC 位移量为 0x6b0 的地址写入寄存器 r4，r4 中存放的是调用函数 scanf() 时第一个入口参数。根据函数 scanf() 的功能可知，r4 的内容应为 scanf() 输入格式串的首地址。因此，需要对 phase2 过程代码进行调试执行，以查看 r4 的内容，并找到此处调用函数 scanf() 时的输入格式串，从而获知输入信息对应变量 x 的数据类型。

3. 判断 2^x 是否属于规格化浮点数表示范围

图 6.4 中第 7～9 行指令"ld.w \$r12,\$r3,12(0xc)""addi.w \$r14,\$r12,126(0x7e)""addi.w \$r13,\$r0,253(0xfd)"执行后，R[r12]=M[R[r3]+12]=x，R[r14]=R[r12]+126=x+126，R[r13]=253=0x0000 00fd。

第 10 行指令"bltu \$r13,\$r14,40(0x28)"将 R[r13] 和 R[r14] 当作无符号整数进行大小比较，若 R[r13]<R[r14]（即 253<x+126），则跳转到第 20 行指令处执行 bomb() 函数调用，以终止 phase 程序执行；否则，继续执行 phase2 中第 10 行后面的指令。

上述几条指令用于判断 2^x 是否属于 IEEE 754 单精度规格化浮点数表示范围，若不属于，则调用 bomb() 函数以终止 phase 程序执行；否则，继续执行 phase2。例如，当输入数据 x=5 时，R[r14]=5+126=131=0x0000 0083，按无符号整数比较，显然 R[r13]>R[r14]，继续执行 phase2 过程，即 2^5 属于 IEEE 754 单精度规格化浮点数表示范围。当输入数据 x=−127 时，R[r14]=−127+126=−1=0xffff ffff，按无符号整数比较，显然 R[r13]<R[r14]，此时调用 bomb() 函数以终止 phase 程序执行，即 2^{-127} 不属于 IEEE 754 单精度规格化浮点数表示范围。当输入数据 x=128 时，R[r14]=128+126=254=0x0000 00fe，显然 R[r13]<R[r14]，此时调用 bomb() 函数以终止 phase 程序执行，即 2^{128} 也不属于 IEEE 754 单精度规格化浮点数表示范围。

4. 将 2^x 转换为 float 型浮点数

图 6.4 中第 11、12 行指令"addi.w \$r12,\$r12,127(0x7f)"和"slli.w \$r12,\$r12,0x17"执行后，R[r12]=(x+127)<<0x17。这两条指令实现将 2^x 等值转换为 float 型浮点数。例如，当输入数据 x=5 时，执行这两条指令后 R[r12]=0100 0010 0000 0000 0000 0000 0000 0000B；当输入数据 x=−5 时，执行这两条指令后 R[r12]=0011 1101 0000 0000 0000 0000 0000 0000B。

5. 检查 phase2()函数应满足的条件

图 6.4 中第 13 行指令"lu12i.w \$r13,305152(0x4a800)"执行后,R[r13]＝{0x4a800,0x000}＝0x4a80 0000。第 14 行指令"bne \$r12,\$r13,16(0x10)"用于判断 R[r12]和R[r13]是否相等,若 R[r12]≠R[r13],则跳转到第 18 行指令处执行 bomb()函数调用,以终止 phase 程序执行;否则,执行 phase2 结束阶段对应指令,使 phase2 正常结束并返回到main 过程执行。这一步可根据变量 x 的数据类型,以及规格化 float 型浮点数的表示规则,推导出 x 的值。

根据上述对 phase2()函数对应指令序列的功能分析,可以将 phase2()函数的指令序列按图 6.4 所示的方框进行划分,以帮助理解程序的执行逻辑。

四、实验报告

本实验报告包括但不限于以下内容。

1. 证明图 6.4 中第 7～10 行的指令序列可以判断 2^x 是否属于 IEEE 754 标准单精度规格化浮点数表示范围。

2. 证明将 2^x 等值转换为 IEEE 754 标准单精度规格化浮点数表示可用表达式(x＋127)<<0x17 实现。

3. 给出根据图 6.4 中指令对变量 x 的值进行推导的过程。

实验 3　按位逻辑运算

一、实验目的

1. 理解按位逻辑运算指令的功能。
2. 掌握求负数补码的计算方法。

二、实验要求

本实验要求输入 3 个带符号整型数,函数 phase3()会检测这 3 个数是否满足特定的关系,若是,则通过实验关卡。实验过程中需要通过对 phase3()函数的反汇编结果进行分析,以及对可执行文件 phase 进行跟踪和调试执行来获知 phase3()函数的执行逻辑,从而推导出 3 个输入数据之间的相关性,最终确定满足程序过关检测条件的 3 个输入数据的值。

三、代码分析

在 phase.txt 中,phase3()函数对应的反汇编结果如图 6.5 所示。从左至右的 4 列分别为行号、虚拟地址、机器指令和汇编指令。

1. phase3 过程的准备阶段和结束阶段

图 6.5 中第 1、2 行指令对应 phase3 准备阶段,第 20～22 行指令对应 phase3 结束阶段。

2. phase3()函数要求输入的数据及其类型

图 6.5 中第 8 行指令"bl －980(0xffffc2c)"实现对函数 scanf()的调用,第 3～7 行指令用于函数 scanf()入口参数的传递。若分配在地址 R[r3]＋12、R[r3]＋8、R[r3]＋4 处的 3

```
00000001200009e8 <phase3>:

1   1200009e8:   02ff8063    addi.d      $r3,$r3,-32(0xfe0)
2   1200009ec:   29c06061    st.d        $r1,$r3,24(0x18)
3   1200009f0:   02c01067    addi.d      $r7,$r3,4(0x4)
4   1200009f4:   02c02066    addi.d      $r6,$r3,8(0x8)
5   1200009f8:   02c03065    addi.d      $r5,$r3,12(0xc)
6   1200009fc:   1c000004    pcaddu12i   $r4,0
7   120000a00:   02d97084    addi.d      $r4,$r4,1628(0x65c)
8   120000a04:   57fc2fff    bl          -980(0xffffc2c)# 120000630 <__isoc99_scanf@plt>
9   120000a08:   2880306c    ld.w        $r12,$r3,12(0xc)
10  120000a0c:   03401d8c    andi        $r12,$r12,0x7
11  120000a10:   44003180    bnez        $r12,48(0x30) # 120000a40 <phase3+0x58>
12  120000a14:   2880206c    ld.w        $r12,$r3,8(0x8)
13  120000a18:   0014300c    nor         $r12,$r0,$r12
14  120000a1c:   2880106d    ld.w        $r13,$r3,4(0x4)
15  120000a20:   5c00298d    bne         $r12,$r13,40(0x28) # 120000a48 <phase3+0x60>
16  120000a24:   2880306c    ld.w        $r12,$r3,12(0xc)
17  120000a28:   00488d8c    srai.w      $r12,$r12,0x3
18  120000a2c:   2880206d    ld.w        $r13,$r3,8(0x8)
19  120000a30:   5c00218d    bne         $r12,$r13,32(0x20) # 120000a50 <phase3+0x68>
20  120000a34:   28c06061    ld.d        $r1,$r3,24(0x18)
21  120000a38:   02c08063    addi.d      $r3,$r3,32(0x20)
22  120000a3c:   4c000020    jirl        $r0,$r1,0
23  120000a40:   54038c00    bl          908(0x38c) # 120000dcc <bomb>
24  120000a44:   53ffd3ff    b           -48(0xfffffd0) # 120000a14 <phase3+0x2c>
25  120000a48:   54038400    bl          900(0x384) # 120000dcc <bomb>
26  120000a4c:   53ffdbff    b           -40(0xfffffd8) # 120000a24 <phase3+0x3c>
27  120000a50:   54037c00    bl          892(0x37c) # 120000dcc<bomb>
28  120000a54:   53ffe3ff    b           -32(0xfffffe0) # 120000a34 <phase3+0x4c>
```

图 6.5　phase3()对应的反汇编结果

个变量分别为 x、y、z，则参数寄存器 r5、r6、r7 中分别存放 3 个输入变量的地址 &x、&y、&z，而 r4 中存放输入格式串的首地址。可通过对 phase3 代码的调试执行来获知 r4 中的内容，从而得到此处调用函数 scanf()时的输入格式串，根据输入格式串获知变量 x、y、z 的数据类型。从输入格式串的内容可知，变量 x、y、z 对应的格式符均为％d，因此都是带符号整型变量。

3. 检查输入数据 x 应满足的条件

图 6.5 中第 9 行指令"ld.w $r12,$r3,12(0xc)"从地址 R[r3]+12 处读取变量 x，并写入 r12，该指令执行后 R[r12]=x。第 10 行指令"andi $r12,$r12,0x7"的功能为 R[r12]← R[r12] & 0x7，该 andi 指令通过 x & 0x7 运算，提取变量 x 的低 3 位，并写入 r12。

第 11 行指令"bnez $r12,48(0x30)"判断 r12 的内容是否为 0,若 R[r12]≠0,则跳转到第 23 行指令处执行 bomb()函数调用,以终止 phase 程序执行;否则,继续执行 phase3。

综上可知,r12 中的内容为 x 的低 3 位,当 r12 中内容为 0 时,表示 x 为 8 的倍数,因此,第 9~11 行指令用于检测变量 x 是不是 8 的倍数。

4. 检查输入数据 y 和 z 应满足的条件

图 6.5 中第 12 行指令"ld.w $r12,$r3,8(0x8)"从地址 R[r3]+8 处读取变量 y,并写入 r12。第 13 行指令"nor $r12,$r0,$r12"的功能为 R[r12]←～(R[r12] | 0x0),该 nor 指令将 r12 中内容与 0x0 按位逻辑或非,以实现对 r12 中的 y 进行按位取反运算。从补码运算规则可知,$[-y]_补=[y]_补\oplus$0xffff ffff +1,y 在 r12 中以补码形式存放,故该 nor 指令执行后,R[r12]=$[y]_补\oplus$0xffff ffff=$[-y]_补$-1。

第 14 行指令"ld.w $r13,$r3,4(0x4)"从地址 R[r3]+4 处读取变量 z,并写入 r13,同理,z 在 r13 中也是以补码形式存放,R[r13]=$[z]_补$。第 15 行指令"bne $r12,$r13,40(0x28)"用于判断 r12 和 r13 的内容是否相等,如果 R[r12]≠R[r13],则跳转到第 25 行指令处执行 bomb()函数调用,以终止 phase 程序执行;否则,继续执行 phase3。

综上可知,第 12~15 行指令用于检测$[z]_补$是否等于$[-y]_补$-1,即关系表达式"z ==-y-1"是否成立。

5. 检查输入数据 x 和 y 应满足的条件

图 6.5 中第 16 行指令"ld.w $r12,$r3,12(0xc)"从地址 R[r3]+12 处读取变量 x,并写入 r12。第 17 行指令"srai.w $r12,$r12,0x3"的功能为 R[r12]←R[r12]>>0x3,该 srai.w 指令将 r12 中的 x 算术右移 3 位,即 R[r12]=x>>0x3。第 18 行指令"ld.w $r13,$r3,8(0x8)"从地址 R[r3]+8 处读取变量 y,并写入 r13。第 19 行指令"bne $r12,$r13,32(0x20)"判断 r12 和 r13 的内容是否相等,若 R[r12]≠R[r13],则跳转到第 27 行指令处执行 bomb()函数调用,以终止 phase 程序执行;否则,继续执行 phase3。因此,第 16~19 行指令用于检测关系表达式"y==x>>0x3"是否成立。当 x 为 8 的倍数时,x>>0x3 的值等于 x/8。

综上所述,3 个输入数据对应变量 x、y、z 应满足的条件表达式是"(x mod 8 == 0) && (y == x/8) && (z ==-y-1)"。根据上述对 phase3()函数对应指令序列的功能分析,可将 phase3()函数的指令序列按图 6.5 所示的方框划分,以帮助理解程序的执行逻辑。

四、实验报告

本实验报告包括但不限于以下内容。

1. 对于下列代码,若代码执行前 R[r12]=20,R[r13]=30,则代码执行后 r12 和 r13 中内容分别是多少? 说明下列代码实现的功能。

```
xor    $r12,$r13,$r12
xor    $r13,$r13,$r12
xor    $r12,$r13,$r12
```

2. 对于下列代码,若代码执行前 R[r12]=22,R[r13]=42,则代码执行后 r5 的内容是多少? 说明下列代码实现的功能。

```
xor    $r5,$r12,$r13
srai.w $r5,$r5,0x1
and    $r12,$r12,$r13
add.w  $r5,$r5,$r12
```

实验 4　循环控制语句

一、实验目的

1. 掌握 C 语言中循环控制结构的机器级表示。
2. 掌握常用西文字符的 ASCII 码表示。

二、实验要求

本实验要求输入一个字符串,函数 phase4() 判断该字符串中各字符 ASCII 码之间是否满足特定的关系,若是,则通过实验关卡。实验过程中需要通过对 phase4() 函数的反汇编结果进行分析,并对可执行文件 phase 进行跟踪和调试执行,从而推导出能通过实验关卡的输入字符串的内容。

三、代码分析

在 phase.txt 中,函数 phase4() 对应的反汇编结果如图 6.6 所示。从左至右的 4 列分别为行号、虚拟地址、机器指令和汇编指令。

1. phase4 过程的准备阶段和结束阶段

图 6.6 中第 1~4 行指令对应 phase4 准备阶段。因为 phase4 过程中使用了寄存器 r23 和 r24,它们属于被调用者保存寄存器,应在使用前先保存到当前被调用过程栈帧中,在返回到调用过程前再恢复这些寄存器的内容,故第 3、4 行指令"st.d ＄r23,＄r3,16(0x10)"和"st.d ＄r24,＄r3,8(0x8)"将 r23 和 r24 中内容保存到当前 phase4 的栈帧中。第 24~28 行指令对应 phase4 结束阶段,其中,第 25、26 行指令"ld.d ＄r23,＄r3,16(0x10)"和"ld.d ＄r24,＄r3,8(0x8)"将原来保存的寄存器 r23 和 r24 中的内容进行恢复。

2. 检查字符串中第一个字符应满足的条件

从 main.c 的函数 main() 中 C 语句"str＝read_string(); phase4(str);"可知,函数 phase4() 有一个字符串类型入口参数 str,是 read_string() 函数的返回值,根据前面对本章实验 1 的分析可知,str 是从键盘输入的一个字符串,调用 phase4() 函数时,输入字符串 str 的首地址存放在 r4 中,故第 5 行伪指令"move ＄r24,＄r4"将输入字符串 str 的首地址保存到 r24 寄存器中。

图 6.6 中第 6 行指令"ld.bu ＄r12,＄r4,0"从输入字符串中取出第一个字节内容,作为无符号整数写入 r12 中。对应西文字符的无符号整数,可以理解为某字符的 ASCII 码 x,即该指令执行后,R[r12]＝x。

第 7 行指令"addi.w ＄r12,＄r12,－48(0xfd0)"执行后,R[r12]＝x－48。第 8 行指令"bstrpick.w ＄r12,＄r12,0x7,0x0"的功能为 R[r12][31:0]←ZeroExtend(R[r12][7:0],

```
0000000120000a58 <phase4>:
1   120000a58:  02ff8063    addi.d      $r3,$r3,-32(0xfe0)
2   120000a5c:  29c06061    st.d        $r1,$r3,24(0x18)
3   120000a60:  29c04077    st.d        $r23,$r3,16(0x10)
4   120000a64:  29c02078    st.d        $r24,$r3,8(0x8)
5   120000a68:  00150098    move        $r24,$r4
6   120000a6c:  2a00008c    ld.bu       $r12,$r4,0
7   120000a70:  02bf418c    addi.w      $r12,$r12,-48(0xfd0)
8   120000a74:  0067818c    bstrpick.w  $r12,$r12,0x7,0x0
9   120000a78:  0280240d    addi.w      $r13,$r0,9(0x9)
10  120000a7c:  680011ac    bltu        $r13,$r12,16(0x10) # 120000a8c <phase4+0x34>
11  120000a80:  00150317    move        $r23,$r24
12  120000a84:  02c00f18    addi.d      $r24,$r24,3(0x3)
13  120000a88:  50001800    b           24(0x18) # 120000aa0 <phase4+0x48>
14  120000a8c:  54034000    bl          832(0x340) # 120000dcc <bomb>
15  120000a90:  53fff3ff    b           -16(0xffffff0) # 120000a80 <phase4+0x28>
16  120000a94:  54033800    bl          824(0x338) # 120000dcc <bomb>
17  120000a98:  02c006f7    addi.d      $r23,$r23,1(0x1)
18  120000a9c:  58001af8    beq         $r23,$r24,24(0x18) # 120000ab4 <phase4+0x5c>
19  120000aa0:  280002ec    ld.b        $r12,$r23,0
20  120000aa4:  0280418c    addi.w      $r12,$r12,16(0x10)
21  120000aa8:  280006ed    ld.b        $r13,$r23,1(0x1)
22  120000aac:  5bffed8d    beq         $r12,$r13,-20(0x3ffec)#120000a98 <phase4+0x40>
23  120000ab0:  53ffe7ff    b           -28(0xfffffe4) # 120000a94 <phase4+0x3c>
24  120000ab4:  28c06061    ld.d        $r1,$r3,24(0x18)
25  120000ab8:  28c04077    ld.d        $r23,$r3,16(0x10)
26  120000abc:  28c02078    ld.d        $r24,$r3,8(0x8)
27  120000ac0:  02c08063    addi.d      $r3,$r3,32(0x20)
28  120000ac4:  4c000020    jirl        $r0,$r1,0
```

图 6.6　phase4()对应的反汇编结果

32),即该指令执行后保留 r12 中低 8 位,高位置 0。第 9 行指令"addi.w $r13, $r0, 9(0x9)"执行后 R[r13]=9。第 10 行指令"bltu $r13, $r12, 16(0x10)"将 r13 和 r12 的内容作为无符号整数进行大小比较,若 R[r13]<R[r12],则跳转到第 14 行指令处执行 bomb()函数调用,以终止 phase 程序执行;否则,继续执行 phase4。

7 位 ASCII 码值的范围为 0～127,根据上述指令序列实现的比较功能为:若 9<x−48,则执行 bomb,可将 x 的取值以 48(0x30) 和 57(0x39)为分割点划分为 3 段讨论:①当 x 位于 0～47(0x2f)时,R[r12]=x−48=x+0xfd0,ZeroExtend(R[r12][7:0],32)位于 0xd0～0xff 内,显然,按无符号整数比较时,该范围内的值都比 9 大,因此,第 10 行指令执行时 R[r13]<R[r12]一定成立,此后立即调用 bomb()函数;②当 x 位于 48～57 时,说明输入首字符 x 为 0～9 中某十进制数字,此时,R[r12]=x−48=x+0xfd0,ZeroExtend(R[r12][7:0],32)位于 0x0～0x9 内,都小于或等于 9,因此,第 10 行指令执行时 R[r13]<R[r12]一定不

成立,此后继续执行 phase4；③当 x 位于 58(0x40)～127(0x7f)时,R[r12]＝x－48＝x＋0xfd0,ZeroExtend(R[r12][7:0],32)位于 0x10～0x4f 内,此范围内的值都比 9 大,因此,第 10 行指令执行时,R[r13]＜R[r12]一定成立,此后立即调用函数 bomb()。

综上所述可知,通过本实验关卡的第一个条件是,输入字符串中第一个字符的 ASCII 码值应在 48～57 内。

3. 循环检查字符串中其他字符应满足的条件

图 6.6 中第 11 行指令"move $r23,$r24"执行后 R[r23]＝R[r24],第 5 行指令将 R[r24]设为输入字符串 str 首地址,故此处 R[r23]等于输入字符串 str 的首地址；第 12 行指令"addi.d $r24,$r24,3(0x3)"执行后 R[r24]＝R[r24]＋3,因此,此时 R[r24]更新为指向输入字符串中的第 4 个字符。

第 13 行指令"b 24(0x18)"实现无条件跳转,PC＝PC＋0x18＝0x1 2000 0a88＋0x18＝0x1 2000 0aa0,即跳转到第 19 行指令处。

第 19 行和第 21 行指令"ld.b $r12,$r23,0"和"ld.b $r13,$r23,1(0x1)"分别读取地址 R[r23]和 R[r23]＋1 处的字符,读出字符的 ASCII 码分别写入 r12 和 r13 中。假设字符串 str 中当前地址 R[r23]和 R[r23]＋1 处的两个字符 ASCII 码分别为 y 和 z,则这两条指令执行后,R[r12]＝y,R[r13]＝z。第 20 行指令"addi.w $r12,$r12,16(0x10)"执行后,R[r12]＝R[r12]＋0x10＝y＋0x10。

第 22 行指令"beq $r12,$r13,－20(0x3ffec)"比较 r12 和 r13 中的内容是否相等,若 R[r12]＝＝R[r13],则跳转到第 17 行指令处执行；否则,执行第 23 行指令。第 23 行指令"b －28(0xffffffe4)"实现无条件跳转,PC＝PC＋0x18＝0x1 2000 0ab0＋0xf ffff ffe4＝0x1 2000 0a94,即跳转到第 16 行指令处执行 bomb()函数调用,以终止 phase 程序执行。

综上可知,上述几条指令用于检查输入字符串 str 中当前两个相邻字符的 ASCII 码 y 和 z 是否满足通关检测条件"y＋0x10＝＝z",当不满足时,通过调用函数 bomb(),终止 phase 程序的执行。

第 17 行指令"addi.d $r23,$r23,1(0x1)"实现 r23 中内容加 1 操作,即 R[r23]++ 。第 18 行指令"beq $r23,$r24,24(0x18)"比较 r23 和 r24 中内容是否相等,若 R[r23]＝＝R[r24],则跳转到第 24 行指令处执行 phase4 结束阶段的指令,使 phase4 正常结束；否则,继续执行第 19～22 行指令。

上述指令序列执行的流程如图 6.7 所示。第 11、12 行指令完成循环控制变量的初始化,第 19～23 行指令属于循环体,第 17、18 行指令完成循环控制变量值的更新和循环终止条件的检测。这里终止循环有两种情况,第一种情况是在循环体中检测到输入字符串是否满足通关检测条件,若不满足,则跳转去调用 domb()函数执行,以终止 phase 程序执行。第二种情况是检测循环终止条件是否满足,若满足,则退出循环并执行 phase4 结束阶段的代码,然后返回 main 过程执行。

根据 phase4 过程中若干指令序列的功能,可以将 phase4 中机器级代码按图 6.6 所示的方框进行划分,虚线框中的指令序列对应了一个循环控制语句,其机器级代码主要包括循环控制变量的初始化、循环体、循环控制变量更新与循环终止条件的检测三部分。西文字符在计算机内部都以 ASCII 码存储,因此,每个西文字符可看作一个无符号整数,可进行常规的整数运算。

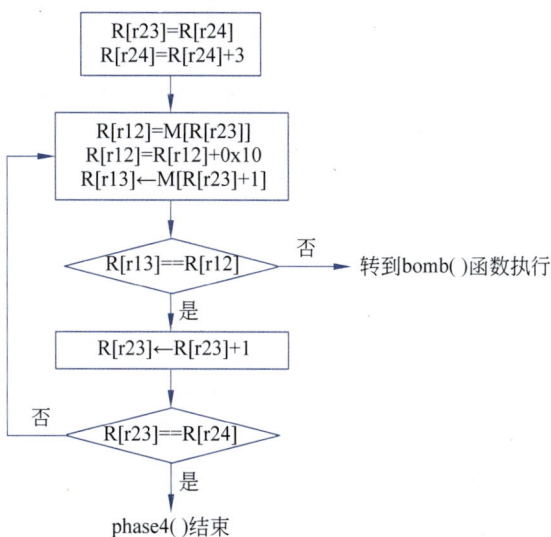

图 6.7　phase4 循环执行的流程图

四、实验报告

本实验报告包括但不限于以下内容。

图 6.8 中显示了两段相似的机器级代码,假设这两段代码执行前 $M[R[r3]+12]=10$,则这两段代码执行后 r5 中内容分别是多少? 分别写出两段机器级代码对应的 C 语言程序段。

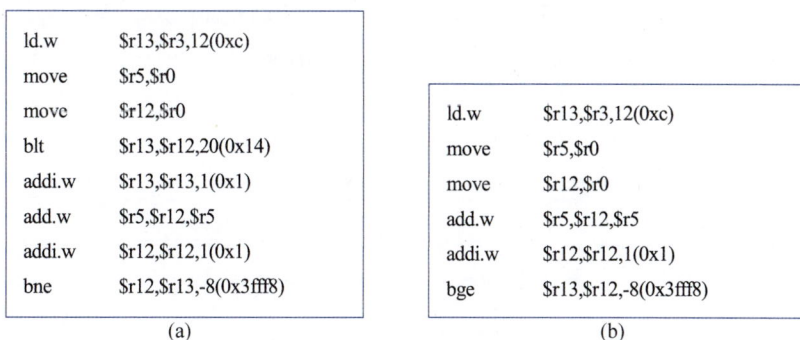

```
ld.w      $r13,$r3,12(0xc)
move      $r5,$r0
move      $r12,$r0
blt       $r13,$r12,20(0x14)
addi.w    $r13,$r13,1(0x1)
add.w     $r5,$r12,$r5
addi.w    $r12,$r12,1(0x1)
bne       $r12,$r13,-8(0x3fff8)
```

(a)

```
ld.w      $r13,$r3,12(0xc)
move      $r5,$r0
move      $r12,$r0
add.w     $r5,$r12,$r5
addi.w    $r12,$r12,1(0x1)
bge       $r13,$r12,-8(0x3fff8)
```

(b)

图 6.8　两段机器级代码

实验 5　过程的递归调用

一、实验目的

1. 掌握 C 语言程序中函数调用的机器级表示。
2. 理解过程栈帧的生成、访问与释放。
3. 理解过程调用中入口参数和返回值的传递与访问。

二、实验要求

本实验要求输入一个字符串,函数 phase5()通过调用函数 reverse()对输入的字符串进行处理,并将处理后的字符串与程序中给定的比较字符串进行对比,若两者相同,则通过本实验关卡。实验中需要通过对函数 phase5()和 reverse()的反汇编结果进行分析,对可执行文件 phase 进行跟踪和调试执行,从而推导出能通过实验关卡的输入字符串的内容。

三、代码分析

1. 对函数 phase5()对应指令序列的分析

在 phase.txt 中,函数 phase5()对应的反汇编结果如图 6.9 所示。从左至右的 4 列分别为行号、虚拟地址、机器指令和汇编指令。

```
0000000120000b30 <phase5>:
1   120000b30:   02ffc063    addi.d    $r3,$r3,-16(0xff0)
2   120000b34:   29c02061    st.d      $r1,$r3,8(0x8)
3   120000b38:   29c00077    st.d      $r23,$r3,0
4   120000b3c:   00150097    move      $r23,$r4
5   120000b40:   57ff8bff    bl        -120(0xffffff88) # 120000ac8 <reverse>
6   120000b44:   001502e5    move      $r5,$r23
7   120000b48:   1c000004    pcaddu12i $r4,0
8   120000b4c:   02d48084    addi.d    $r4,$r4,1312(0x520)
9   120000b50:   57fb33ff    bl        -1232(0xffffb30) # 120000680 <strcmp@plt>
10  120000b54:   44001480    bnez      $r4,20(0x14) # 120000b68 <phase5+0x38>
11  120000b58:   28c02061    ld.d      $r1,$r3,8(0x8)
12  120000b5c:   28c00077    ld.d      $r23,$r3,0
13  120000b60:   02c04063    addi.d    $r3,$r3,16(0x10)
14  120000b64:   4c000020    jirl      $r0,$r1,0
15  120000b68:   54026400    bl        612(0x264) # 120000dcc <bomb>
```

图 6.9   phase5()对应的反汇编结果

1) phase5 过程的准备阶段和结束阶段

图 6.9 中第 1~3 行指令对应 phase5 准备阶段,因为在 phase5 中需要使用被调用者保存寄存器 r23,故第 3 行指令"st.d $r23,$r3,0"先将寄存器 r23 的内容保存到 phase5 栈帧中。第 11~14 行指令对应 phase5 结束阶段,其中第 12 行指令"ld.d $r23,$r3,0"用于恢复寄存器 r23 中的内容。

2) phase5 过程调用 reverse 过程的实现

从 main.c 的函数 main()中 C 语句"str＝read_string(); phase5(str);"可知,输入字符串 str 是函数 phase5()唯一的入口参数,main 过程在执行 bl 指令对过程 phase5 进行调用前,会通过相应指令将字符串 str 的首地址存入参数寄存器 r4 中。因此,图 6.9 中第 4 行伪指令"move $r23,$r4"实现的功能是将字符串 str 的首地址(在 r4 中)存入寄存器 r23。第

5 行指令"bl −120(0xfffff88)"实现对过程 reverse 的调用。

3）查找比较字符串

图 6.9 中第 9 行指令"bl −1232(0xffffb30)"实现 strcmp() 函数调用，其前面的第 6～8 行指令用于传递入口参数。其中，第 6 行伪指令"move $r5,$r23"将字符串 str 的首地址（在 r23 中）存入参数寄存器 r5，作为 strcmp 过程的第二个入口参数，第 7、8 行指令"pcaddu12i $r4,0"和"addi.d $r4,$r4,1312(0x520)"用于将一个相对于当前 PC 位移量为 0x520 的地址写入参数寄存器 r4，作为 strcmp 过程的第一个入口参数。显然，r4 中存放的就是比较字符串的地址，可通过对过程 phase5 的调试执行来查看 r4 中的内容，从而进一步获知比较字符串。

4）phase5 过程的两种结束方式

图 6.9 中第 10 行指令"bnez $r4,20(0x14)"实现条件跳转，此时 r4 中存放的是 strcmp() 函数的返回值，因此，该指令的含义是：若 strcmp 返回值不为 0，则跳转到第 15 行指令处执行 bomb() 函数的调用，以终止 phase 程序的执行；否则，继续执行 phase5 结束阶段指令，从而使 phase5 正常结束，返回到 main 过程执行。

根据上述对 phase5() 函数对应指令序列的分析，可以将 phase5() 函数的指令序列按图 6.9 所示的方框划分，以帮助理解程序的执行逻辑。与 phase1 过程代码相比，phase5 过程中仅多了调用函数 reverse() 的部分。

2. 对函数 reverse() 对应指令序列的分析

在 phase.txt 中，函数 reverse() 对应的反汇编结果如图 6.10 所示。从左至右的 4 列分别为行号、虚拟地址、机器指令和汇编指令。

1）reverse 过程的准备阶段和结束阶段

图 6.10 中第 1～5 行指令对应 reverse 准备阶段，其栈帧大小为 32B，从第 2～5 行指令可知，在 reverse 栈帧中，从高地址到低地址处依次保存着返回地址寄存器 r1 中的返回地址以及 3 个被调用者保存寄存器 r23、r24、r25 中的内容。第 11～16 行指令对应 reverse 结束阶段，用于恢复寄存器 r1、r23、r24、r25 的内容，并释放 reverse 的栈帧空间。

2）计算输入字符串 str 的长度

图 6.10 中第 6 行的伪指令"move $r24,$r4"用于将 r4 的内容写入 r24 中。第一次调用函数 reverse() 时，在图 6.9 phase5 过程第 5 行 bl 指令执行 reverse 过程调用前，并没有修改过 r4 的内容，说明 phase5 直接将其入口参数 str 作为第一个入口参数，传递给了 reverser 过程，即 r4 存放着输入字符串 str 的首地址。第 7 行指令"bl −1184(0xffffb60)"用于调用函数 strlen(str)，以计算字符串 str 的长度。

3）reverse 过程中对字符串 str 的递归处理

（1）reverse 过程结束条件判断。

图 6.10 中第 8 行指令"slli.w $r4,$r4,0x0"的执行并没有改变 r4 寄存器的内容，此时 r4 中的内容是 strlen(str) 函数所返回的 str 字符串长度，即 R[r4]=strlen(str)。

第 9 行指令"addi.w $r12,$r0,1(0x1)"执行后 R[r12]=1。第 10 行指令"blt $r12,$r4,28(0x1c)"将 r4 和 r12 中内容做比较，其含义是：若 strlen(str)>1，则跳转到第 17 行指令处继续执行；否则，执行 phase5 结束阶段的指令，使 phase5 正常结束，返回到 main 过程执行。

```
0000000120000ac8 <reverse>:
1    120000ac8:   02ff8063    addi.d   $r3,$r3,-32(0xfe0)
2    120000acc:   29c06061    st.d     $r1,$r3,24(0x18)
3    120000ad0:   29c04077    st.d     $r23,$r3,16(0x10)
4    120000ad4:   29c02078    st.d     $r24,$r3,8(0x8)
5    120000ad8:   29c00079    st.d     $r25,$r3,0
6    120000adc:   00150098    move     $r24,$r4
7    120000ae0:   57fb63ff    bl       -1184(0xfffb60) # 120000640 <strlen@plt>
8    120000ae4:   00408084    slli.w   $r4,$r4,0x0
9    120000ae8:   0280040c    addi.w   $r12,$r0,1(0x1)
10   120000aec:   60001d84    blt      $r12,$r4,28(0x1c) # 120000b08 <reverse+0x40>
11   120000af0:   28c06061    ld.d     $r1,$r3,24(0x18)
12   120000af4:   28c04077    ld.d     $r23,$r3,16(0x10)
13   120000af8:   28c02078    ld.d     $r24,$r3,8(0x8)
14   120000afc:   28c00079    ld.d     $r25,$r3,0
15   120000b00:   02c08063    addi.d   $r3,$r3,32(0x20)
16   120000b04:   4c000020    jirl     $r0,$r1,0
17   120000b08:   28000319    ld.b     $r25,$r24,0
18   120000b0c:   02fffc84    addi.d   $r4,$r4,-1(0xfff)
19   120000b10:   00109317    add.d    $r23,$r24,$r4
20   120000b14:   280002ec    ld.b     $r12,$r23,0
21   120000b18:   2900030c    st.b     $r12,$r24,0
22   120000b1c:   290002e0    st.b     $r0,$r23,0
23   120000b20:   02c00704    addi.d   $r4,$r24,1(0x1)
24   120000b24:   57ffa7ff    bl       -92(0xffffa4) # 120000ac8 <reverse>
25   120000b28:   290002f9    st.b     $r25,$r23,0
26   120000b2c:   53ffc7ff    b        -60(0xffffc4) # 120000af0 <reverse+0x28>
```

图 6.10   reverse()对应的反汇编结果

（2）reverse 对字符串的初始处理。

第一次调用函数 reverse()时，图 6.10 中第 17～22 行指令实现的功能如图 6.11 所示，假设 $n=strlen(str)-1$。第 6 行指令执行后，r24 中的内容指向了 str[0]，第 17 行指令"ld.b $r25，$r24，0"的功能为 $R[r15] \leftarrow M[R[r24]]$，即将字符串 str 中的第一个字符 str[0]写入了 r25。第 18、19 行指令"addi.d $r4，$r4，-1(0xfff)"和"add.d $r23，$r24，$r4"执行后，$R[r4]=R[r4]-1=strlen(str)-1=n$，$R[r23]=R[r24]+R[r4]$，即 r23 中内容指向了字符串 str 的最后一个字符 str[n]。第 20、21 行指令"ld.b $r12，$r23，0"和"st.b $r12，$r24，0"用于将 str[n]覆盖 str[0]。第 22 行指令"st.b $r0，$r23，0"用于将 0 写入 r23 指向的单元，即将 str[n]置为全 0，表示一个字符串的结束。

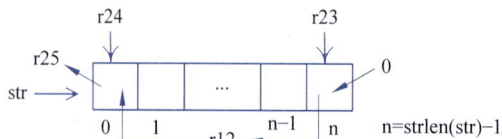

图 6.11   第一次调用 reverse()时第 17～22 行指令的功能

（3）reverse 的递归调用。

第一次调用函数 reverse() 时，图 6.10 中第 23 行指令"addi.d ＄r4,＄r24,1(0x1)"执行后，R[r4]＝R[r24]＋1，即 r4 的内容指向了 str[1]。第 24 行指令"bl －92(0xffffffa4)"用于递归调用 reverse 过程，每次都将 r4 中内容作为入口参数，因此，第二次递归调用函数 reverse() 时，函数将针对 str[1]～str[n－1] 构成的字符串进行处理。同理，第三次递归调用函数 reverse() 时，函数将针对 str[2]～str[n－2] 构成的字符串进行处理，以此类推。

（4）递归调用 reverse 返回后对字符串的处理。

第二次递归调用 reverse 返回时，第 25 行指令"st.b ＄r25,＄r23,0"实现将 r25 中的内容（即 str[0]）写入 r23 指向的单元，即将 str[0] 覆盖 str[n]。

综上所述，第一次执行函数 reverse() 将输入字符串 str 的首尾内容进行了交换，即实现了 str[0] 与 str[n] 的交换，第二次递归执行函数 reverse() 实现了 str[1] 与 str[n－1] 的交换，第三次递归执行函数 reverse() 实现了 str[2] 与 str[n－2] 的交换，……，直至字符串长度小于或等于 1 时不再递归调用函数 reverse()。

根据上述对函数 reverse() 对应指令序列的分析，可将函数 reverse() 的指令序列按图 6.10 所示的方框划分，以帮助理解程序的执行逻辑。

函数 reverse() 递归调用时存在两方面的额外开销：一方面是每次调用函数 reverse() 都需要 32B 的栈帧空间；另一方面是每次调用函数 reverse() 都需要执行第 1～5 行准备阶段和第 11～16 行结束阶段的指令，额外增加了程序的执行时间。假设输入字符串中有 1024 个字符，则需要调用函数 reverse() 的次数为 1024/2＝512，执行函数 reverse() 时占用的最大栈帧空间为 512×32B＝16KB。假设机器的 CPI 为 1，则执行 reverse 过程的准备阶段和结束阶段需要的时钟周期数为 512×11×1＝1408。

四、实验报告

本实验报告包括但不限于以下内容。

1. 请用循环迭代的方法编写实现函数 reverse() 功能的 C 语言函数 reverse2()。当字符串长度为 2048 时，比较函数 reverse() 和函数 reverse2() 对应代码执行时其占用的最大栈帧空间和执行的指令条数。

2. 通过对 phase5 过程中指令的跟踪和调试执行，画出程序能正常结束（即顺利通关）的情况下执行到最后一次递归调用 reverse 过程时 phase5 和 reverse 两个过程的栈帧状态，并在表 6.1 中填写每次调用 phase5() 和函数 reverse() 时参数寄存器 r4 的内容。

表 6.1　调用函数 phase5() 和函数 reverse() 时参数寄存器 r4 中的内容

调 用 函 数	r4 中的内容
调用 phase5() 时	
第一次调用 reverse() 时	
第二次调用 reverse() 时	
第三次调用 reverse() 时	
⋮	

实验 6 数组类型变量的处理

一、实验目的

1. 掌握数组元素在存储空间中的存放和访问。
2. 理解数组元素的访问与指针变量之间的关系。
3. 深入理解按位逻辑运算的功能。
4. 掌握循环控制语句和条件选择语句对应的机器级表示。

二、实验要求

本实验要求输入一个数据序列，函数 phase6() 通过对一个用于比较的特定数组中各元素进行相应的处理，然后将比较数组被处理后的数据元素与输入数据序列进行比较，若满足程序设定的条件，则通过本实验关卡。实验中需通过对函数 phase6() 反汇编结果进行分析，并对可执行文件 phase 进行跟踪和调试执行，以获知调用函数 scanf() 时的参数列表，从而推导出输入数据的个数及其类型，据此进一步分析推导出输入数据序列的具体内容。

三、代码分析

在 phase.txt 中，函数 phase6() 对应的反汇编结果如图 6.12 所示。从左至右的 4 列分别为行号、虚拟地址、机器指令和汇编指令。

1. phase6 过程的准备阶段和结束阶段

图 6.12 中第 1、2 行指令对应 phase6 准备阶段。第 48~50 行指令对应 phase6 结束阶段。

2. 函数 phase6() 所要求的输入数据个数及其类型的分析

图 6.12 中第 7 行指令"bl −1368(0xffffaa8)"用于函数 scanf() 的调用。第 3、4 行指令"addi.d $r6，$r3，8(0x8)"和"addi.d $r5，$r3，12(0xc)"为调用函数 scanf() 传递入口参数，分别将地址 R[r3]+12 和 R[r3]+8 存入参数寄存器 r5 和 r6，由此可知，函数 phase6() 要求输入的数据序列中有两个数据，假设其对应的变量分别是 x 和 y，则 x 和 y 分别分配在地址 R[r3]+12 和 R[r3]+8 处。第 5、6 行指令"pcaddu12i $r4，0"和"addi.d $r4，$r4，1272(0x4f8)"用于将一个相对于当前 PC 位移量为 0x4f8 的地址存入参数寄存器 r4，该地址为函数 scanf() 调用时的第一个参数，即输入格式串首地址。通过对函数 phase6() 对应的指令序列进行跟踪和调试执行，可查看 r4 寄存器的内容，从而找到函数 scanf() 调用时的输入格式串，最后根据输入格式串的内容可推导出输入数据序列中两个数据（对应变量 x 和 y）的类型。

3. 用于比较的数组相关信息及其首次操作的分析

函数 phase6() 中定义了一个用于和输入数据序列进行比较的数组，可通过对函数 phase6() 对应的机器级代码的分析，获知该数组的相关信息。图 6.12 中第 8、9 行指令"pcaddu12i $r13，7(0x7)"和"ld.d $r13，$r13，1404(0x57c)"用于从地址 0x1 2000 0b8c+0x7000+0x57c=0x1 2000 8108 处的存储单元中取出一个 64 位数据，然后写入寄存器 r13 中；

```
0000000120000b70 <phase6>:
1    120000b70:   02ff8063   addi.d    $r3,$r3,-32(0xfe0)
2    120000b74:   29c06061   st.d      $r1,$r3,24(0x18)
3    120000b78:   02c02066   addi.d    $r6,$r3,8(0x8)
4    120000b7c:   02c03065   addi.d    $r5,$r3,12(0xc)
5    120000b80:   1c000004   pcaddu12i $r4,0
6    120000b84:   02d3e084   addi.d    $r4,$r4,1272(0x4f8)
7    120000b88:   57faabff   bl        -1368(0xfffffaa8) # 120000630 < isoc99 scanf@plt>
8    120000b8c:   1c0000ed   pcaddu12i $r13,7(0x7)
9    120000b90:   28d5f1ad   ld.d      $r13,$r13,1404(0x57c)
10   120000b94:   02c0a1b2   addi.d    $r18,$r13,40(0x28)
11   120000b98:   001501ae   move      $r14,$r13
12   120000b9c:   0015000c   move      $r12,$r0
13   120000ba0:   288001cf   ld.w      $r15,$r14,0
14   120000ba4:   0015b1ec   xor       $r12,$r15,$r12
15   120000ba8:   02c011ce   addi.d    $r14,$r14,4(0x4)
16   120000bac:   5ffff5d2   bne       $r14,$r18,-12(0x3fff4) # 120000ba0 <phase6+0x30>
17   120000bb0:   0340058e   andi      $r14,$r12,0x1
18   120000bb4:   440015c0   bnez      $r14,20(0x14) # 120000bc8 <phase6+0x58>
19   120000bb8:   0280040e   addi.w    $r14,$r0,1(0x1)
20   120000bbc:   004085ce   slli.w    $r14,$r14,0x1
21   120000bc0:   0014b98f   and       $r15,$r12,$r14
22   120000bc4:   43fff9ff   beqz      $r15,-8(0x7ffff8) # 120000bbc <phase6+0x4c>
23   120000bc8:   00150011   move      $r17,$r0
24   120000bcc:   00150010   move      $r16,$r0
25   120000bd0:   50001000   b         16(0x10) # 120000be0 <phase6+0x70>
26   120000bd4:   0015c5f1   xor       $r17,$r15,$r17
27   120000bd8:   02c011ad   addi.d    $r13,$r13,4(0x4)
28   120000bdc:   580019b2   beq       $r13,$r18,24(0x18) # 120000bf4 <phase6+0x84>
29   120000be0:   288001af   ld.w      $r15,$r13,0
30   120000be4:   0014b9ec   and       $r12,$r15,$r14
31   120000be8:   43ffed9f   beqz      $r12,-20(0x7fffec) # 120000bd4 <phase6+0x64>
32   120000bec:   0015c1f0   xor       $r16,$r15,$r16
33   120000bf0:   53ffebff   b         -24(0xffffffe8) # 120000bd8 <phase6+0x68>
34   120000bf4:   2880306d   ld.w      $r13,$r3,12(0xc)
35   120000bf8:   2880206f   ld.w      $r15,$r3,8(0x8)
36   120000bfc:   0011c1ac   sub.d     $r12,$r13,$r16
37   120000c00:   0240058c   sltui     $r12,$r12,1(0x1)
38   120000c04:   0011c5ee   sub.d     $r14,$r15,$r17
39   120000c08:   024005ce   sltui     $r14,$r14,1(0x1)
40   120000c0c:   0014b98c   and       $r12,$r12,$r14
41   120000c10:   0011c5ad   sub.d     $r13,$r13,$r17
42   120000c14:   024005ad   sltui     $r13,$r13,1(0x1)
43   120000c18:   0011c1ef   sub.d     $r15,$r15,$r16
44   120000c1c:   024005ef   sltui     $r15,$r15,1(0x1)
45   120000c20:   0014bdad   and       $r13,$r13,$r15
46   120000c24:   0015358c   or        $r12,$r12,$r13
47   120000c28:   40001180   beqz      $r12,16(0x10) # 120000c38 <phase6+0xc8>
48   120000c2c:   28c06061   ld.d      $r1,$r3,24(0x18)
49   120000c30:   02c08063   addi.d    $r3,$r3,32(0x20)
50   120000c34:   4c000020   jirl      $r0,$r1,0
51   120000c38:   54019400   bl        404(0x194) # 120000dcc <bomb>
52   120000c3c:   53fff3ff   b         -16(0xfffffff0) # 120000c2c <phase6+0xbc>
```

图 6.12　phase6(　)对应的反汇编结果

第 11 行的伪指令"move \$r14,\$r13"再将 r13 中的内容写入 r14 中；第 13 行指令"ld.w \$r15,\$r14,0"的功能为 R[r15]←M[R[r14]]，即从 r14 的内容所指向的地址处取出一个 32 位数据。由此可推断 r13 和 r14 中存放的是同一个存储地址。假设地址 0x1 2000 8108 处存放的是一个 64 位地址 n，则 R[r13]＝R[r14]＝n。第 10 行指令"addi.d \$r18,\$r13,40(0x28)"执行后，R[r18]＝R[r13]＋40＝n＋40，即 r18 中的内容为地址 n＋40。综上可知，第 8～11 行对应指令序列的执行逻辑如图 6.13 所示。

第 12 行的伪指令"move \$r12,\$r0"执行后 R[r12]＝0；第 13 行指令"ld.w r15,r14,0"用于将 r14 的内容所指向地址处内容存入 r15；第 14 行指令"xor \$r12,\$r15,\$r12"的功能为 R[r12]←R[r12]⊕R[r15]；第 15 行指令"addi.d \$r14,\$r14,4(0x4)"实现对 r14 的内容加 4；第 16 行指令"bne \$r14,\$r18,－12(0x3fff4)"用于比较 R[r14] 和 R[r18] 的大小，若 R[r14]≠R[r18]，则跳转到第 13 行指令继续执行。显然，上述第 12～16 行指令序列对应一个循环控制语句，用于实现对一个数组中各元素进行某种处理，其执行流程如图 6.14 所示。

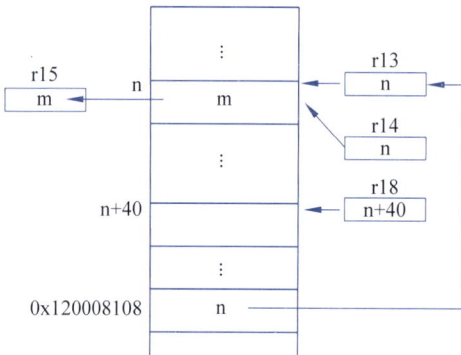

图 6.13　第 8～11 行指令序列执行逻辑示意图　　图 6.14　第 12～16 行指令执行流程图

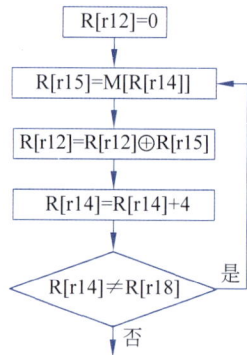

综上所述可知，地址 0x1 2000 8108 处存放的是用于比较的数组的首地址，r13 和 r18 中的内容分别为数组的首地址和最后一个数组元素地址，用 r14 中的地址去访问数组元素，每次读取数组元素后，r14 的内容加 4，再与 r18 中的内容比较，以判断数组的访问是否结束。

通常，对数组元素的处理通过循环控制结构实现，假设 r12 中内容对应一个变量 temp，其初始值为 0，第 8～16 行指令序列实现的循环控制语句中，每次循环总是将一个数组元素与变量 temp 按位异或，结果再赋给变量 temp。异或运算的特点是，当两个数位不相同时结果为 1；当两个数位相同时，结果为 0。

4. 找出变量 temp 中最右边 1 的位置

图 6.12 中第 17 行指令"andi \$r14,\$r12,0x1"执行前，r12 中的内容对应变量 temp，该指令执行后，R[r14]＝R[r12] & 0x1，即提取 r12 中存放的 temp 变量的最低位，并存入 r14。第 18 行指令"bnez \$r14,20(0x14)"判断 r14 的内容是否为 0，若 R[r14]≠0，则跳转到第 23 行指令处执行；否则，继续执行。这两条指令的含义是：若 R[r12][0:0]＝＝1，则 R[r14]＝1，并跳转到第 23 行指令处执行；否则，R[r14]＝0，继续执行下一条指令。

第 19 行指令"addi.w \$r14,\$r0,1(0x1)"执行后 R[r14]＝1。第 20 行指令"slli.w

$r14,$r14,0x1"的功能为 R[r14]←R[r14]<<1。第 21 行指令"and $r15,$r12,$r14"的功能为 R[r15]←R[r12] & R[r14]。第 22 行指令"beqz $r15,−8(0x7ffff8)"判断 r15的内容是否为 0,若 R[r15]==0,则跳转到第 20 行指令处执行;否则,继续执行第 23 行(即第 22 行的下一条)指令。

综上分析可知,第 20~22 行指令序列对应一个循环控制语句中的循环体,每次循环总是将 r14 中仅有的一个 1 左移 1 位,然后将 R[r12] & R[r14]的结果存入 r15。假设某次循环中 r14 的第 $t(t=1, 2, \cdots, 31)$ 位为 1,则 R[r12] & R[r14]的结果等价于提取 r12 中的第 t 位,若该位为 0,则 r15 中内容为 0;若该位为 1,则 r15 中内容不为 0。第 21 行指令实现的操作功能"R[r15]←R[r12] & R[r14]"如图 6.15 所示。因为循环结束的条件是 r15 中内容不为 0,此时 r12 中对应位(即当前循环对应的第 t 位)必定为 1,而所提取的第 t 位是由r14 中第 0 位的 1 左移 t 次后所确定的那一位,所以循环结束时,确定的 r12 中第 t 位上的 1是其最右边的 1。

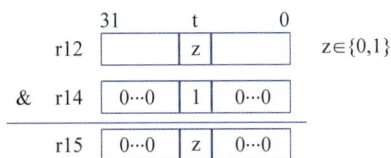

图 6.15　"R[r15]＝R[r12] & R[r14]"的操作示意图

综上所述,第 17~22 行指令序列对应的循环结构语句执行结束时,若 r12 的最低位(即 $t=0$)为 1,则 R[r14]＝1;若 r12 中第 $t(t=1, 2, \cdots, 31)$ 位的 1 是其最右边的 1,则R[r14]＝2^t。因此,第 17~22 行指令序列对应的循环结构语句实现的功能就是找出变量temp 中最右边 1 的位置。

5. 对用于比较的数组进行第二次操作的分析

图 6.12 中第 23、24 行的伪指令"move $r17,$r0"和"movc $r16,$r0"实现对 r17 和r16 的初始化,即 R[r17]＝0,R[r16]＝0。

第 25 行指令"b 16(0x10)"将无条件跳转到第 29 行指令处执行。第 29 行指令"ld.w$r15,$r13,0"将 r13 中内容所指向的数组元素取出,并存入 r15,即 R[r15]＝M[R[r13]],第一次执行第 29 行指令时,r13 指向数组首地址,此时读取数组第一个元素。第 30 行指令"and $r12,$r15,$r14"将读取的数组元素与 r14 内容进行与运算并存入r12,即 R[r12]＝R[r15] & R[r14]＝M[R[r13]] & 2^t。

第 31 行指令"beqz $r12,−20(0x7fffec)"用于判断 r12 中内容是否为 0,若 R[r12]==0,则意味着 r13 所指向的数组元素的第 t 位为 0,此时跳转到第 26 行指令处执行;否则,继续执行下一条的第 32 行指令。

第 26 行指令"xor $r17,$r15,$r17"将当前读出的数组元素与 r17 进行异或运算,即R[r17]＝R[r17] ⊕R[r15]＝R[r17]⊕M[R[r13]],因为 R[r17]初始化为 0,因此,第 1 次循环结束时 R[r17]＝M[R[r13]]。

第 32 行指令"xor $r16,$r15,$r16"将当前读出的数组元素与 r16 中内容进行异或运算,即 R[r16]＝R[r16]⊕R[r15]＝R[r16]⊕M[R[r13]]。因为 R[r16]初始化为 0,因此,第 1 次循环结束时 R[r16]＝M[R[r13]]。

第 26 行指令、第 32 行指令是第 31 行条件跳转指令 beqz 的两个不同分支。这 3 条指令实现了一条选择语句,其功能是：若当前读出数组元素第 t 位为 0,则将该数组元素与 R[r17]进行异或;否则,将该数组元素与 R[r16]进行异或。

第 33 行指令"b −24(0xffffffe8)"实现无条件跳转到第 27 行指令处。

第 27 行指令"addi.d $r13,$r13,4(0x4)"执行后,R[r13]=R[r13]+4,使 r13 中内容指向下一个数组元素。第 28 行指令"beq $r13,$r18,24(0x18)"将 r13 与 r18 的内容进行比较,若 R[r13]==R[r18],则跳转到第 34 行指令处执行;否则,继续执行第 29 行指令,进入下一次循环,继续读取 r13 内容所指向的下一个数组元素,然后重复上述操作。

综上所述,可得到第 23～33 行指令序列的执行流程,如图 6.16 所示。该执行流程为一个循环控制结构,每个循环依次读取数组元素,将其与 R[r14]进行与运算并将结果存入 r12,因为 R[r14]=2^t,所以 r12 中保留了数组元素的第 t 位,其他位全为 0。若 R[r12]==0,即数组元素中第 t 位为 0,则该数组元素与 R[r17]进行异或运算;否则,该数组元素与 R[r16]进行异或运算。因此,循环结束时,寄存器 r16 中得到的是第 t 位为 1 的所有数组元素进行异或运算的结果,在寄存器 r17 中得到的是第 t 位为 0 的所有数组元素进行异或运算的结果。

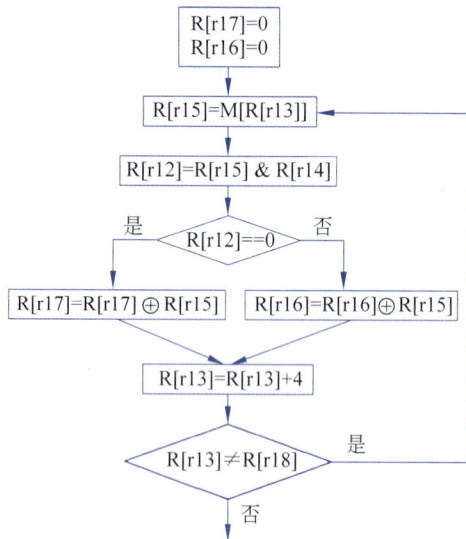

图 6.16 第 23～33 行指令执行流程图

6. 检查键盘输入的数据应满足的条件

为了便于后续逆向工程分析,这里假设图 6.16 循环结构语句执行结束时,R[r16]=a,R[r17]=b。

图 6.12 中第 34、35 行指令"ld.w $r13,$r3,12(0xc)"和"ld.w $r15,$r3,8(0x8)"用于读取从键盘输入的数据 x 和 y,这两条指令执行后,R[r13]=x,R[r15]=y。

第 36 行指令"sub.d $r12,$r13,$r16"执行后,R[r12]=R[r13]−R[r16]=x−a,第 37 行指令"sltui $r12,$r12,1(0x1)"用于对 R[r12]按无符号整数进行判断,若 R[r12]<1,则 R[r12]=1;否则,R[r12]=0。下面分两种情况讨论。

（1）当 x＝＝a 时，R［r12］＝x－a＝0，R［r12］＜1 成立，此时 R［r12］＝1。

（2）当 x≠a 时，R［r12］＝x－a≠0，按无符号整数判断，R［r12］≥1，此时 R［r12］＝0。

因此，第 36、37 行的 sub.d 和 sltui 两条指令的配合使用可用于判断两个整数是否相等。若 x＝＝a，则 R［r12］＝1；否则，R［r12］＝0。

同理，第 38、39 行指令"sub.d ＄r14，＄r15，＄r17"和"sltui ＄r14，＄r14，1(0x1)"配合使用，用于判断 y 和 b 是否相等。若 y＝＝b，则 R［r14］＝1；否则，R［r14］＝0。

第 40 行指令"and ＄r12，＄r12，＄r14"执行后，R［r12］＝R［r12］＆ R［r14］，即当 x＝＝a 且 y＝＝b 时，R［r12］＝1；否则，R［r12］＝0。

第 41～45 行指令与第 36～40 行指令的含义类似，即当 x＝＝b 且 y＝＝a 时，R［r13］＝1；否则，R［r13］＝0。

第 46 行指令"or ＄r12，＄r12，＄r13"执行后，R［r12］＝R［r12］｜ R［r13］。根据上述操作可知，当满足 x＝＝a 且 y＝＝b，或者满足 x＝＝b 且 y＝＝a 时，R［r12］＝1；否则，R［r12］＝0。

第 47 行指令"beqz ＄r12，16(0x10)"用于判断 r12 的内容是否为 0，当 R［r12］＝＝0 时，跳转到第 51 行指令处执行函数 bomb() 调用，以终止 phase 的执行；否则，继续执行 phase6 过程，正常结束后返回到 main 过程执行。

综上所述，第 34～47 行指令序列用于检查从键盘输入的数据 x 和 y 是否满足实验通关的检测条件。要通过本实验关卡，必须获知检测条件中 a 和 b 的值，因此，在理解上述指令序列所对应处理逻辑的基础上，还需要对函数 phase6() 对应机器级代码进行跟踪和调试执行，才能最终完成实验。

函数 phase6() 对应的机器级代码较长，理解其执行逻辑需要有较强的代码阅读能力。首先，必须熟悉循环控制语句对应的指令序列结构，从而能对机器级代码按功能合理划分，化繁为简，逐步理解。其次，可用图形化方法描述指令序列实现的功能，例如，使用流程图可以较容易地描述循环控制结构、条件分支结构等，从而能有效地帮助理解程序的执行逻辑。

四、实验报告

本实验报告包括但不限于以下内容。

1. 用一句话描述函数 phase6() 对用于比较的数组元素所进行的操作处理。通过对 phase 程序的跟踪和调试执行与分析，给出 phase6() 中用于比较的数组中各元素的值。

2. 图 6.17 给出了所提供的可执行目标文件 array 的部分反汇编结果，请回答下列问题或完成任务。

（1）函数 func() 有几个参数？这些参数的数据类型各是什么？

（2）在函数 func() 对应的第 3 行和第 14 行指令中，r4 中的内容分别对应什么信息？

（3）通过调试执行可执行文件 array，给出函数 func() 每个入口参数的具体内容。在函数 func() 执行前、后，程序所处理的数组中各数组元素的内容分别是什么？

```
0000000120000670 <func>:
1    120000670:   0280040c    addi.w       $r12,$r0,1(0x1)
2    120000674:   64003585    bge          $r12,$r5,52(0x34) # 1200006a8 <func+0x38>
3    120000678:   02c0108c    addi.d       $r12,$r4,4(0x4)
4    12000067c:   02bff8a5    addi.w       $r5,$r5,-2(0xffe)
5    120000680:   00df00a5    bstrpick.d   $r5,$r5,0x1f,0x0
6    120000684:   002c80a5    alsl.d       $r5,$r5,$r0,0x2
7    120000688:   02c02084    addi.d       $r4,$r4,8(0x8)
8    12000068c:   001090a4    add.d        $r4,$r5,$r4
9    120000690:   2880018d    ld.w         $r13,$r12,0
10   120000694:   28bff18e    ld.w         $r14,$r12,-4(0xffc)
11   120000698:   001039ad    add.w        $r13,$r13,$r14
12   12000069c:   2980018d    st.w         $r13,$r12,0
13   1200006a0:   02c0118c    addi.d       $r12,$r12,4(0x4)
14   1200006a4:   5fffed84    bne          $r12,$r4,-20(0x3ffec) # 120000690 <func+0x20>
15   1200006a8:   4c000020    jirl         $r0,$r1,0


00000001200006ac <main>:
16   1200006ac:   02ff8063    addi.d       $r3,$r3,-32(0xfe0)
17   1200006b0:   29c06061    st.d         $r1,$r3,24(0x18)
18   1200006b4:   29c04077    st.d         $r23,$r3,16(0x10)
19   1200006b8:   29c02078    st.d         $r24,$r3,8(0x8)
20   1200006bc:   29c00079    st.d         $r25,$r3,0
21   1200006c0:   02802005    addi.w       $r5,$r0,8(0x8)
22   1200006c4:   1c000104    pcaddu12i    $r4,8(0x8)
23   1200006c8:   02e4f084    addi.d       $r4,$r4,-1732(0x93c)
24   1200006cc:   57ffa7ff    bl           -92(0xfffffa4) # 120000670 <func>
25   1200006d0:   1c000117    pcaddu12i    $r23,8(0x8)
26   1200006d4:   02e4c2f7    addi.d       $r23,$r23,-1744(0x930)
27   1200006d8:   02c082f9    addi.d       $r25,$r23,32(0x20)
28   1200006dc:   1c000018    pcaddu12i    $r24,0
29   1200006e0:   02c3b318    addi.d       $r24,$r24,236(0xec)
30   1200006e4:   288002e5    ld.w         $r5,$r23,0
31   1200006e8:   00150304    move         $r4,$r24
32   1200006ec:   57fdc7ff    bl           -572(0xfffffdc4) # 1200004b0 <printf@plt>
33   1200006f0:   02c012f7    addi.d       $r23,$r23,4(0x4)
34   1200006f4:   5ffff2f9    bne          $r23,$r25,-16(0x3fff0) # 1200006e4 <main+0x38>
35   1200006f8:   28c06061    ld.d         $r1,$r3,24(0x18)
36   1200006fc:   28c04077    ld.d         $r23,$r3,16(0x10)
37   120000700:   28c02078    ld.d         $r24,$r3,8(0x8)
38   120000704:   28c00079    ld.d         $r25,$r3,0
39   120000708:   02c08063    addi.d       $r3,$r3,32(0x20)
40   12000070c:   4c000020    jirl         $r0,$r1,0
```

图 6.17　array 的部分反汇编结果

实验7 指针类型变量的处理

一、实验目的

1. 理解指针变量与数组元素访问之间的关系。
2. 掌握二维数组和指针变量的使用及其存储访问对应的机器级表示。

二、实验要求

本实验要求输入一个数据序列,函数 phase7() 使用指针访问二维数组中的元素,并对该二维数组进行处理,处理后得到的数据与输入数据进行比较,若满足程序要求,则通过本实验关卡。本实验需要通过对函数 phase7() 对应机器级代码进行分析,并对可执行文件 phase 进行跟踪和调试执行,确认函数 scanf() 调用时的入口参数,从而推导出函数 phase7() 要求输入的数据序列中数据的数量、数据类型以及输入数据之间的分隔形式,最终得出实验通关所需的输入内容。

三、代码分析

在 phase.txt 中,函数 phase7() 的反汇编结果如图 6.18 所示。从左至右的 4 列分别为行号、虚拟地址、机器指令和汇编指令。

1. phase7 过程的准备阶段和结束阶段

图 6.18 中,第 1~6 行指令对应 phase7 准备阶段,第 55~61 行指令对应 phase7 结束阶段。

2. 数组元素的数据类型

图 6.18 中第 7、8 行的伪指令"move \$r25,\$r0"和"move \$r26,\$r0"执行后,R[r25]=0,R[r26]=0。第 9、10 行指令"pcaddu12i \$r23,7(0x7)"和"ld.d \$r23,\$r23,1168(0x490)"将地址 0x1 2000 0c60+0x7000+0x490=0x1 2000 80f0 处的一个 64 位数据取出并存入寄存器 r23 中;第 11 行指令"ld.h \$r24,\$r23,0"的功能为 R[r24]←M[R[r23],HALFWORD],即从 r23 中内容所指向的存储单元中取出一个 16 位数据存入 r24 中。从上述分析可知,r23 中存放的是一个指向(unsigned)short 数据类型的指针,地址 0x1 2000 80f0 处存放的应是数组首地址,r24 中存放的是数组第一个元素的内容,即函数 phase7() 处理的数组类型为(unsigned)short。

3. 函数 phase7() 中设定的输入数据类型

图 6.18 中第 16 行指令"bl −1612(0xffff9b4)"用于调用函数 scanf()。其前面的第 12、13 行指令"addi.d \$r6,\$r3,8(0x8)"和"addi.d \$r5,\$r3,12(0xc)"用于将地址 R[r3]+12 和 R[r3]+8 分别存入参数寄存器 r5 和 r6,由此可知,本实验要求输入的数据序列中有两个数据,假设地址 R[r3]+12 和 R[r3]+8 处的输入数据对应的变量名分别是 x 和 y。第 14、15 行指令"pcaddu12i \$r4,0"和"addi.d \$r4,\$r4,1028(0x404)"将相对于当前 PC 位移量为 0x404 的地址存入参数寄存器 r4。因为函数 scanf() 第一个参数总是输入格式串,所以可推断 r4 中存放的是输入格式串的首地址。通过对函数 phase7() 对应机器级代码的调试执

```
0000000120000c40 <phase7>:
 1   120000c40:   02ff0063    addi.d      $r3,$r3,-64(0xfc0)
 2   120000c44:   29c0e061    st.d        $r1,$r3,56(0x38)
 3   120000c48:   29c0c077    st.d        $r23,$r3,48(0x30)
 4   120000c4c:   29c0a078    st.d        $r24,$r3,40(0x28)
 5   120000c50:   29c08079    st.d        $r25,$r3,32(0x20)
 6   120000c54:   29c0607a    st.d        $r26,$r3,24(0x18)
 7   120000c58:   00150019    move        $r25,$r0
 8   120000c5c:   0015001a    move        $r26,$r0
 9   120000c60:   1c0000f7    pcaddu12i   $r23,7(0x7)
10   120000c64:   28d242f7    ld.d        $r23,$r23,1168(0x490)
11   120000c68:   284002f8    ld.         $r24,$r23,0
12   120000c6c:   02c02066    addi.d      $r6,$r3,8(0x8)
13   120000c70:   02c03065    addi.d      $r5,$r3,12(0xc)
14   120000c74:   1c000004    pcaddu12i   $r4,0
15   120000c78:   02d01084    addi.d      $r4,$r4,1028(0x404)
16   120000c7c:   57f9b7ff    bl          -1612(0xffff9b4) # 120000630 <  isoc99 scanf@plt>
17   120000c80:   001502ec    move        $r12,$r23
18   120000c84:   0015000d    move        $r13,$r0
19   120000c88:   00150010    move        $r16,$r0
20   120000c8c:   0280100f    addi.w      $r15,$r0,4(0x4)
21   120000c90:   50001000    b           16(0x10) # 120000ca0 <phase7+0x60>
22   120000c94:   028005ad    addi.w      $r13,$r13,1(0x1)
23   120000c98:   02c0098c    addi.d      $r12,$r12,2(0x2)
24   120000c9c:   58001daf    beq         $r13,$r15,28(0x1c) # 120000cb8 <phase7+0x78>
25   120000ca0:   2840018e    ld.h        $r14,$r12,0
26   120000ca4:   67fff30e    bge         $r24,$r14,-16(0x3fff0) # 120000c94 <phase7+0x54>
27   120000ca8:   001501b9    move        $r25,$r13
28   120000cac:   001501d8    move        $r24,$r14
29   120000cb0:   0015021a    move        $r26,$r16
30   120000cb4:   53ffe3ff    b           -32(0xfffffe0) # 120000c94 <phase7+0x54>
31   120000cb8:   1c0000ed    pcaddu12i   $r13,7(0x7)
32   120000cbc:   28d0e1ad    ld.d        $r13,$r13,1080(0x438)
33   120000cc0:   02c021ad    addi.d      $r13,$r13,8(0x8)
34   120000cc4:   0015000c    move        $r12,$r0
35   120000cc8:   02800410    addi.w      $r16,$r0,1(0x1)
36   120000ccc:   0280100f    addi.w      $r15,$r0,4(0x4)
37   120000cd0:   50001000    b           16(0x10) # 120000ce0 <phase7+0xa0>
38   120000cd4:   0280058c    addi.w      $r12,$r12,1(0x1)
39   120000cd8:   02c009ad    addi.d      $r13,$r13,2(0x2)
40   120000cdc:   58001d8f    beq         $r12,$r15,28(0x1c) # 120000cf8 <phase7+0xb8>
41   120000ce0:   284001ae    ld.h        $r14,$r13,0
42   120000ce4:   67fff30e    bge         $r24,$r14,-16(0x3fff0) # 120000cd4 <phase7+0x94>
43   120000ce8:   00150199    move        $r25,$r12
44   120000cec:   001501d8    move        $r24,$r14
45   120000cf0:   0015021a    move        $r26,$r16
46   120000cf4:   53ffe3ff    b           -32(0xfffffe0) # 120000cd4 <phase7+0x94>
47   120000cf8:   2880306c    ld.w        $r12,$r3,12(0xc)
48   120000cfc:   0011e98c    sub.d       $r12,$r12,$r26
49   120000d00:   0012b00c    sltu        $r12,$r0,$r12
50   120000d04:   2880206d    ld.w        $r13,$r3,8(0x8)
51   120000d08:   0011e5b9    sub.d       $r25,$r13,$r25
52   120000d0c:   0012e419    sltu        $r25,$r0,$r25
53   120000d10:   0015658c    or          $r12,$r12,$r25
54   120000d14:   44002180    bnez        $r12,32(0x20) # 120000d34 <phase7+0xf4>
55   120000d18:   28c0e061    ld.d        $r1,$r3,56(0x38)
56   120000d1c:   28c0c077    ld.d        $r23,$r3,48(0x30)
57   120000d20:   28c0a078    ld.d        $r24,$r3,40(0x28)
58   120000d24:   28c08079    ld.d        $r25,$r3,32(0x20)
59   120000d28:   28c0607a    ld.d        $r26,$r3,24(0x18)
60   120000d2c:   02c10063    addi.d      $r3,$r3,64(0x40)
61   120000d30:   4c000020    jirl        $r0 $r1 0
62   120000d34:   54009800    bl          152(0x98) # 120000dcc <bomb>
```

图 6.18　phase7( )的反汇编结果

行,可以查看 r4 寄存器内容,从而找到在函数 phase7() 中调用函数 scanf() 时所设置的输入格式串,据此可获知输入数据对应变量 x 和 y 的类型。

4. 数组中第一组数据的处理

图 6.18 中第 17～20 行 4 条指令"move ＄r12,＄r23""move ＄r13,＄r0""move ＄r16,＄r0""addi.w ＄r15,＄r0,4(0x4)"用于在循环前对相关数据进行初始化,该组指令执行后,R[r12]＝R[r23],即 r12 中内容初始化为(unsigned)short 型数组的首地址,R[r13]＝0,R[r16]＝0,R[r15]＝4。第 21 行指令"b 16(0x10)"无条件跳转到第 25 行指令处。

第 25 行指令"ld.h ＄r14,＄r12,0"的功能为 R[r14]←M[R[r12],HALFWORD],即将 r12 内容所指向的数组元素取出并存入 r14。第 26 行指令"bge ＄r24,＄r14,－16(0x3fff0)"判断 R[r24]和 R[r14]的大小,若 R[r24]≥R[r14],则跳转到第 22 行指令处执行;否则,继续执行下一条的第 27 行指令。第 27～29 行 3 条伪指令"move ＄r25,＄r13""move ＄r24,＄r14""move ＄r26,＄r16"执行后,R[r25]＝R[r13],R[r24]＝R[r14],R[r26]＝R[r16],可推测这 3 条指令是在保存一个当前状态。第 30 条指令"b －32(0xfffffe0)"无条件跳转到第 22 行指令处执行。

第 22 行指令"addi.w ＄r13,＄r13,1(0x1)"执行后,R[r13]＝R[r13]+1。第 23 行指令"addi.d ＄r12,＄r12,2(0x2)"执行后,R[r12]＝R[r12]+2。因为 r13 中内容被初始化为 0,r12 中内容被初始化为(unsigned)short 型数组的首地址,此处 r13 中内容加 1 是为了实现循环控制变量增 1,同时使数组下标加 1,而 r12 中内容加 2 是为了使 r12 中内容指向紧挨着的下一个数组元素。第 24 行指令"beq ＄r13,＄r15,28(0x1c)"判断 R[r13]和 R[r15]的大小,若 R[r13]＝＝R[r15],则跳转到第 31 行指令处;否则,继续执行下一条的第 25 行指令。因为 r15 中内容被初始化为 4,这里将 r13 中存放的循环控制变量对应值与 4 进行比较,可以推断循环次数为 4。

显然,在第 22～30 行指令序列对应的程序段中存在一个循环结构语句,并在循环体中存在一个选择结构语句。综上可知,第 17～30 行指令序列对应的功能和处理逻辑如图 6.19 所示。

从图 6.19 可以看出,这段代码的功能可理解为:r23 中内容指向一组数据(即数组)的首地址,将 R[r12]初始化为 R[r23],并在每次循环中使 R[r12]加 2,因此 R[r12]相当于一个指针,通过 R[r12]可依次读出数组中的每个数据,将读出的数据与 R[r24]进行比较,若比 R[r24]更大,则将读出数据存入 r24 中,r24 中的初始值是数组中的第一个数据,显然,r24 中存放的是这组数据中的最大值。

在前面第 7～11 行指令序列中,已经对寄存器 r25 和 r26 中的内容赋初值为 0,如图 6.19 所示,在将当前读出的更大的数据替代 r24 中原内容时,会将 r13 和 r16 的内容分别赋值给 r25 和

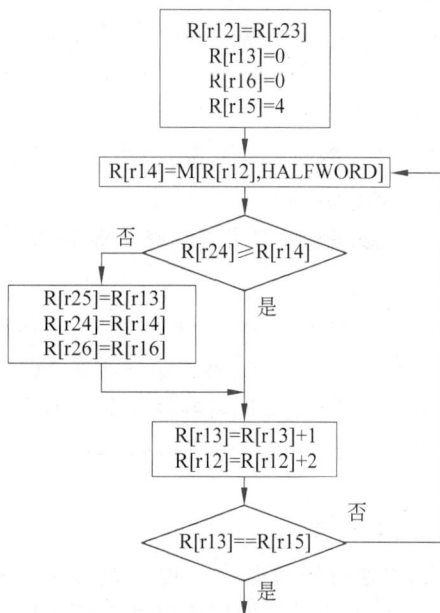

图 6.19　第 17～30 行指令序列对应的功能和处理逻辑流程图

r26,可推测 r25 中存放的是当前 r24 中的最大数据在数组中的下标。但是,r26 中存放的来自 r16 中的内容在每次循环中都为 0,其含义在此处无法推测。

5. 数组中第二组数据的处理

图 6.18 中第 31、32 行指令"pcaddu12i ＄r13,7(0x7)"和"ld.d ＄r13,＄r13,1080(0x438)"将地址 0x1 2000 0cb8＋0x7000＋0x438＝0x1 2000 80f0 处的一个 64 位数据取出并送入 r13。从第 2 步的分析结果可知,地址 0x1 2000 80f0 处存放的是数组首地址,故这两条指令执行后,r13 中存放的是数组首地址。第 33 行指令"addi.d ＄r13,＄r13,8(0x8)"执行后,R[r13]＝R[r13]＋8。上一组数据处理时共循环 4 次,每次取出的数据是 16 位,共处理完 8 字节数据,由此可知,r13 中内容指向第一组数据的下一个数据所在的存储单元。

第 34 行的伪指令"move ＄r12,＄r0"执行后,R[r12]＝0。第 35 行指令"addi.w ＄r16,＄r0,1(0x1)"的功能为 R[r16]←R[r16]＋1。后续指令也没有更改 r16 中的内容,第一组数据处理时 R[r16]＝0,第二组数据处理时 R[r16]＝1,可推测 r16 中存放的是二维数组的另一维下标变量。

第 36～46 行指令的功能类似于第 20～30 行指令,不同的是在第 36～46 行指令中,r13 中存放指向数据的指针,r12 中存放的是下标变量。指令序列执行流程图类似于图 6.19。通过 r13 中的指针,依次读出数组中每个数据,读出的数据与 R[r24]比较大小,最终将数组中最大的数据存入 r24 中,同时将该最大值数据的两个下标(列下标和行下标分别存放在 r12 和 r16 中)分别记录在 r25 和 r26 寄存器中。同样也循环 4 次。至此,函数 phase7()处理的二维数组的功能已经比较清楚了。

6. 检查输入数据应满足的条件

图 6.18 中第 47 行指令"ld.w ＄r12,＄r3,12(0xc)"将输入数据 x 存入 r12,即 R[r12]＝M[R[r3]＋12]＝x。第 48 行指令"sub.d ＄r12,＄r12,＄r26"的功能为 R[r12]←R[r12]－R[r26]。第 49 行指令"sltu ＄r12,＄r0,＄r12"按无符号整数判断大小,若 R[r12]＞0,则 R[r12]＝1;否则,R[r12]＝0。按无符号整数比较,任何非零整数都大于 0。因此,若在 sub.d 指令执行前 R[r12]＝＝R[r26],则 sltu 指令执行后 R[r12]＝0;否则,R[r12]＝1。故第 47～49 行指令用于判断 x 是否等于 R[r26],若 x＝＝R[r26],则 R[r12]＝0;否则,R[r12]＝1。

同理,第 50～52 行指令"ld.w ＄r13,＄r3,8(0x8)""sub.d ＄r25,＄r13,＄r25""sltu ＄r25,＄r0,＄r25"用于判断 y 是否等于 R[r25]。若 y＝＝R[r25],则 R[r25]＝0;否则,R[r25]＝1。

第 53 行指令"or ＄r12,＄r12,＄r25"的功能为 R[r12]←R[r12]｜R[r25]。此时,若 x＝＝R[r26]且 y＝＝R[r25],则 R[r12]＝0;否则,R[r12]＝1。第 54 行指令"bnez ＄r12,32(0x20)"判断 r12 的内容是否为 0,若 R[r12]≠0,则跳转到第 62 行指令处执行函数 bomb()调用,以终止 phase 程序执行;否则,继续执行 phase7 结束阶段,然后返回到 main 过程执行。

综上所述,程序只有在 x＝＝R[r26]且 y＝＝R[r25]的情况下,函数 phase7()才能正常结束,以通过实验关卡。程序执行到最后 r26 和 r25 中的内容是什么,还需通过对函数 phase7()对应的机器级代码进行跟踪和调试执行才能确定,从而确定输入数据 x 和 y 的值。

C 语言中的指针类型变量的值在机器中表示为所指向对象在存储空间中的地址。指针与整数进行加/减运算的结果为指针对应的地址值加/减一个偏移量,而偏移量应等于整数值乘以指针所指对象的类型大小。C 语言中指针与数组之间的关系十分密切,它们均用于处理存储器中连续存放的一组数据,因而在访问存储器时两者的地址计算方法是统一的,数组元素的引用可以用指针来实现。

四、实验报告

本实验报告包括但不限于以下内容。

图 6.20 给出了所提供的可执行文件 pointer 的部分反汇编结果,请回答下列问题或完成任务。

```
0000000120000710 <main>:
1    120000710:    02ff4063    addi.d       $r3,$r3,-48(0xfd0)
2    120000714:    29c0a061    st.d         $r1,$r3,40(0x28)
3    120000718:    29c08077    st.d         $r23,$r3,32(0x20)
4    12000071c:    29c06078    st.d         $r24,$r3,24(0x18)
5    120000720:    29c04079    st.d         $r25,$r3,16(0x10)
6    120000724:    29c02060    st.d         $r0,$r3,8(0x8)
7    120000728:    1c000117    pcaddu12i    $r23,8(0x8)
8    12000072c:    02e362f7    addi.d       $r23,$r23,-1832(0x8d8)
9    120000730:    02c082f9    addi.d       $r25,$r23,32(0x20)
10   120000734:    1c000018    pcaddu12i    $r24,0
11   120000738:    02c45318    addi.d       $r24,$r24,276(0x114)
12   12000073c:    02c02065    addi.d       $r5,$r3,8(0x8)
13   120000740:    00150304    move         $r4,$r24
14   120000744:    57fdefff    bl           -532(0xfffffdec)#120000530 <__isoc99_scanf@plt>
15   120000748:    001502e5    move         $r5,$r23
16   12000074c:    02c02064    addi.d       $r4,$r3,8(0x8)
17   120000750:    57fe03ff    bl           -512(0xfffffe00) # 120000550 <strcmp@plt>
18   120000754:    44002480    bnez         $r4,36(0x24) # 120000778 <main+0x68>
19   120000758:    02c022f7    addi.d       $r23,$r23,8(0x8)
20   12000075c:    5fffe2f9    bne          $r23,$r25,-32(0x3ffe0) # 12000073c <main+0x2c>
21   120000760:    28c0a061    ld.d         $r1,$r3,40(0x28)
22   120000764:    28c08077    ld.d         $r23,$r3,32(0x20)
23   120000768:    28c06078    ld.d         $r24,$r3,24(0x18)
24   12000076c:    28c04079    ld.d         $r25,$r3,16(0x10)
25   120000770:    02c0c063    addi.d       $r3,$r3,48(0x30)
26   120000774:    4c000020    jirl         $r0,$r1,0
27   120000778:    1c000004    pcaddu12i    $r4,0
28   12000077c:    02c36084    addi.d       $r4,$r4,216(0xd8)
29   120000780:    57fdc3ff    bl           -576(0xfffffdc0) # 120000540 <puts@plt>
30   120000784:    53ffdfff    b            -36(0xfffffdc) # 120000760 <main+0x50>
```

图 6.20　pointer 的部分反汇编结果

（1）用流程图画出程序的执行逻辑。

（2）第 14 行的 bl 指令最多执行几次？

（3）通过对 pointer 的跟踪和调试执行，推断函数 scanf()要求输入的数据个数及其类型。

实验 8　结构体类型变量与链表的处理

一、实验目的

1. 掌握结构体类型变量在存储空间中的分配和访问。

2. 理解链表的结构以及链表处理对应的机器级代码结构。

二、实验要求

本实验要求输入一个数据序列，函数 phase8()使用指针访问一个由结构体数据类型组成的链表，将访问得到的数据与输入数据进行比较，若满足程序要求，则通过本实验关卡。实验中需要通过对函数 phase8()对应机器级代码进行分析，并对可执行文件 phase 进行跟踪和调试执行，以确定函数 scanf()调用时的入口参数，从而推导出函数 phase8()要求输入的数据序列中数据的数量、数据类型以及输入数据之间的分隔形式，最终得出实验通关所需的输入数据。

三、代码分析

在 phase.txt 中，函数 phase8()的反汇编结果如图 6.21 所示。从左至右的 4 列分别为行号、虚拟地址、机器指令和汇编指令。

1. phase8 过程的准备阶段和结束阶段

图 6.21 中第 1～6 行指令对应 phase8 准备阶段。因为在 phase8 过程中会使用被调用者保存寄存器 r23～r26，因此第 3～6 行的 st.d 指令将这些寄存器中的内容保存到 phase8 的栈帧中。第 29～35 行指令对应 phase8 结束阶段，其中第 30～33 行的 ld.d 指令用于恢复寄存器 r23～r26 中的内容。

2. 对被调用者保存寄存器 r24～r26 中的内容进行分析

图 6.21 中第 7、8 行指令"pcaddu12i $r12,7(0x7)"和"addi.d $r12,$r12,684 (0x2ac)"将地址 0x1 2000 0d54+0x7000+0x2ac=0x1 2000 8000 存入 r12 中。第 9 行指令"ld.d $r24,$r12,0"执行后，R[r24]=M[R[r12]]，即该指令将地址 0x1 2000 8000 处的内容存入 r24 中。从第 24 行指令"ld.w $r12,$r24,0"和第 26 行指令"ld.d $r24,$r24,8 (0x8)"可以看出，r24 是一个基址寄存器，因此，可推测 r24 中的内容可能为一个地址，第 24 行指令从该地址处取出内容存入 r12，第 26 行指令再将基于该地址位移量为 8 的地址处的内容（猜测也是一个地址，对应一个指针类型变量）存入 r24。

第 10 行指令"beqz $r24,76(0x4c)"判断 r24 的内容是否为 0，若 R[r24]==0，则跳转到第 29 行指令处，执行 phase8 结束阶段的指令，然后返回到 main 过程执行；否则，继续执行下一条的第 11 行指令。

```
0000000120000d3c <phase8>:
1    120000d3c:   02fec063    addi.d      $r3,$r3,-80(0xfb0)
2    120000d40:   29c12061    st.d        $r1,$r3,72(0x48)
3    120000d44:   29c10077    st.d        $r23,$r3,64(0x40)
4    120000d48:   29c0e078    st.d        $r24,$r3,56(0x38)
5    120000d4c:   29c0c079    st.d        $r25,$r3,48(0x30)
6    120000d50:   29c0a07a    st.d        $r26,$r3,40(0x28)
7    120000d54:   1c0000ec    pcaddu12i   $r12,7(0x7)
8    120000d58:   02cab18c    addi.d      $r12,$r12,684(0x2ac)
9    120000d5c:   28c00198    ld.d        $r24,$r12,0
10   120000d60:   40004f00    beqz        $r24,76(0x4c) # 120000dac <phase8+0x70>
11   120000d64:   00150019    move        $r25,$r0
12   120000d68:   1c00001a    pcaddu12i   $r26,0
13   120000d6c:   02cba35a    addi.d      $r26,$r26,744(0x2e8)
14   120000d70:   50000800    b           8(0x8) # 120000d78 <phase8+0x3c>
15   120000d74:   54005800    bl          88(0x58) # 120000dcc <bomb>
16   120000d78:   00410b37    slli.d      $r23,$r25,0x2
17   120000d7c:   02c0206c    addi.d      $r12,$r3,8(0x8)
18   120000d80:   0010dd85    add.d       $r5,$r12,$r23
19   120000d84:   00150344    move        $r4,$r26
20   120000d88:   57f8abff    bl          -1880(0xfffff8a8) # 120000630 <__isoc99_scanf@plt>
21   120000d8c:   02c0806c    addi.d      $r12,$r3,32(0x20)
22   120000d90:   0010dd97    add.d       $r23,$r12,$r23
23   120000d94:   28bfa2ed    ld.w        $r13,$r23,-24(0xfe8)
24   120000d98:   2880030c    ld.w        $r12,$r24,0
25   120000d9c:   5fffd9ac    bne         $r13,$r12,-40(0x3ffd8) # 120000d74 <phase8+0x38>
26   120000da0:   28c02318    ld.d        $r24,$r24,8(0x8)
27   120000da4:   02800739    addi.w      $r25,$r25,1(0x1)
28   120000da8:   47ffd31f    bnez        $r24,-48(0x7fffd0) # 120000d78 <phase8+0x3c>
29   120000dac:   28c12061    ld.d        $r1,$r3,72(0x48)
30   120000db0:   28c10077    ld.d        $r23,$r3,64(0x40)
31   120000db4:   28c0e078    ld.d        $r24,$r3,56(0x38)
32   120000db8:   28c0c079    ld.d        $r25,$r3,48(0x30)
33   120000dbc:   28c0a07a    ld.d        $r26,$r3,40(0x28)
34   120000dc0:   02c14063    addi.d      $r3,$r3,80(0x50)
35   120000dc4:   4c000020    jirl        $r0,$r1,0
```

图 6.21　phase8()的反汇编结果

第 11 行的伪指令"move $r25,$r0"执行后,R[r25]=0。第 27 行指令"addi.w $r25,
$r25,1(0x1)"执行对 r25 内容加 1 的操作,这两条指令反映 r25 中内容初值为 0,每次循环
执行结束时其值加 1,为此,可推断 r25 中可能存放的是一个循环控制变量,这里假设 r25 中
存放的是循环控制变量 i。

第 12、13 行指令"pcaddu12i $r26,0"和"addi.d $r26,$r26,744(0x2e8)"执行后,

R[r26]=0x1 2000 0d68+0x0+0x2e8=0x1 2000 1050，显然，r26 中的内容应为一个地址。

第 14 行指令"b 8(0x8)"无条件跳转到第 16 行指令处执行。

综上所述，第 7～13 行指令用于实现对寄存器 r24、r25、r26 中内容的初始化。其中，r24 中存放的是一个地址，当 R[r24]为 0 时正常结束 phase8 过程的执行；r25 中存放的是循环控制变量 i；r26 中存放的也是一个地址，开始时 R[r26]=0x1 2000 1050。

3. 函数 phase8()中设定的输入数据类型和存放位置分析

图 6.21 中第 20 行指令"bl −1880(0xffff8a8)"调用函数 scanf()。其前面的第 16 行指令"slli.d \$r23,\$r25,0x2"执行后，R[r23]=R[r25]<<2=i×4。第 17 行指令"addi.d \$r12, \$r3,8(0x8)"执行后，R[r12]= R[r3]+8。第 18、19 行指令"add.d \$r5,\$r12,\$r23"和"move \$r4,\$r26"用于将函数 scanf()的第 1 个和第 2 个入口参数分别存入参数寄存器 r4 和 r5。r4 中存放的是输入格式串地址，由 r26 中的地址传入，r5 中存放的是输入数据对应变量的地址，由第 16～18 行指令可知，R[r5]=R[r12]+R[r23]=R[r3]+8+ i×4。

R[r3]+8+ i×4 通常用于计算数组元素的地址，其中，R[r3]+8 为数组的首地址，i 表示数组元素的下标，每个数组元素占 4 字节，因此，从键盘输入的当前数据应该是作为一个 32 位数据（具体是什么数据类型，可通过对程序进行跟踪和调试执行获知），被存入一个数组中作为第 i 个数组元素。

4. 检查当前输入数据应满足的条件

图 6.21 中第 21～23 行 3 条指令"addi.d \$r12,\$r3,32(0x20)""add.d \$r23,\$r12,\$r23""ld.w \$r13,\$r23,−24(0xfe8)"用于确定 r13 中的内容，这 3 条指令执行后，R[r13]=M[R[r3]+32+R[r23]−24]=M[R[r3]+8+R[r25]×4]=M[R[r3]+8+i×4]，因此，r13 中的内容是从键盘输入的当前数据。为什么第 21～23 行指令用 R[r3]+32−24=R[r3]+8 来确定数组首地址呢？

主教材 4.3.1 节中提到，在访问栈帧中的变量时，编译器有时会使用一个虚拟栈变量（virtual stack vars）指向栈帧的中间位置，以其为基准地址来定位栈帧中的数据，从而可减小访存指令中的偏移量。例如，第 21 行指令将 R[r12]作为虚拟栈变量，指向当前栈帧的中间位置 R[r3]+32，这样，地址 R[r3]+32 处与数组首地址的位移量就是−24，因此，第 23 行的 ld.w 指令中的立即数为−24(0xfe8)。

第 24 行指令"ld.w \$r12,\$r24,0"执行后，R[r12]=M[R[r24]]。

第 25 行指令"bne \$r13,\$r12,−40(0x3ffd8)"用于判断 r13 和 r12 中的内容是否相等，若 R[r13]≠R[r12]，则跳转到第 15 行指令处执行函数 bomb()调用，以终止 phase 程序的执行；否则，继续执行 phase8 过程。

综上所述，第 21～25 行指令用于检查从键盘输入的当前数据是否满足特定的条件，若不满足，则没有通过实验关卡；否则，继续执行。可通过对函数 phase8()对应机器级代码的跟踪和调试执行，确定通过实验关卡所需输入的当前数据内容。

5. 对循环体中执行功能的分析

图 6.21 中第 26 行指令"ld.d \$r24,\$r24,8(0x8)"执行后，R[r24]=M[R[r24]+8]。第 27 行指令"addi.w \$r25,\$r25,1(0x1)"实现 r25 中内容加 1，即 i++。第 28 行指令"bnez \$r24,−48(0x7fffd0)"判断 r24 中内容是否为 0，若 R[r24]≠0，则跳转到第 16 行指令处执行，再次进入循环体；否则，执行 phase8 结束阶段，然后返回 main 过程执行。

综上所述,在第 16～28 行指令中存在一个循环控制结构,其执行流程如图 6.22 所示。在循环体内,首先将从键盘输入的当前数据写入地址 R[r3]+8+i×4 处;然后读出 r24 中内容所指向的 32 位数据,将该数据与输入的当前数据进行比较,若不相等,则调用 bomb() 以终止 phase 的执行;否则,用地址 R[r24]+8 中的内容替换 r24 中内容,并执行 i++,直到 r24 中的内容为 0,结束循环体的执行。

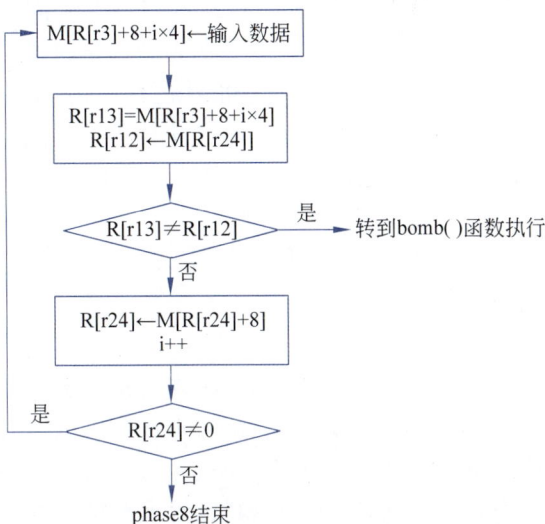

图 6.22　循环的执行流程

图 6.23 给出了第 26 行指令"ld.d ＄r24,＄r24,8(0x8)"执行前、后 r24 中的内容发生变化的情况示意。假设该指令执行前,r24 中的内容所指向的地址为 n,如图 6.23 中虚线表示。该指令执行后,r24 中的内容更新为地址 n+8 处的 64 位数据,假设该数据为 m。从

图 6.22所示的循环执行流程可看出,更新后 r24 中的内容为一个新地址,下一次循环需从该地址中继续读取数据。执行第 26 行指令后,r24 中的内容的变化情况如图 6.23 中实线所示,地址 n+8 处的 m 对应的是一个指针型变量,该处存放的地址替换到 r24 中以后,r24 中的内容和 n+8 处的 m 都指向地址 m 处。由此可判断,从地址 n 开始的至少 16B 的内容应该是链表的一个结构体类型结点,如图 6.23 中阴影部分所示。用结构体表示的结点中,最前面的 4B 存放一个 32 位数据,最后面的 8B 为指针型数据,指向另一个结构体类型结点,从而形成一个由结构体类型结点构成的链表。在第 16～28

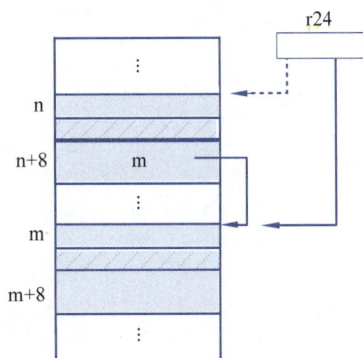

图 6.23　第 26 行指令执行前后的示意图

行指令序列对应的循环控制结构中,寄存器 r24 中的内容依次指向每一个结点的起始位置,从而通过第 24 行指令"ld.w ＄r12,＄r24,0"访问每一个结点中最开始的一个 32 位数据。

LoongArch ABI 规范要求结构体类型数据满足对齐规则,其中整个结构体变量的对齐方式与其中对齐方式最严格的成员相同。在 LA64 架构中,指针类型数据占 8 字节,因而图 6.23 中所示的结构体需按 8 字节要求对齐,程序中没有涉及地址为 R[r24]+4 处的 4 字

节数据，这 4 字节可能是为满足对齐要求的空闲字节。

根据上述对函数 phase8() 对应指令序列的分析，可将 phase8() 对应指令序列按图 6.21 所示的方框划分，以帮助理解程序的执行逻辑。

在 C 语言中，结构体的各成员存放在一段连续的存储区中，指向结构体的指针就是其第一字节的地址。访问结构体变量的成员时，对应的机器级代码可通过"基址加位移量"的寻址方式来实现。例如，第 24 行指令"ld.w $r12, $r24,0"和第 26 行指令"ld.d $r24, $r24,8(0x8)"分别用 R[r24]+0 和 R[r24]+8 作为地址来访问结构体成员。

在 C 语言中，链表由一系列结构体对象通过指针进行链接，每个结构体类型结点中均包含一个指针类型的成员，其值指向链表中下一个结构体类型结点。通过结构体类型结点中的指针类型成员，可访问链表中其他结点。

四、实验报告

本实验报告包括但不限于以下内容。

所提供的可执行文件 stru 的部分反汇编结果如下。其中，第 7 行指令执行后，r23 中存放的是一个指向结构体数组的指针，请回答下列问题或完成任务。

（1）假定程序中访问了结构体中所有成员变量，那么该结构体有几个成员变量？其偏移量分别是多少？该结构体的总大小是多少字节？

（2）通过对可执行文件 stru 的跟踪和调试执行，给出程序中结构体数组的内容。

```
0000000120000670 <main>:
1    120000670:    02ff8063    addi.d      $r3,$r3,-32(0xfe0)
2    120000674:    29c06061    st.d        $r1,$r3,24(0x18)
3    120000678:    29c04077    st.d        $r23,$r3,16(0x10)
4    12000067c:    29c02078    st.d        $r24,$r3,8(0x8)
5    120000680:    29c00079    st.d        $r25,$r3,0
6    120000684:    1c000117    pcaddu12i   $r23,8(0x8)
7    120000688:    28e752f7    ld.d        $r23,$r23,-1580(0x9d4)
8    12000068c:    02c092f9    addi.d      $r25,$r23,36(0x24)
9    120000690:    1c000018    pcaddu12i   $r24,0
10   120000694:    02c42318    addi.d      $r24,$r24,264(0x108)
11   120000698:    280002e5    ld.b        $r5,$r23,0
12   12000069c:    280022ec    ld.b        $r12,$r23,8(0x8)
13   1200006a0:    001030a5    add.w       $r5,$r5,$r12
14   1200006a4:    298012e5    st.w        $r5,$r23,4(0x4)
15   1200006a8:    00150304    move        $r4,$r24
16   1200006ac:    57fe07ff    bl          -508(0xffffe04) #1200004b0 <printf@plt>
17   1200006b0:    02c032f7    addi.d      $r23,$r23,12(0xc)
18   1200006b4:    5fffe6f9    bne         $r23,$r25,-28(0x3ffe4) #120000698 <main+0x28>
19   1200006b8:    28c06061    ld.d        $r1,$r3,24(0x18)
20   1200006bc:    28c04077    ld.d        $r23,$r3,16(0x10)
21   1200006c0:    28c02078    ld.d        $r24,$r3,8(0x8)
22   1200006c4:    28c00079    ld.d        $r25,$r3,0
23   1200006c8:    02c08063    addi.d      $r3,$r3,32(0x20)
24   1200006cc:    4c000020    jirl        $r0,$r1,0
```

第 7 章

程序链接与 ELF 目标文件

本章安排 3 个实验,既要通过 objdump 反汇编工具、gdb 调试工具,对二进制文件构成的可重定位目标文件或可执行目标文件的代码和数据进行分析或调试执行,用逆向工程思维,理解代码实现的功能、不同作用域变量的地址空间分配和访问;又要通过 readelf 工具,识读 ELF 目标文件格式中的重定位节、符号表、节头表等内容,以帮助理解和定位二进制目标文件中的指令和数据、识别符号的类型等;还要通过 hexedit 十六进制编辑工具修改二进制目标文件中代码内容或数据内容,以实现二进制程序文件的功能。通过本章的实验,对深入理解程序的表示与加载运行、程序中变量及函数的存储地址分配与引用等机制具有重要的作用。

本章实验内容涵盖的知识点较多,实验内容的综合性较强。需要掌握 LoongArch 指令系统、数据的表示、数据的运算和程序的机器级表示,也要掌握 ELF 目标文件的格式、可执行目标文件的存储器映像、符号的重定位等内容。与第 5 章的 3 个实验一起,这 6 个实验基本上能将主教材第 5 章"程序的链接和加载执行"的主要知识点通过实验案例具体化。

对于本章实验,本书仅对目标文件中的指令或指令序列所实现的功能进行分析,并借助 ELF 目标文件中的符号表、节头表、重定位节等内容,给出完成实验所需要的思路和方法,而不再给出实验步骤,实验过程中对于程序的跟踪和调试执行过程需要自行完成。对于本章实验 1 和实验 2 的思路和方法,讲解得较为详细,并在实验报告环节提供一个具体的可执行文件案例作为练习,练习案例所用的思路和方法与实验讲解中的思路和方法有些相似,但不完全相同,在练习过程中可以参考实验讲解中的思路和方法,然后进一步找到自己的解决方案。

实验 1　ELF 文件中的数据节

一、实验目的

1. 掌握 ELF 目标文件的格式。
2. 掌握静态区数据的存储和访问。
3. 掌握小端方式下数据的存储。

二、实验要求

本实验提供可执行目标文件 phasedata，该程序实现"z＝x＋y"的功能。实验任务是修改文件 phasedata 中 x 和 y 的机器数，使其在运行时能输出符合要求的表达式。例如，若要求将 x 和 y 修改为 x＝－4，y＝100，则执行 phasedata 时应输出"（－4）＋（100）＝96"，示例如下。

```
$ ./phasedata
(-4)+(100)=96
```

三、实验方法

1. 查找变量 x 和 y 分配的地址空间

若变量 x 和 y 是非静态局部变量，则编译时分配在栈区，否则分配在静态数据区。

用 objdump 工具对 phasedata 进行反汇编，并保存为文件 phasedata.txt，其中 main() 对应的反汇编结果如图 7.1 所示。从左至右的 4 列分别为行号、虚拟地址、机器指令和汇编指令。

```
0000000120000670 <main>:
1   120000670:  02ffc063    addi.d     $r3,$r3,-16(0xff0)
2   120000674:  29c02061    st.d       $r1,$r3,8(0x8)
3   120000678:  1c00010c    pcaddu12i  $r12,8(0x8)
4   12000067c:  02e6318c    addi.d     $r12,$r12,-1652(0x98c)
5   120000680:  28800185    ld.w       $r5,$r12,0
6   120000684:  1c00010c    pcaddu12i  $r12,8(0x8)
7   120000688:  02e5f18c    addi.d     $r12,$r12,-1668(0x97c)
8   12000068c:  28800186    ld.w       $r6,$r12,0
9   120000690:  001018a7    add.w      $r7,$r5,$r6
10  120000694:  1c000004    pcaddu12i  $r4,0
11  120000698:  02c35084    addi.d     $r4,$r4,212(0xd4)
12  12000069c:  57fe17ff    bl         -492(0xffffe14)# 1200004b0 <printf@plt>
13  1200006a0:  28c02061    ld.d       $r1,$r3,8(0x8)
14  1200006a4:  02c04063    addi.d     $r3,$r3,16(0x10)
15  1200006a8:  4c000020    jirl       $r0,$r1,0
```

图 7.1 **phasedata** 的部分反汇编结果

从图 7.1 可看出，可执行文件 phasedata 中的 main 过程中只有第 2 行和第 13 行指令访问了栈帧，用于保存和恢复返回地址，而没有从栈帧中存取数据的指令，而且 main 过程除了调用函数 printf() 外，并没有调用其他函数。第 3～5 行和第 6～8 行对应的指令序列分别从地址为 0x1 2000 0678＋0x0 0000 8000＋0xf ffff f98c＝0x1 2000 8004 和 0x1 2000 0684＋0x0 0000 8000＋0xf ffff f97c＝0x1 2000 8000 处的存储单元中读取数据存入参数寄存器 r5 和 r6。因为程序中需要对变量 x 和 y 进行处理，可推断这两个地址处的数据就是变量 x 和 y，显然，没有分配在栈帧中，而是分配在静态数据区。

用"readelf -a phasedata＞phasedataelf.txt"命令读取 phasedata 的符号表(.symtab)等内容,并保存为文件 phasedataelf.txt。图 7.2 显示了 phasedataelf.txt 中符号表的部分内容。

Symbol table '.symtab' contains 60 entries:

Num:	Value	Size	Type	Bind	Vis	Ndx	Name
46:	0000000120008004	4	OBJECT	GLOBAL DEFAULT		20	x
54:	0000000120008000	4	OBJECT	GLOBAL DEFAULT		20	y
56:	0000000120000670	60	FUNC	GLOBAL DEFAULT		13	main

图 7.2　phasedata 符号表的部分内容

从图 7.2 可以看出,phasedata 定义了符号 x 和 y,且 Ndx＝20,长度均为 4 字节,虚拟地址分别是 0x1 2000 8004 和 1 2000 8000。查看 phasedataelf.txt 中的节头表,其中第 20 个表项(Ndx＝20)对应的是.data 内容,如图 7.3 所示。

节头:					
[号] 名称	类型	地址		偏移量	
大小	全体大小	旗标	链接	信息	对齐
[20] .data	PROGBITS	0000000120008000		00004000	
0000000000000008	0000000000000000	WA	0	0	4

图 7.3　phasedata 节头表的部分内容

由图 7.3 可知,.data 节从虚拟地址 0x1 2000 8000 开始,共占 8 字节。结合图 7.2 中符号 x 和 y 的信息,可推断.data 节中地址 0x1 2000 8000 和 0x1 2000 8004 处分别存放变量 y 和 x。

2. 判断变量 x 和 y 的数据类型

根据上述分析可知,图 7.1 中第 3~5 行和第 6~8 行指令执行后,r5 和 r6 中的内容分别是 x 和 y,第 9 行指令"add.w $r7, $r5, $r6"实现 x＋y 的功能。据此可判断 x 和 y 为 int 或 unsigned int 类型的数据。

可用 gdb 工具调试执行 phasedata,执行第 11 行指令后查看 r4 寄存器内容,找到调用函数 printf()时的输出格式串,可进一步确定 x 和 y 的数据类型。这一步调试不是必需的,因为第 9 行的 add.w 指令已经明确 x 和 y 不可能是浮点数据类型,x 和 y 为 int 还是 unsigned int 类型,不影响后续机器数的确定。

3. 找到变量 x 和 y 在 phasedata 文件中的偏移量

从图 7.3 的节头表可知,.data 节在 phasedata 文件中的偏移量为 0x4000,分配的虚拟地址为 0x1 2000 8000,故变量 y 和 x 在 phasedata 文件中的偏移量分别为 0x4000 和 0x4004。

4. 修改变量 x 和 y 的机器数

用"hexedit phasedata"命令打开二进制文件 phasedata,将偏移地址 0x4000 开始的内容移到窗口中,如图 7.4 所示。

若要求 x＝－4,y＝100,则 x 和 y 的机器数分别为 0xffff fffc 和 0x0000 0064。将这两个机器数分别填入 phasedata 中偏移地址 0x4004 和 0x4000 处。LoongArch 采用小端方式,填入的字节顺序如图 7.5 方框中所示。修改后按快捷键 Ctrl＋X,系统会提示是否要保存修改,按下 Y 键进行确认保存,退出 hexedit 编辑器。

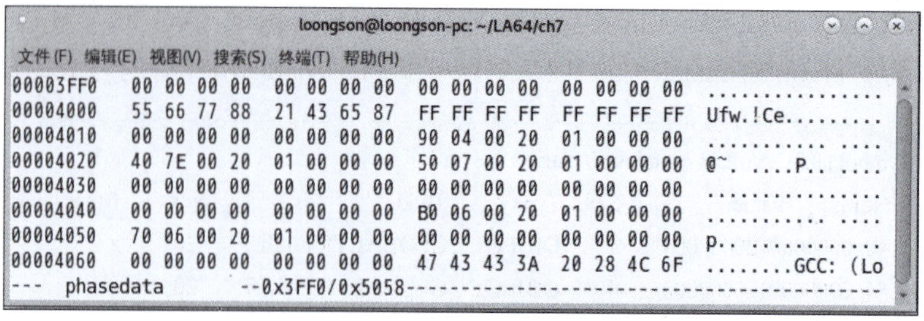

图 7.4　phasedata 二进制文件的部分内容

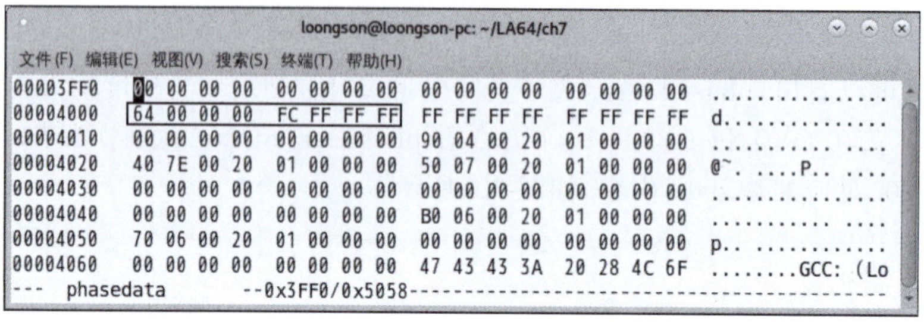

图 7.5　phasedata 修改后的二进制文件的部分内容

此时用命令"./phasedata"执行 phasedata，程序输出结果如实验要求中所述。

四、实验报告

本实验报告包括但不限于以下内容。

已知可执行目标文件 ex1 包含一个字符串变量 str，回答以下问题或完成以下任务。

1. 修改字符串变量 str 的内容（不能修改.text 节内容），使 ex1 运行时程序输出结果如下。

```
./ex1
str='12345678'
```

2. 单步调试执行可执行文件 ex1，直到程序输出"str＝'12345678'"后结束调试，将终端窗口中整个调试执行过程进行截图，并对截图中每步操作过程及其结果进行解释说明。

实验 2　ELF 文件中的代码节

一、实验目的

1. 掌握 ELF 目标文件的格式。
2. 掌握机器级指令的表示方法。
3. 掌握小端方式下数据的存储。
4. 掌握过程调用中参数的值传递和地址传递方法。

二、实验要求

本实验提供可重定位目标文件 main.o 和 phasetext.o。实验任务是修改 phasetext.o 的机器级代码,使得用"gcc -O1 main.o phasetext.o -o phasetext"命令链接生成的文件 phasetext 执行后,根据输入数据,能输出合理的表达式。例如,执行"./phasetext"时,若输入"-4,100",则输出"(-4)+(100)=(96)",示例如下。

```
$./phasetext
-4,100
(-4)+(100)=(96)
```

三、实验方法

1. 分析 main.o 代码的功能

用"objdump -D main.o>maino.txt"命令对 main.o 进行反汇编,并将反汇编结果保存到文件 maino.txt,其中 main()对应的反汇编结果如图 7.6 所示。从左至右的 4 列分别为行号、地址、机器指令和汇编指令。

```
0000000000000000 <main>:
1    0:    02ff8063    addi.d    $r3,$r3,-32(0xfe0)
2    4:    29c06061    st.d      $r1,$r3,24(0x18)
3    8:    02c02066    addi.d    $r6,$r3,8(0x8)
4    c:    02c03065    addi.d    $r5,$r3,12(0xc)
5    10:   1c000004    pcaddu12i $r4,0
6    14:   02c00084    addi.d    $r4,$r4,0
7    18:   54000000    bl        0 # 18 <main+0x18>
8    1c:   02c01066    addi.d    $r6,$r3,4(0x4)
9    20:   28802065    ld.w      $r5,$r3,8(0x8)
10   24:   28803064    ld.w      $r4,$r3,12(0xc)
11   28:   54000000    bl        0 # 28 <main+0x28>
12   2c:   28801067    ld.w      $r7,$r3,4(0x4)
13   30:   28802066    ld.w      $r6,$r3,8(0x8)
14   34:   28803065    ld.w      $r5,$r3,12(0xc)
15   38:   1c000004    pcaddu12i $r4,0
16   3c:   02c00084    addi.d    $r4,$r4,0
17   40:   54000000    bl        0 # 40 <main+0x40>
18   44:   28c06061    ld.d      $r1,$r3,24(0x18)
19   48:   02c08063    addi.d    $r3,$r3,32(0x20)
20   4c:   4c000020    jirl      $r0,$r1,0
```

图 7.6　main.o 的部分反汇编结果

用"readelf -a main.o>mainoelf.txt"读取 main.o 文件格式内容,并保存到 mainoelf.txt 中。其中,代码重定位节(.rela.text)的内容如图 7.7 所示。

从图 7.7 可知,main.o 中偏移地址为 0x18、0x28 和 0x40 处的 bl 指令中的立即数字段需要进行重定位,对应的重定位符号名分别为__isoc99_scanf、phasetext 和 printf,说明图 7.6 中这 3 处 bl 指令分别调用过程 scanf、phasetext 和 printf,基于 bl 指令的位置,可将 main.o 中过程体代码按功能划分,如图 7.6 中的方框所示。

重定位节 '.rela.text' at offset 0x2d8 contains 30 entries:

偏移量	信息	类型	符号值	符号名称 + 加数
000000000010	000800000016 R_LARCH_SOP_PUSH_	0000000000000000	.LC0 + 800	
000000000010	000000000017 R_LARCH_SOP_PUSH_		c	
000000000010	000000000022 R_LARCH_SOP_SR		0	
000000000010	00000000002b R_LARCH_SOP_POP_3		0	
000000000014	000800000016 R_LARCH_SOP_PUSH_	0000000000000000	.LC0 + 4	
000000000014	000800000016 R_LARCH_SOP_PUSH_	0000000000000000	.LC0 + 804	
000000000014	000000000017 R_LARCH_SOP_PUSH_		c	
000000000014	000000000022 R_LARCH_SOP_SR		0	
000000000014	000000000017 R_LARCH_SOP_PUSH_		c	
000000000014	000000000021 R_LARCH_SOP_SL		0	
000000000014	000000000020 R_LARCH_SOP_SUB		0	
000000000014	000000000028 R_LARCH_SOP_POP_3		0	
000000000018	000d0000001d R_LARCH_SOP_PUSH_	0000000000000000	__isoc99_scanf + 0	
000000000018	00000000002d R_LARCH_SOP_POP_3		0	
000000000028	000e0000001d R_LARCH_SOP_PUSH_	0000000000000000	phasetext + 0	
000000000028	00000000002d R_LARCH_SOP_POP_3		0	
000000000038	000900000016 R_LARCH_SOP_PUSH_	0000000000000008	.LC1 + 800	
000000000038	000000000017 R_LARCH_SOP_PUSH_		c	
000000000038	000000000022 R_LARCH_SOP_SR		0	
000000000038	00000000002b R_LARCH_SOP_POP_3		0	
00000000003c	000900000016 R_LARCH_SOP_PUSH_	0000000000000008	.LC1 + 4	
00000000003c	000900000016 R_LARCH_SOP_PUSH_	0000000000000008	.LC1 + 804	
00000000003c	000000000017 R_LARCH_SOP_PUSH_		c	
00000000003c	000000000022 R_LARCH_SOP_SR		0	
00000000003c	000000000017 R_LARCH_SOP_PUSH_		c	
00000000003c	000000000021 R_LARCH_SOP_SL		0	
00000000003c	000000000020 R_LARCH_SOP_SUB		0	
00000000003c	000000000028 R_LARCH_SOP_POP_3		0	
000000000040	000f0000001d R_LARCH_SOP_PUSH_	0000000000000000	printf + 0	
000000000040	00000000002d R_LARCH_SOP_POP_3		0	

图 7.7　main.o 的重定位节内容

（1）scanf()输入数据的格式和数据类型。

在图 7.6 中，第 7 行 bl 指令调用函数 scanf()，第 3～6 行 4 条指令"addi.d $r6，$r3，8（0x8）""addi.d $r5，$r3，12(0xc)""pcaddu12i $r4，0""addi.d $r4，$r4，0"为将 scanf() 的入口参数依次存入参数寄存器 r4、r5、r6。其中，r5 和 r6 中分别存放地址值 R［r3］+12 和 R［r3］+8，这两个地址均位于 main 过程栈帧空间中。假设非静态局部变量 x 和 y 分别分配在 R［r3］+8 和 R［r3］+12 地址处，则该函数 scanf()用于将键盘输入的数据存入变量 x 和 y 中。

r4 中存放函数 scanf()中的输入格式串首地址，编译时会把输入格式串存放在.rodata 节。在图 7.6 中，第 5 和第 6 两行指令的偏移地址分别为 0x10 和 0x14，这两条指令用于计算输入格式串在.rodata 节的地址,链接时需要重定位。在图 7.7 所示的重定位节内容中,偏移地址 0x10 和 0x14 处需重定位的符号名均为.LC0,该符号所在地址处存放的就是输入格式串。

在 maino.txt 中找到.rodata 节内容,如图 7.8 所示。符号.LC0 处存放了一串字符的 ASCII 码,依次为 0x25、0x64、0x2c、0x25、0x64、0x00,对应字符串为"%d,%d",说明变量 x 和 y 为整数类型。第 3~7 行指令对应的 C 语句为"scanf("%d,%d",&x,&y);"。

需要注意的是,反汇编时会把多个字节的数据按小端方式调整后显示。例如,在图 7.8 中,反汇编时按4 字节为单位显示时,将低地址单元的字节显示在低

```
Disassembly of section .rodata.str1.8:
0000000000000000 <.LC0>:
   0: 252c6425
   4: 00000064
0000000000000008 <.LC1>:
   8: 29642528
   c: 6425282b
  10: 25283d29
  14: 000a2964
```

图 7.8　main.o 的.rodata 节内容

位,将高地址单元的字节显示在高位,故地址 0 开始的 4 字节内容显示为"252c6425",地址为 0x0、0x1、0x2、0x3 的单元中实际存储内容依次为 0x25、0x64、0x2c、0x25,。

(2) printf()输出数据的格式和数据类型。

在图 7.6 中,第 17 行 bl 指令调用库函数 printf(),第 12~16 行指令将 printf()的入口参数依次存入参数寄存器 r4、r5、r6、r7 中。r5、r6、r7 中分别存放地址 R[r3]+12、R[r3]+8 和 R[r3]+4 处存储单元的内容,假设变量 z 分配在地址 R[r3]+4 处的单元中,则该 printf()函数用于输出变量 x、y、z 的值。因为读取 x、y、z 时均使用 ld.w 指令,所以变量 x、y、z 都是4 字节的整型数据。

r4 中存放函数 printf()的输出格式串首地址,编译时会把输出格式串存放在.rodata 节。在图 7.6 中,第 15 和第 16 两行指令的偏移地址分别为 0x38 和 0x3c,这两条指令用于计算输出格式串在.rodata 节的地址,链接时需要进行重定位。在图 7.7 所示的重定位节内容中,偏移地址 0x38 和 0x3c 处需重定位的符号名均为.LC1,该符号所在地址处存放的就是输出格式串。

图 7.8 中,符号.LC1 处存放了一串字符的 ASCII 码,依次为 0x28、0x25、0x64、0x29、0x2b、0x28、0x25、0x64、0x29、0x3d、0x28、0x25、0x64、0x29、0x0a、0x00,对应字符串为"(%d)+(%d)=(%d)\n"。

综上所述,第 12~17 行指令对应的 C 语句为"printf("(%d)+(%d)=(%d)\n",x,y,z);",z 的值应等于 x+y。

(3) 函数 phasetext()的原型。

在图 7.6 中,第 11 行 bl 指令实现 phasetext()过程调用,第 8~10 行 3 条指令"addi.d $r6,$r3,4(0x4)""ld.w $r5,$r3,8(0x8)""ld.w $r4,$r3,12(0xc)"将函数 phasetext()的入口参数依次存入 r4、r5、r6 中。第 8 行 addi.d 指令执行后,R[r6]=R[r3]+4,因此对应参数采用地址传递方式,传送的实参是 &z。第 9、10 行的两条 ld.w 指令执行后,R[r5]=M[R[r3]+8]、R[r4]=M[R[r3]+12],因此对应参数采用值传递方式,传送的实参是 x 和 y 的机器数。

过程调用的返回值通过 r4 寄存器传递,在第 11 行 bl 指令调用 phasetext()后没有读取r4 内容的指令,故 phasetext()没有返回值。

综上所述,phasetext()的原型可写为"void phasetext(int x,int y,int ∗ z);"或"void phasetext(unsigned int x,unsigned int y,unsigned int ＊z);"等,x、y、z 只要是 4 字节的整数类型就可以。第 8～11 行指令序列对应的 C 语句是"phasetext(x,y,&z)"。

假设 x、y、z 均为 int 类型,则 main.o 对应的源代码如下。

```
#include "stdio.h"
void phasetext(int x,int y,int ＊z);
void main() {
    int x,y,z;
    scanf("%d,%d",&x,&y);
    phasetext(x,y,&z);
    printf("(%d)+(%d)=(%d)\n",x,y,z);
}
```

2. 推导 phasetext.o 的功能及对应机器指令

为了使 C 语句"printf("(%d)+(%d)=(%d)\n",x,y,z);"能输出符合要求的表达式,phasetext(x,y,&z)应实现"z＝x＋y"的功能。根据 phasetext(x,y,&z)函数入口参数的设置可知,实现"z＝x＋y"功能的汇编指令序列为"add.w ＄r4,＄r4,＄r5"和"st.w ＄r4,＄r6,0"。

有两种方法可获取汇编指令"add.w ＄r4,＄r4,＄r5"和"st.w ＄r4,＄r6,0"对应的指令机器码。第一种方法是查 LoongArch 手册,按 add.w 和 st.w 指令格式书写出对应的机器指令。第二种方法是书写一个 test.s 文件,内容如下。

```
add.w       $r4,$r4,$r5
st.w        $r4,$r6,0x0
```

用"gcc -c test.s -o test.o"命令进行编译转换,再用"objdump -d test.o"命令进行反汇编,得到的反汇编内容如下。

```
0000000000000000 <.text>:
  0:    00101484    add.w $r4,$r4,$r5
  4:    298000c4    st.w  $r4,$r6,0
```

其中,第 2 列的内容分别为指令 add.w 和 st.w 对应的指令机器码。

3. 修改 phasetext.o 中的机器指令

用"objdump -d phasetext.o"命令进行反汇编,得到 phasetext.o 的反汇编结果如下。

```
0000000000000000 <phasetext>:
   0:    03400000    andi  $r0,$r0,0x0
   4:    03400000    andi  $r0,$r0,0x0
   8:    03400000    andi  $r0,$r0,0x0
   c:    03400000    andi  $r0,$r0,0x0
  10:    03400000    andi  $r0,$r0,0x0
  14:    4c000020    jirl  $r0,$r1,0
```

偏移地址 0x0～0x10 处的指令 andi 均为空指令,这些空指令可以被修改。最后的指令 jirl 是一条返回指令,这条指令不可以修改。可用上述指令 add.w 和 st.w 的机器指令分别替换偏移地址 0x0 和 0x4 处的指令 andi。

用"readelf -S phasetext.o"命令获取其节头表内容,其中.text 节内容如图 7.9 所示。

```
节头:
 [号] 名称              类型                地址              偏移量
      大小              全体大小            旗标   链接   信息   对齐
 [1] .text             PROGBITS            0000000000000000  00000040
      0000000000000018  0000000000000000    AX     0      0      4
```

图 7.9　phasetext.o 的节头表中 .text 节的内容

phasetext.o 的 .text 节从偏移地址 0x40 处开始。用命令"hexedit phasetext.o"命令打开二进制文件 phasetext.o，将偏移地址 0x40 开始的内容移到窗口中，如图 7.10 所示。

```
                      loongson@loongson-pc: ~/LA64/ch7
文件(F) 编辑(E) 视图(V) 搜索(S) 终端(T) 帮助(H)
00000000    7F 45 4C 46  02 01 01 00  00 00 00 00  00 00 00 00   .ELF............
00000010    01 00 02 01  01 00 00 00  00 00 00 00  00 00 00 00   ................
00000020    00 00 00 00  00 00 00 00  38 02 00 00  00 00 00 00   ........8.......
00000030    03 00 00 00  40 00 00 00  00 00 40 00  0B 00 0A 00   ....@.....@.....
00000040    00 00 40 03  00 00 40 03  00 00 40 03  00 00 40 03   ..@...@...@...@.
00000050    00 00 40 03  20 00 00 4C  00 47 43 43  3A 20 28 4C   ..@. ..L.GCC: (L
00000060    6F 6F 6E 67  6E 69 78 20  38 2E 33 2E  30 2D 36 2E   oongnix 8.3.0-6.
00000070    6C 6E 64 2E  76 65 63 2E  33 36 29 20  38 2E 33 2E   lnd.vec.36) 8.3.
---  phasetext.o        --0x0/0x4F8------------------------------
```

图 7.10　phasetext.o 的 .text 节的原内容

将上述指令 add.w 和 st.w 的机器码分别填入偏移地址 0x40 开始的 8 字节，如图 7.11 所示。注意反汇编后的 4 字节内容都会按小端方式调整显示。修改后，保存 phasetext.o 文件，退出 hexedit 编辑器。

```
                      loongson@loongson-pc: ~/LA64/ch7
文件(F) 编辑(E) 视图(V) 搜索(S) 终端(T) 帮助(H)
00000000    7F 45 4C 46  02 01 01 00  00 00 00 00  00 00 00 00   .ELF............
00000010    01 00 02 01  01 00 00 00  00 00 00 00  00 00 00 00   ................
00000020    00 00 00 00  00 00 00 00  38 02 00 00  00 00 00 00   ........8.......
00000030    03 00 00 00  40 00 00 00  00 00 40 00  0B 00 0A 00   ....@.....@.....
00000040    84 14 10 00  C4 00 80 29  00 00 40 03  00 00 40 03   ....)..@...@.
00000050    00 00 40 03  20 00 00 4C  00 47 43 43  3A 20 28 4C   ..@. ..L.GCC: (L
00000060    6F 6F 6E 67  6E 69 78 20  38 2E 33 2E  30 2D 36 2E   oongnix 8.3.0-6.
00000070    6C 6E 64 2E  76 65 63 2E  33 36 29 20  38 2E 33 2E   lnd.vec.36) 8.3.
---  phasetext.o        --0x47/0x4F8-----------------------------
```

图 7.11　phasetext.o 的 .text 节修改后的内容

4. 链接并执行程序

将文件 main.o 和 phasetext.o 链接起来，并保存为可执行目标文件 phasetext，此时执行 phasetext 后，得到如下结果。

```
$ gcc -O1 main.o phasetext.o -o phasetext
$ ./phasetext
-4,100
(-4)+(100)=(96)
```

输入数据不限于"−4,100"，可以是任何整型数据，程序 phasetext 都会按照加法运算规则计算输入数据之和，并输出表达式。

四、实验报告

本实验报告包括但不限于以下内容。

根据给定的两个可重定位目标文件 main.o 和 ex2.o，回答以下问题或完成以下任务。

1. 分析 main.o 的机器级代码的功能，写出对应的 C 语言源代码。

2. 修改 ex2.o 中某些指令的机器码，使得用"gcc -O1 main.o ex2.o -o ex2"命令链接生成的 ex2 文件执行后，能根据输入数据输出满足要求的表达式。例如，执行"./ex2"时，若输入"4"，则输出"4 * 32=128"，示例如下。

```
$ ./ex2
4
4 * 32=128
```

3. 单步调试执行 ex2 直到程序输出满足要求的内容后结束调试，将终端窗口中整个调试执行过程进行截图，并对截图中每步操作过程及其结果进行解释说明。

实验 3　符号与符号解析

一、实验目的

1. 掌握链接器对全局符号的解析规则。

2. 掌握不同符号类型的分配和访问。

3. 了解全局偏移表（GOT）。

二、实验要求

本实验提供可重定位目标文件 phasesym.o。实验任务是创建 C 语言程序源文件 phase_xy.c；用"gcc -O1 -c phase_xy.c -o phase_xy.o"命令对 phase_xy.c 进行编译转换，并生成可重定位目标文件 phase_xy.o，使得用"gcc -O1 phasesym.o phase_xy.o -o phasesym"命令链接生成的文件 phasesym 执行后，能输出合理的表达式。例如，执行"./phasesym"后，能输出"(−4)+(100)=(96)"，示例如下。

```
$ ./phasesym
(−4)+(100)=(96)
```

三、实验方法

1. 分析 phasesym.o 代码的功能

用"objdump -D phasesym.o>phasesymo.txt"命令对 phasesym.o 进行反汇编，并将反汇编结果保存为文件 phasesymo.txt，其中 main 过程对应的反汇编结果如图 7.12 所示。从左至右的 4 列分别为行号、地址、机器指令和汇编指令。

用"readelf -a phasesym.o>phasesymoelf.txt"命令读取 phasesym.o 文件格式内容，并保存为文件 phasesymoelf.txt。其代码重定位节（.rela.text）的部分内容如图 7.13 所示。

由图 7.13 可知，phasesym.o 中偏移地址 0x8 和 0xc 处的指令需进行重定位，重定位符

```
0000000000000000 <main>:
1    0:    02ffc063    addi.d    $r3,$r3,-16(0xff0)
2    4:    29c02061    st.d      $r1,$r3,8(0x8)
3    8:    1c00000c    pcaddu12i $r12,0
4    c:    28c0018c    ld.d      $r12,$r12,0
5    10:   28800185    ld.w      $r5,$r12,0
6    14:   1c00000c    pcaddu12i $r12,0
7    18:   28c0018c    ld.d      $r12,$r12,0
8    1c:   28800186    ld.w      $r6,$r12,0
9    20:   001018a7    add.w     $r7,$r5,$r6
10   24:   1c000004    pcaddu12i $r4,0
11   28:   02c00084    addi.d    $r4,$r4,0
12   2c:   54000000    bl        0 # 2c <main+0x2c>
13   30:   28c02061    ld.d      $r1,$r3,8(0x8)
14   34:   02c04063    addi.d    $r3,$r3,16(0x10)
15   38:   4c000020    jirl      $r0,$r1,0
```

图 7.12　phasesym.o 的部分反汇编结果

```
重定位节 '.rela.text' at offset 0x2b8 contains 50 entries:
```

偏移量	信息	类型	符号值	符号名称 + 加数
000000000008	000c00000016 R_LARCH_SOP_PUSH_	0000000000000000	_GLOBAL_OFFSET_TABLE_ + 800
000000000008	000d00000019 R_LARCH_SOP_PUSH_	0000000000000004	x + 0
...				
00000000000c	000c00000016 R_LARCH_SOP_PUSH_	0000000000000000	_GLOBAL_OFFSET_TABLE_ + 4
00000000000c	000d00000019 R_LARCH_SOP_PUSH_	0000000000000004	x + 0
....				
000000000014	000c00000016 R_LARCH_SOP_PUSH_	0000000000000000	_GLOBAL_OFFSET_TABLE_ + 800
000000000014	000e00000019 R_LARCH_SOP_PUSH_	0000000000000004	y + 0
...				
000000000018	000c00000016 R_LARCH_SOP_PUSH_	0000000000000000	_GLOBAL_OFFSET_TABLE_ + 4
000000000018	000e00000019 R_LARCH_SOP_PUSH_	0000000000000004	y + 0
...				
000000000024	000800000016 R_LARCH_SOP_PUSH_	0000000000000000	.LC0 + 800
...				
000000000028	000800000016 R_LARCH_SOP_PUSH_	0000000000000000	.LC0 + 4
...				
00000000002c	000f0000001d R_LARCH_SOP_PUSH_	0000000000000000	printf + 0
00000000002c	00000000002d R_LARCH_SOP_POP_3	0	0

图 7.13　phasesym.o 的重定位节的部分内容

号名包括_GLOBAL_OFFSET_TABLE_ 和 x。其中,符号_GLOBAL_OFFSET_TABLE_
是全局偏移量表(Global Offset Table,GOT)对应符号,GOT 中外部符号 x 对应表项内容
为 &x,故第 3、4 行指令"pcaddu12i $ r12,0""ld.d $ r12,$ r12,0"执行后 R[r12]=&x,第
5 行指令"ld.w $ r5,$ r12,0"执行后 R[r5]=x。

同理，phasesym.o 中偏移地址 0x14 和 0x18 处指令需进行重定位，重定位符号名包括 _GLOBAL_OFFSET_TABLE_ 和 y。GOT 中外部符号 y 对应表项内容为 &y，故第 6、7 行指令执行后 $R[r12]=$ &y，第 8 行指令"ld.w \$r6,\$r12,0"执行后 $R[r6]=y$。

phasesym.o 中第 9 行指令"add.w \$r7,\$r5,\$r6"执行后，$R[r7]=R[r5]+R[r6]$，假设局部变量 z 分配在 r7 中，则第 3~9 行指令用于实现"$z=x+y$"的功能。

phasesym.o 中偏移地址 0x2c 处的 bl 指令需进行重定位，重定位符号为 printf，说明该 bl 指令实现对 printf 过程的调用。由图 7.12 可知，该 bl 指令前的两条指令实现将 printf() 的第一个入口参数存入 r4 的功能，由此可知，偏移地址 0x24 和 0x28 处的重定位符号.LC0 处存放着 printf() 的输出格式串。在.rodata 节中查看到符号.LC0 的内容如下。

```
0000000000000000 <.LC0>:
   0:    29642528
   4:    6425282b
   8:    25283d29
   c:    000a2964
```

由此可知，其对应的字符串为"(%d)+(%d)=(%d)\n"。结合第 3~9 行指令存入参数寄存器 r5、r6、r7 的内容分别为 x、y、z，可推出调用函数 printf() 的 C 语句是"printf("(%d)+(%d)=(%d)\n",x,y,z);"。

2. 查看 phasesym.o 中符号 x 和 y 的类型

在 phasesymoelf.txt 中，符号表(.symtab)的部分内容如下。

```
Symbol table '.symtab' contains 16 entries:
   Num:    Value          Size Type    Bind   Vis      Ndx  Name
    11: 0000000000000000   60 FUNC    GLOBAL DEFAULT    1  main
    12: 0000000000000000    0 NOTYPE  GLOBAL DEFAULT   UND _GLOBAL_OFFSET_TABLE_
    13: 0000000000000004    4 OBJECT  GLOBAL DEFAULT   COM  x
    14: 0000000000000004    4 OBJECT  GLOBAL DEFAULT   COM  y
    15: 0000000000000000    0 NOTYPE  GLOBAL DEFAULT   UND  printf
```

其中，x 和 y 是 COMMON 符号，即 x 和 y 属于未被分配位置的未初始化全局变量。LoongArch 中，COMMON 符号的全局变量通过 GOT 表访问。

3. 创建源文件 phase_xy.c

C 语言源程序文件 phase_xy.c 的任务就是定义全局变量 x 和 y，且按要求进行初始化赋值，使得 phasesym.o 与 phase_xy.c 编译生成的 phase_xy.o 链接时，链接器将 phase_xy.o 模块中的符号 x 和 y 作为定义符号，将 phasesym.o 模块中的符号 x 和 y 作为引用符号，从而执行图 7.12 中第 9 行指令 add.w 时，依据 phase_xy.c 中变量 x 和 y 的初始化值计算 x+y，最终在调用函数 printf() 时能输出满足要求的表达式。

四、实验报告

本实验报告包括但不限于以下内容。

回答以下问题或完成以下任务。

1. 要求执行"./phasesym"时程序输出结果为"(−4)+(100)=(96)"，写出 C 语言源程序 phase_xy.c，并单步调试执行 phasesym，将终端窗口中整个调试执行过程进行截图，并对截图中每一步操作过程及其结果进行解释说明。

2. 对 phasesym 进行反汇编,并将反汇编结果保存为文件 phasesym.txt,查看变量 x 和 y 分配在哪一节? 查看.got 节内容,写出变量 x 和 y 对应的 GOT 表项地址。

3. 若用"gcc -O1 phasesym.o -o sym"命令进行编译转换,并生成可执行目标文件 sym,写出执行"./sym"时的程序输出结果,查看变量 x 和 y 分配在哪一节。

4. 对比第 5 章实验 3 中的内容,说明.got 节和.got.plt 节所存放内容的区别。

第三部分
综合知识运用实验

第 8 章

程序执行时间分析

一、实验目的

强化对带符号整数的表示、递归过程调用的执行过程、计算机系统性能、虚拟地址空间、流水线 CPU、C 语言语句等相关知识的综合理解和综合运用能力。

二、实验要求

以下是某 IT 公司某年的一道招聘笔试题：在一台具有主流配置的 PC 上，调用函数 f(35)所需要的时间大概是(　　)。

```
int f(int x){
    int s = 0;
    while(x++ >0) s+= f(x);
    return (s>1)? s:1;
}
```

A. 几毫秒　　　　　　B. 几秒　　　　　　C. 几分钟　　　　　　D. 几小时

本实验将在 LA64＋Linux 系统平台上，对上述题目进行分析解答。

三、实验准备

1. 编辑生成下列 C 语言程序 f35.c，并将其保存在目录"～/LA64/ch8"中。

```
#include "stdio.h"
int f(int x){
    int s = 0;
    while(x++ >0) s+= f(x);
    return (s>1)? s:1;
}
void main(){
    int x,y=0;
    scanf("%d", &x);
    y=f(x);
    printf("%d\n", y);
}
```

2. 打开终端窗口，设置终端窗口的当前目录为"～/LA64/ch8"。在终端窗口中进行以下操作。

（1）输入命令"gcc -g -O1 f35.c -o f35"，将 f35.c 编译转换为可执行目标文件 f35。

（2）输入命令"objdump -S f35>f35.txt"，对 f35 进行反汇编，并将反汇编结果保存在文件 f35.txt 中。

（3）输入命令"./f35"，启动可执行文件 f35 的执行。

（4）从键盘输入一个带符号整数作为变量 x 的值，例如"35"。

上述操作后终端窗口中的内容如图 8.1 所示。

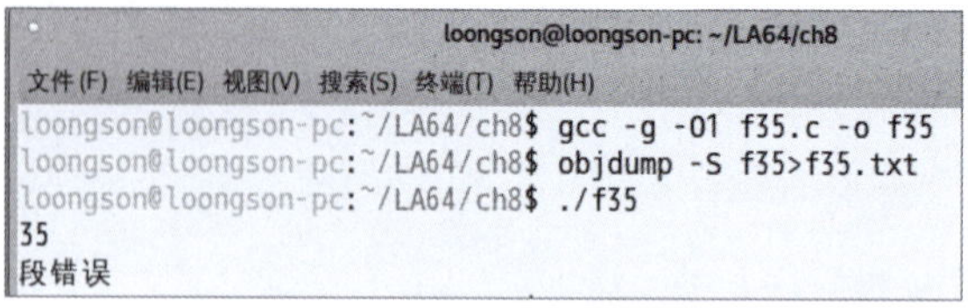

图 8.1　终端窗口中的内容

在图 8.1 中，输入数据"35"后，为什么程序运行会出现"段错误"？

3. 打开终端窗口，设置终端窗口的当前目录为"～/LA64/ch8"。在终端窗口中运行可执行目标文件 f35。

（1）执行命令"./f35"，输入"2147483648"（即 2^{31}），观察输出结果。

（2）执行命令"./f35"，输入"2147483647"（即 $2^{31}-1$），观察输出结果。

（3）执行命令"./f35"，输入"2147483646"（即 $2^{31}-2$），观察输出结果。

（4）执行命令"./f35"，输入"2147483645"（即 $2^{31}-3$），观察输出结果。

（5）执行命令"./f35"，输入"2147483644"（即 $2^{31}-4$），观察输出结果。

上述操作后终端窗口中的内容如图 8.2 所示。

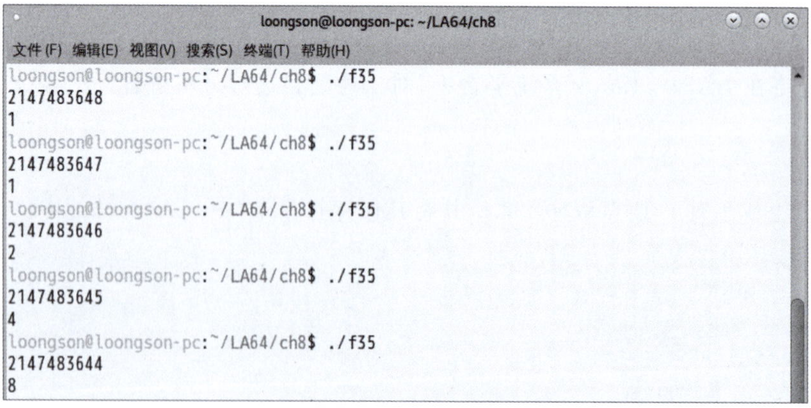

图 8.2　终端窗口中的内容

在图 8.2 中，当变量 x 对应的输入数据分别为 2 147 483 648、2 147 483 647、2 147 483 646、2 147 483 645、2 147 483 644 时，程序输出结果分别为 1、1、2、4、8。

四、实验分析

1. 程序是否会终止

打开终端窗口，设置终端窗口的当前目录为"～/LA64/ch8"。在终端窗口中用 gdb 调试命令运行可执行目标文件 f35,调试过程如图 8.3 所示。其中,方框中是执行的指令,实线处为变量 x 的输入值 2 147 483 648,长虚线处为寄存器 r4 中的内容 0xffff ffff 8000 0000,是函数 main()传递给函数 f()的实参,即变量 x 的机器数。短虚线处为程序的输出结果 1。

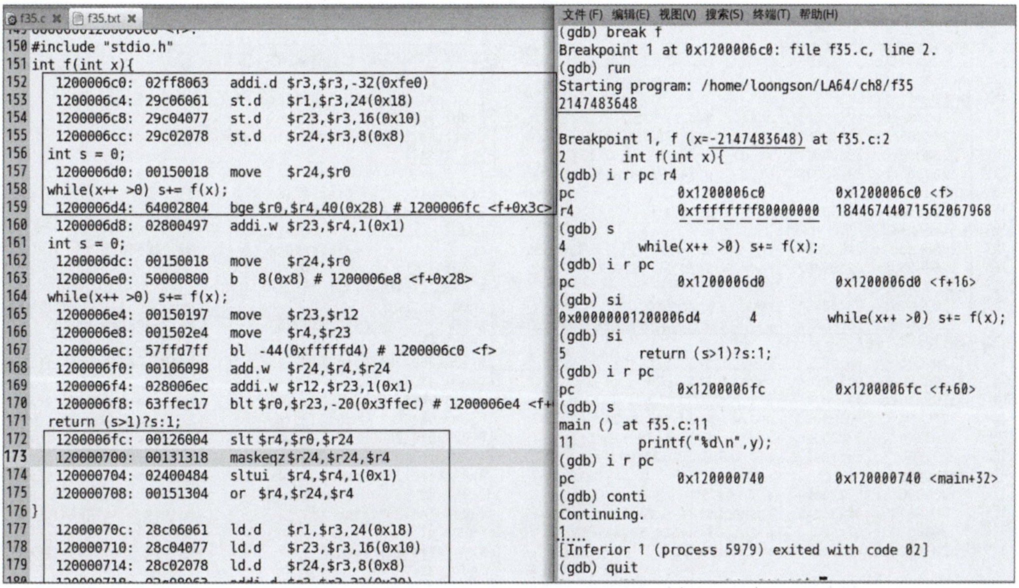

图 8.3 当 x 为 2147483648 时的 gdb 调试过程

从数学的角度理解 while 中的判断表达式"x++ >0",会认为 x 在增量后永远大于 0,这是一个永真式,从而认为程序会发生了死循环。

实际上,在计算机中一个变量的数值与现实世界中所表示的数值不同。因为计算机的字长是一个有限数,因而计算机中的运算部件和寄存器的宽度都是有限位。例如,在 32 位或 64 位机器中,int 型数据占 4 字节,能表示的最大正数是 $2^{31}-1=$0x7fff ffff。现实世界中,$2^{31}=2\,147\,483\,648$,其机器数是 0x8000 0000,作为 int 型数据,在计算机中的值是 32 位能表示的最小负数$-2\,147\,483\,648$。如图 8.3 所示,当变量 x 的输入数据为 2 147 483 648 时,通过寄存器 r4 将 x 传递给函数 f(),r4 中的内容为 0xffff ffff 8000 0000,对应的真值为$-2\,147\,483\,648$,因此,在图 8.3 中显示的入口参数为 x=-2147483648。

图 8.3 中第 159 行指令"bge \$r0,\$r4,40(0x28)"根据 r4 中的 x 值是否小于 0 来决定是否结束递归调用。当变量 x 的输入数据为 2 147 483 648 时,实际数值是一个最小负数,即 R[r4]<0,故该指令执行时条件满足,将跳转到 PC=PC+0x28=0x1 2000 06d4+0x28=0x1 2000 06fc 处执行,从而跳出 while 循环,转去执行 return 语句,此时函数 f()执行结束,程序输出结果为 1,如图 8.2 中短虚线处所示。

2. 函数 f(2147483647)的执行过程

在 LA64 中,函数 f()中的 while 语句对应的指令序列如图 8.4 中第 159~170 行所示。该语句的执行过程为:指令"bge \$r0,\$r4,40(0x28)"先进行 x>0 的条件判断,在 x>0 时执行指令"addi.w \$r23,\$r4,1(0x1)",以实现 x=x+1 操作,并进入 while 循环体执行,以递归调用函数 f();否则,退出 while 循环体。

打开终端窗口，设置终端窗口的当前目录为"～/LA64/ch8"。在终端窗口中用 gdb 调试运行可执行目标文件 f35，调试过程如图 8.4 所示。其中，方框中是用 gdb 调试命令 s 或 si 所执行的指令，实线处为变量 x 的输入值 2 147 483 647，虚线标出了函数 f() 递归调用时的入口参数。

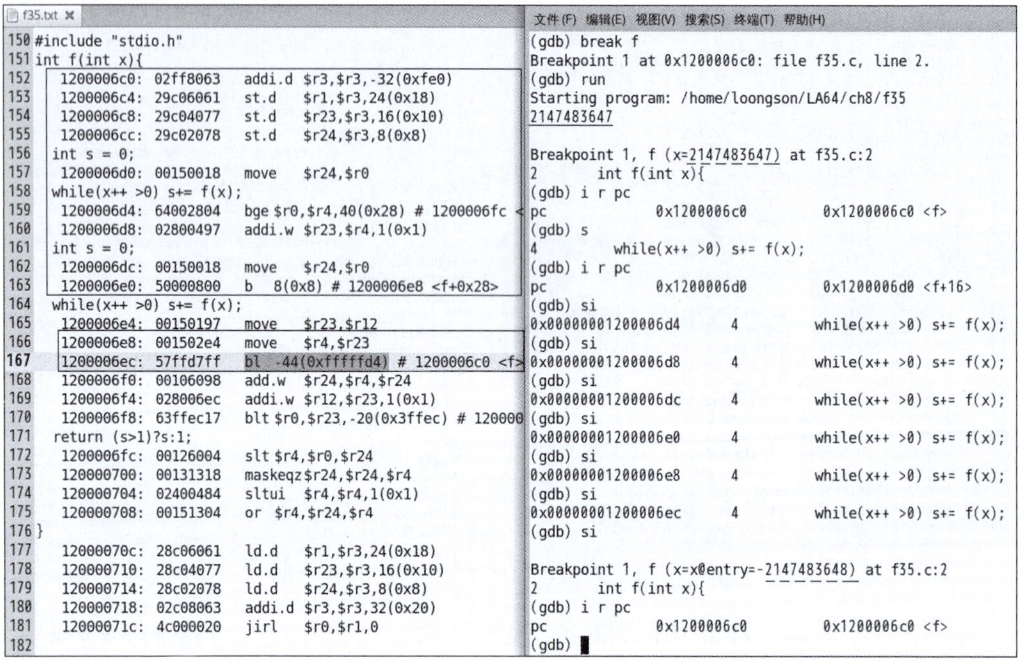

图 8.4　当 x 为 2147483647 时的 gdb 调试过程

调用函数 f(2147483647) 时，x = 2 147 483 647 = $2^{31}-1$，R[r4] = 0x7fff ffff，指令"bge $r0,$r4,40(0x28)"将 R[r4] 与 0 进行比较，显然 R[r4] > 0 成立，故执行指令"addi.w $r23,$r4,1"，该指令执行后，R[r23] = SignExtend(R[r4][31:0] + 1) = SignExtend(0x7fff ffff + 1) = 0xffff ffff 8000 0000，其真值为 −2 147 483 648。继续执行 while 循环体，在循环体中通过第 167 行的指令"bl −44(0xffffffd4)"调用函数 f(−2147483648)。此时 x 为 -2^{31} = −2 147 483 648，故图 8.4 中显示的入口参数为 x = x@entry = −2147483648。此时 R[r4] < 0 成立，跳出 while 循环体，程序结束。

综上所述，当调用函数 f(2147483647) 时，函数 f() 递归调用关系为 f(2147483647) → f(−2147483648)，递归终止的 x 值是 −2 147 483 648，即执行函数 f(-2^{31}) 时结束递归调用。

3. 函数 f(2147483646) 的执行过程

打开终端窗口，设置终端窗口的当前目录为"～/LA64/ch8"。在终端窗口中用 gdb 调试运行可执行目标文件 f35，调试过程如图 8.5 所示。其中，实线处为变量 x 的输入值 2 147 483 646，长虚线标出了每次函数 f() 递归调用时的入口参数，短虚线标出了每次函数 f() 递归调用中栈指针 sp 的内容。

1) 递归过程 f 的栈帧大小

在递归调用执行中，每个递归调用过程都有一个栈帧。图 8.5 中第 152 行指令"addi.d

```
149 00000001200006c0 <f>:
150 #include "stdio.h"
151 int f(int x){
152    1200006c0: 02ff8063    addi.d  $r3,$r3,-32(0xfe0)
153    1200006c4: 29c06061    st.d    $r1,$r3,24(0x18)
154    1200006c8: 29c04077    st.d    $r23,$r3,16(0x10)
155    1200006cc: 29c02078    st.d    $r24,$r3,8(0x8)
156 int s = 0;
157    1200006d0: 00150018    move    $r24,$r0
158 while(x++ >0) s+= f(x);
159    1200006d4: 64002804    bge $r0,$r4,40(0x28) # 1200006fc <f
160    1200006d8: 02800497    addi.w  $r23,$r4,1(0x1)
161 int s = 0;
162    1200006dc: 00150018    move    $r24,$r0
163    1200006e0: 50000800    b   8(0x8) # 1200006e8 <f+0x28>
164 while(x++ >0) s+= f(x);
165    1200006e4: 00150197    move    $r23,$r12
166    1200006e8: 001502e4    b       $r4,$r23
167    1200006ec: 57ffd7ff    bl  -44(0xfffffd4) # 1200006c0 <f>
168    1200006f0: 00106098    add.w   $r24,$r4,$r24
169    1200006f4: 028006ec    addi.w  $r12,$r23,1(0x1)
170    1200006f8: 63ffec17    blt $r0,$r23,-20(0x3ffec) # 120000
171 return (s>1)?s:1;
172    1200006fc: 00126004    slt $r4,$r0,$r24
173    120000700: 00131318    maskeqz $r24,$r24,$r4
174    120000704: 02400484    sltui   $r4,$r4,1(0x1)
175    120000708: 00151304    or  $r4,$r24,$r4
176 }
177    12000070c: 28c06061    ld.d    $r1,$r3,24(0x18)
178    120000710: 28c04077    ld.d    $r23,$r3,16(0x10)
179    120000714: 28c02078    ld.d    $r24,$r3,8(0x8)
180    120000718: 02c08063    addi.d  $r3,$r3,32(0x20)
181    12000071c: 4c000020    jirl    $r0,$r1,0
```

```
文件 (F) 编辑 (E) 视图 (V) 搜索 (S) 终端 (T) 帮助(H)
(gdb) break f
Breakpoint 1 at 0x1200006c0: file f35.c, line 2.
(gdb) run
Starting program: /home/loongson/LA64/ch8/f35
2147483646

Breakpoint 1, f (x=2147483646) at f35.c:2
2       int f(int x){
(gdb) i r sp
sp              0xffffff6f50        0xffffff6f50
(gdb) conti
Continuing.

Breakpoint 1, f (x=x@entry=2147483647) at f35.c:2
2       int f(int x){
(gdb) i r sp
sp              0xffffff6f30        0xffffff6f30
(gdb) conti
Continuing.

Breakpoint 1, f (x=x@entry=-2147483648) at f35.c:2
2       int f(int x){
(gdb) i r sp
sp              0xffffff6f10        0xffffff6f10
(gdb) conti
Continuing.

Breakpoint 1, f (x=x@entry=-2147483648) at f35.c:2
2       int f(int x){
(gdb) i r sp
sp              0xffffff6f30        0xffffff6f30
(gdb) conti
Continuing.
2
[Inferior 1 (process 16052) exited with code 02]
(gdb) quit
```

图 8.5　当 x 为 2147483646 时的递归调试过程

$r3,$r3,-32(0xfe0)"为过程 f 生成了 32B 的栈帧,第 153~155 行 3 条指令"st.d $r1,
$r3,24(0x18)""st.d $r23,$r3,16(0x10)""st.d $r24,$r3,8(0x8)"分别将 r1、r23、r24
中的内容保存在 f 的栈帧中。因为 f(x)是一个递归调用过程,属于非叶子过程,所以需要将
存放返回地址的 r1 中内容保存在栈帧中;此外,过程 f 中使用了被调用者保存寄存器 r23、
r24,因此,需要将 r23、r24 中内容保存在栈帧中。LoongArch ABI 规定,要求栈帧按 16 字
节对齐,保存寄存器 r1、r23、r24 的内容共占用 8×3=24B,所以 f 过程的栈帧大小为 32B。

2) 函数 f(2147483646)的递归调用过程

当 x 的输入值为 2 147 483 646 时,由图 8.5 中右侧所显示的断点(Breakpoint)个数可
知,一共有 4 次 f 过程的递归调用,每次过程调用的入口参数分别是 2 147 483 646、
2 147 483 647、-2 147 483 648、-2 147 483 648。从栈指针寄存器 sp 中的内容可知,前 3
次递归调用形成的栈帧空间最大,因为 sp 的内容依次减小,每次减少 0x20B(即 32B),递归
深度为 3,所以形成的栈帧空间为 3×0x20B=0x60B。

4. 函数 f(2147483644)的执行过程

函数 f(x)是一个递归调用函数,并且递归调用在 while 循环体内,因此过程调用关系较复
杂。可以参照图 8.5 中右侧所示相同的 gdb 调试方法对 x 分别是 2 147 483 645、2 147 483 644
时进行 gdb 调试执行。在函数 f(x)开始处设置断点,每次进入函数 f(x)后会暂停程序执
行,并显示当前断点的信息,其中包含入口参数 x 的值,用命令"i r sp"可查看当前栈指针 sp
的内容。基于这些信息和函数 f(x)对应的机器级代码,可以给出如图 8.6 所示的函数
f(2147483644)的递归调用过程,其中,2 147 483 644=2^{31}-4。

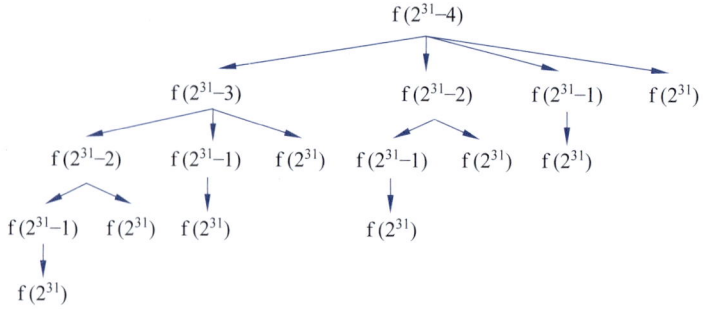

图 8.6　当 x 为 2 147 483 644（即 $2^{31}-4$）时函数 f(x) 的递归调用过程

在图 8.6 中，有 16 次 f(x) 过程调用，同一行中的过程调用属于 while 循环体内的依次调用。例如，在函数 $f(2^{31}-4)$ 执行的 while 循环体中依次调用函数 $f(2^{31}-3)$、$f(2^{31}-2)$、$f(2^{31}-1)$ 和 $f(2^{31})$。箭头指向的函数 f(x) 过程调用属于递归调用，例如，在函数 $f(2^{31}-4)$ 执行中有很多递归调用，其中，递归深度最大的是 $f(2^{31}-4)\rightarrow f(2^{31}-3)\rightarrow f(2^{31}-2)\rightarrow f(2^{31}-1)\rightarrow f(2^{31})$。这里，对于过程调用函数 $f(2^{31})$，因为在机器中 2^{31} 按 int 型整数解释，所以实际上是函数 $f(-2^{31})$。

5. 分析函数 f(35) 的执行时间

表 8.1 给出了 x 为不同值时，f(x) 的执行次数和递归深度。这两个参数反映了 f(x) 函数的执行情况，与程序执行时间密切相关。

表 8.1　x 为不同值时函数 f(x) 的执行次数和递归深度

x	f(x) 执行次数	f(x) 递归深度
2^{31}	1	1
$2^{31}-1$	2	2
$2^{31}-2$	4	3
$2^{31}-3$	8	4
$2^{31}-4$	16	5
⋮	⋮	⋮
$2^{31}-n$	2^n	$n+1$
$35=2^{31}-2147483613$	$2^{2147483613}$	2147483614

在 LA64 环境中默认分配的栈大小为 8192KB，如图 8.7 所示。虽然用户可以调整栈大小，但栈空间的容量总是有限的。

```
loongson@loongson-pc:~/LA64/ch8$ ulimit -s
8192
```

图 8.7　LA64 环境中默认分配的栈大小

在栈大小为 8192KB 时，函数 f(x) 递归调用的次数不会超过 8192KB/32B＝262 144。从表 8.1 可以看出，函数 f(35) 执行时最大递归深度为 2 147 483 614，函数 f(x) 需要的栈空间大小为 2 147 483 614×32B＞68GB，显然，通常的计算机不可能提供这么大的栈空间，所以函数 f(35) 执行时,在递归调用过程中会出现栈溢出现象。

用 gdb 调试执行函数 f(35) 时的部分结果如图 8.8 所示。其中,下画线标出了几个关键数据。

```
(gdb) break f
Breakpoint 1 at 0x1200006c0: file f35.c, line 2.
(gdb) run
Starting program: /home/loongson/LA64/ch8/f35
35

Breakpoint 1, f (x=35) at f35.c:2
2        int f(int x){
(gdb) i r r3
r3           0xfffff6f50          0xfffff6f50
(gdb) delete 1
(gdb) conti
Continuing.

Program received signal SIGSEGV, Segmentation fault.
0x00000001200006cc in f (x=x@entry=262045) at f35.c:2
2        int f(int x){
(gdb) i r r3
r3           0xffff7f7ff0         0xffff7f7ff0
(gdb) x/1xb $r3+8
0xffff7f7ff8:    Cannot access memory at address 0xffff7f7ff8
(gdb) info proc mappings
process 3333
Mapped address spaces:

        Start Addr          End Addr        Size     Offset objfile
        0x120000000     0x120004000      0x4000        0x0 /home/loongson/LA64/ch8/f35
        0x120004000     0x120008000      0x4000        0x0 /home/loongson/LA64/ch8/f35
        0x120008000     0x12000c000      0x4000     0x4000 /home/loongson/LA64/ch8/f35
        0x12000c000     0x120030000     0x24000        0x0 [heap]
      0xfff7e2c000    0xfff7fa4000    0x178000        0x0 /usr/lib/loongarch64-linux-gnu/libc-2.28.so
      0xfff7fa4000    0xfff7fac000      0x8000   0x174000 /usr/lib/loongarch64-linux-gnu/libc-2.28.so
      0xfff7fac000    0xfff7fb0000      0x4000   0x17c000 /usr/lib/loongarch64-linux-gnu/libc-2.28.so
      0xfff7fb0000    0xfff7fb4000      0x4000        0x0
      0xfff7fd4000    0xfff7ff8000     0x24000        0x0 /usr/lib/loongarch64-linux-gnu/ld-2.28.so
      0xfff7ff8000    0xfff7ffc000      0x4000    0x20000 /usr/lib/loongarch64-linux-gnu/ld-2.28.so
      0xfff7ffc000    0xfff8000000      0x4000    0x24000 /usr/lib/loongarch64-linux-gnu/ld-2.28.so
      0xffff7f8000    0xffffff8000    0x800000        0x0 [stack]
      0xffffff8000    0xffffffc000      0x4000        0x0 [vvar]
      0xffffffc000   0x10000000000      0x4000        0x0 [vdso]
```

图 8.8　gdb 调试执行 f(35) 时的结果

在图 8.8 中,函数 f(35) 执行到入口参数为 262 045 时发生段错误,发生错误的指令地址为 0x0000 0001 2000 06cc。查看图 8.5 中 f(x) 的机器级代码可知,该地址处的指令为第 155 行的"st.d ＄r24,＄r3,8(0x8)",显然,该指令在访问栈空间中地址 R[r3]＋8 处的数据时发生了段错误。图 8.8 中用命令"x/1xb ＄r3＋8"读取该单元内容时,确实提示了不能访问该地址。

在图 8.8 中,命令"info proc mappings"显示了该进程的当前虚拟地址空间分配,其中,栈空间范围为 0xff ff7f 8000～0xff ffff 8000,栈空间大小为 0x80 0000B＝8192KB。指令"st.d ＄r24,＄r3,8(0x8)"访问的目的操作数地址为 R[r3]＋8＝0xff ff7f 7ff8,显然 0xff ff7f 7ff8 小于可能的最小栈顶地址 0xff ff7f 8000,说明该指令写入目的操作数时因栈溢出而发生了段错误。

对于图 8.5 中第 153 行和第 154 行的指令"st.d ＄r1,＄r3,24(0x18)"和"st.d ＄r23,＄r3,16(0x10)",其目的操作数的存储单元地址分别为 R[r3]＋24＝0xff ff7f 7ff0＋0x18＝0xff ff7f 8008 和 R[r3]＋16＝0xff ff7f 7ff0＋0x10＝0xff ff7f 8000,显然,这两个地址正好落在栈空间范围内,因此,这两条指令可以正确执行而不会出现栈溢出。

在图 8.6 中，最大的递归调用次数发生在最左侧箭头所指的递归调用过程中，因此发生栈溢出时，函数 f(35) 递归调用过程为 f(35)→f(36)→f(37)…→f(262045)，调用函数 f(262045) 前的 f(x) 调用次数为 262 045−35＝262 010。由图 8.8 可知，第一次进入函数 f(35) 时的栈指针为 0xff ffff 6f50，栈溢出时的栈指针 sp 为 0xff ff7f 7ff0，调用函数 f(262045) 前的栈指针 sp 为 0xff ff7f 7ff0＋0x20＝0xff ff7f 8010。根据使用的栈空间来计算，调用函数 f(262045) 前的 f(x) 调用次数为 (0xff ffff 6f50−0xff ff7f 8010)/32＝262 010。显然，上述两种方式计算得到的递归调用次数一致。

根据图 8.4 可知，栈溢出前，函数 f(35)、f(36)、f(37)、……、f(262044) 均执行到第 167 行的指令"bl −44(0xffffffd4)"处，且第 165 行的指令"move \$r23,\$r12"均未执行，故每次递归过程执行的指令数均为 11 条；函数 f(262045) 执行到第 155 行的 st.d 指令时发生栈溢出，共执行 4 条指令。如果仅考虑递归函数 f(x) 的执行，那么栈溢出前执行的指令条数应为 262 010×11＋4＝2 882 114。假定 LA64 架构计算机理想情况下 CPI 为 1，主频为 2.5GHz，那么在栈溢出前，执行函数 f(35) 的用户 CPU 时间为 2 882 114×1÷2.5GHz≈1.15ms。

综上所述，答案为 A，调用函数 f(35) 所需要的时间大概是几毫秒。

五、实验报告

本实验报告包括但不限于以下内容。

1. 在函数 f(35) 的调试过程中，在图 8.8 的调试结果最后，若继续输入命令"x/8xw 0xffff7f8010"，则显示的内容如下。

```
(gdb) x/8xw 0xffff7f8010
0xffff7f8010:    0x00000000    0x00000000    0x00000000    0x00000000
0xffff7f8020:    0x0003ff9c    0x00000000    0x200006f0    0x00000001
```

写出上述存储单元中各数据的含义。

2. 分析图 8.5 中第 172～175 行指令所实现的功能。

第 9 章

C 语言程序中整数除法运算的异常处理

本章安排两个实验,对同一个 C 语言程序分别选用不同的编译选项进行编译转换。实验 1 分析整数除法运算中存在运算结果溢出和除数为 0 的异常问题;实验 2 给出了编译器对整数除法运算是否存在异常的检测和处理,并讨论了 C/C++ 标准中未定义行为的相关问题,以及编译器的处理方法。实验中还涉及 LoongArch+Linux 架构中的 break 指令、信号机制等异常处理相关的问题。

实验 1　整数除法运算中的异常分析

一、实验目的

强化对带符号整数的表示、整数除法指令、break 指令、Linux 中的信号机制、LoongArch+Linux 系统中的异常处理等相关知识的综合理解和综合运用能力。

二、实验要求

对于下列在 LA64+Linux 平台计算机系统中执行的 C 语言程序,通过对程序的跟踪和调试执行,找到并确认会使程序执行结果发生异常的变量 a 和 b 的 3 种组合。

```c
#include "stdio.h"
void main(){
    int a, b, c;
    scanf("%d %d", &a, &b);
    c = a/b;
    printf("%d\n", c);
}
```

三、实验准备

1. 编辑生成上述 C 语言源程序 div.c,并保存在目录"~/LA64/ch9"中。

2. 打开终端窗口,设置终端窗口的当前目录为"~/LA64/ch9"。在终端窗口中进行以下操作。

（1）输入命令"gcc -g -O1 div.c -o div"，将 div.c 编译转换为可执行目标文件 div。

（2）输入命令"objdump -S div > div.txt"，对 div 进行反汇编，并将反汇编结果保存在文件 div.txt 中。

（3）输入命令"./div"，从键盘输入数据：6 2，观察程序输出结果。

（4）输入命令"./div"，从键盘输入数据：2147483648 1，观察程序输出结果。

（5）输入命令"./div"，从键盘输入数据：2147483648 −1，观察程序输出结果。

（6）输入命令"./div"，从键盘输入数据：−2147483648 1，观察程序输出结果。

（7）输入命令"./div"，从键盘输入数据：−2147483648 −1，观察程序输出结果。

（8）输入命令"./div"，从键盘输入数据：6 0，观察程序输出结果。

上述操作后终端窗口中的内容如图 9.1 所示。

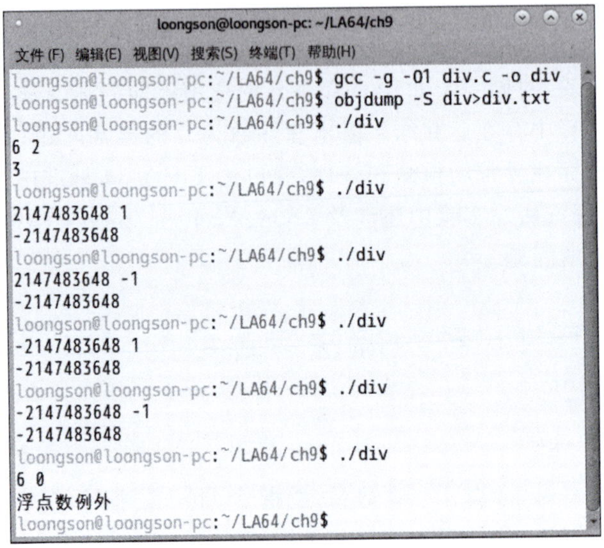

图 9.1　上述操作后终端窗口中的内容

由图 9.1 可以看出，当变量 a 和 b 的值分别为 2 147 483 648 和 1、2 147 483 648 和−1、−2 147 483 648 和 1、−2 147 483 648 和−1 这 4 种组合时，程序输出结果均为−2 147 483 648。在现实世界中，当 a 和 b 的值分别为 2 147 483 648 和 1、−2 147 483 648 和−1 这两种组合时，a÷b 的结果应为 2 147 483 648，因此，这两种组合下与程序输出结果不一致；当 a 和 b 的值分别为 2 147 483 648 和−1、−2 147 483 648 和 1 这两种组合时，a÷b 的结果应为−2 147 483 648，因此，这两种组合下与程序输出结果一致。

可以看出，当除数为 0 时，程序输出结果为"浮点数例外"，说明程序执行出现了异常情况。程序中的 a、b、c 均为整型变量，运算 a/b 也是整数除法运算，为何程序显示的异常结果为"浮点数例外"呢？

四、实验分析

1. 当 a 和 b 分别为 2 147 483 648 和 1 时

打开终端窗口，设置终端窗口的当前目录为"～/LA64/ch9"。在终端窗口中用 gdb 调试运行可执行目标文件 div，调试过程如图 9.2 所示。其中，方框标出了 3 条 si 命令执行的指令序列,实下画线为变量 a 和 b 的输入值 2 147 483 648 和 1,虚下画线标出了变量 c 的输出值 −2 147 483 648。

```
149  00000001200006c0 <main>:
150  #include "stdio.h"
151
152  void main(){
153    1200006c0:  02ff8063    addi.d  $r3,$r3,-32(0xfe0)
154    1200006c4:  29c06061    st.d    $r1,$r3,24(0x18)
155    int a,b,c;
156    scanf("%d %d",&a,&b);
157    1200006c8:  02c02066    addi.d  $r6,$r3,8(0x8)
158    1200006cc:  02c03065    addi.d  $r5,$r3,12(0xc)
159    1200006d0:  1c000004    pcaddu12i  $r4,0
160    1200006d4:  02c3e084    addi.d  $r4,$r4,248(0xf8)
161    1200006d8:  57fe1bff    bl  -488(0xfffffe18) # 1200004f0
162    c = a/b;
163    1200006dc:  2880306d    ld.w    $r13,$r3,12(0xc)
164    1200006e0:  2880206c    ld.w    $r12,$r3,8(0x8)
165    1200006e4:  002031a5    div.w   $r5,$r13,$r12
166    1200006e8:  5c000980    bne $r12,$r0,8(0x8) # 1200006f0
167    1200006ec:  002a0007    break   0x7
168    printf("%d\n", c);
169    1200006f0:  1c000004    pcaddu12i  $r4,0
170    1200006f4:  02c38084    addi.d  $r4,$r4,224(0xe0)
171    1200006f8:  57fe0bff    bl  -504(0xfffffe08) # 120000500
172  }
173    1200006fc:  28c06061    ld.d    $r1,$r3,24(0x18)
174    120000700:  02c08063    addi.d  $r3,$r3,32(0x20)
175    120000704:  4c000020    jirl    $r0,$r1,0
176    120000708:  03400000    andi    $r0,$r0,0x0
177    12000070c:  03400000    andi    $r0,$r0,0x0
178
```

```
                    loongson@loongson-pc: ~/LA64/ch9
文件(F) 编辑(E) 视图(V) 搜索(S) 终端(T) 帮助(H)
(gdb) break main
Breakpoint 1 at 0x1200006c0: file div.c, line 3.
(gdb) run
Starting program: /home/loongson/LA64/ch9/div

Breakpoint 1, main () at div.c:3
3           void main(){
(gdb) s
5               scanf("%d %d",&a,&b);
(gdb) next
2147483648 1
7               printf("%d\n", c);
(gdb) i r pc
pc            0x1200006dc      0x1200006dc <main+28>
(gdb) si
0x00000001200006e0  7          printf("%d\n", c);
(gdb) si
0x00000001200006e4  7          printf("%d\n", c);
(gdb) si
0x00000001200006e8  7          printf("%d\n", c);
(gdb) i r r5 r12 r13
r5            0xffffffff80000000  18446744071562067968
r12           0x1                 1
r13           0xffffffff80000000  18446744071562067968
(gdb) conti
Continuing.
-2147483648
[Inferior 1 (process 4795) exited with code 014]
(gdb)
```

图 9.2   a 和 b 分别为 2 147 483 648 和 1 时的执行过程

在图 9.2 中,变量 a 和 b 的输入值分别是 2 147 483 648 和 1。指令"div.w $r5,$r13,$r12"的功能为"quotient = signed(R[r13][31:0]) / signed(R[r12][31:0]),R[r5] ← SignExtend(quotient[31:0], GRLEN)",该 div.w 指令执行后,根据命令"i r r5 r12 r13"的执行结果可知,a、b 的机器数分别为 R[r13][31:0] = 0x8000 0000、R[r12][31:0] = 0x0000 0001,a/b 得到的商 c 的机器数为 R[r5][31:0] = 0x8000 0000。执行 C 语言语句"printf("%d\n", c);"时,将机器数 0x8000 0000 按补码转换为真值 −2 147 483 648 输出。这里,从键盘输入的数据 2 147 483 648 按整数转换后的机器数为 0x8000 0000,超出了 int 类型的表示范围,但函数 scanf() 中并不会检查输入数据的范围,而是直接将机器数 0x8000 0000 写入变量 a 所在的存储单元,因此,在计算机中 a 的值实际上是 −2 147 483 648,从而导致程序执行结果发生错误。因此,这个错误与整数除法运算本身无关,带符号整数除法指令 div.w 正确实现了 0x8000 0000/0x0000 0001 = 0x8000 0000 的运算。

2. 当 a 和 b 分别为 −2 147 483 648 和 −1 时

打开终端窗口,设置终端窗口的当前目录为"～/LA64/ch9"。在终端窗口中用 gdb 调试运行可执行目标文件 div,调试过程如图 9.3 所示。其中,方框中是 3 条 si 命令执行的指令序列,实线为变量 a 和 b 的输入值 −2 147 483 648 和 −1,虚线标出变量 c 的输出值 −2 147 483 648。

在图 9.3 中,变量 a 和 b 的输入值分别是 −2 147 483 648 和 −1。指令"div.w $r5,$r13,$r12"执行后,由命令"i r r5 r12 r13"的执行结果可知,a、b 的机器数分别为 R[r13][31:0] = 0x8000 0000、R[r12][31:0] = 0xffff ffff,a/b 得到的商 c 的机器数为 R[r5][31:0] = 0x8000 0000。执行 C 语言语句"printf("%d\n", c);"时,将机器数 0x8000 0000 按补码转

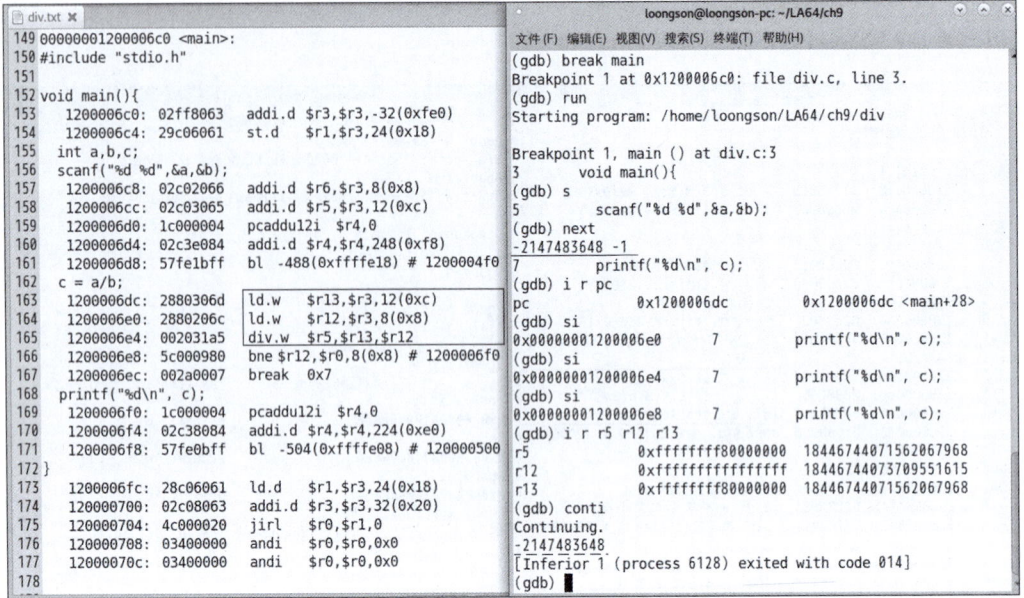

图 9.3　a 和 b 分别为－2 147 483 648 和－1 时的执行过程

换为真值－2 147 483 648 输出。

在 LoongArch 架构中,div.w 除法指令执行时,按 32 位整数进行除法运算,商的结果保留 32 位有效数字,quotient＝signed(R[r13][31:0]) / signed(R[r12][31:0])＝0x8000 0000/0xffff ffff＝0x8000 0000,R[r5]＝SignExtend(quotient[31:0], 64)＝0xffff ffff 8000 0000"。变量 a 为 int 型整数可表示的最小值－2 147 483 648,其机器数为 0x8000 0000,变量 b 的值为－1,其机器数为 0xffff ffff,a/b 的真实结果应为 2 147 483 648,超出了 32 位带符号整型(int 型)数据能表示的最大值,即整数除法运算时发生了溢出。按 LoongArch 架构的规定,div.w 除法指令不检查整数除法运算结果是否溢出,也不会触发任何异常,而是直接将溢出结果写入目的寄存器。

3. 当 a 和 b 分别为 6 和 0 时

打开终端窗口,设置终端窗口的当前目录为"～/LA64/ch9"。在终端窗口中用 gdb 调试运行可执行目标文件 div,调试过程如图 9.4 所示。其中,方框中是 5 条 si 命令执行的指令序列,实线为变量 a 和 b 的输入值 6 和 0,虚线标出了触发的异常类型和触发异常的指令地址。

在图 9.4 中,变量 a 和 b 的输入值分别是 6 和 0。指令"div.w $r5,$r13,$r12"执行后,由命令"i r r5 r12 r13"的执行结果可知,a、b 的机器数分别为 R[r13][31:0]＝0x0000 0006、R[r12][31:0]＝0x0000 0000,a/b 得到的商 c 的机器数为 R[r5][31:0]＝0x0000 0009。

按 LoongArch 架构的规定,当出现除数为 0 时,div.w 指令的结果可以为任意值。如图 9.4 所示,R[r5]＝R[r13]/R[r12]＝6/0＝9。

在 LoongArch＋Linux 系统中,编译器会用 bne 指令检查 DIV 指令中指定的除数是否为 0,若是 0,则执行"break 0x7"指令,从而触发断点异常,陷入内核态,并最终执行对应的

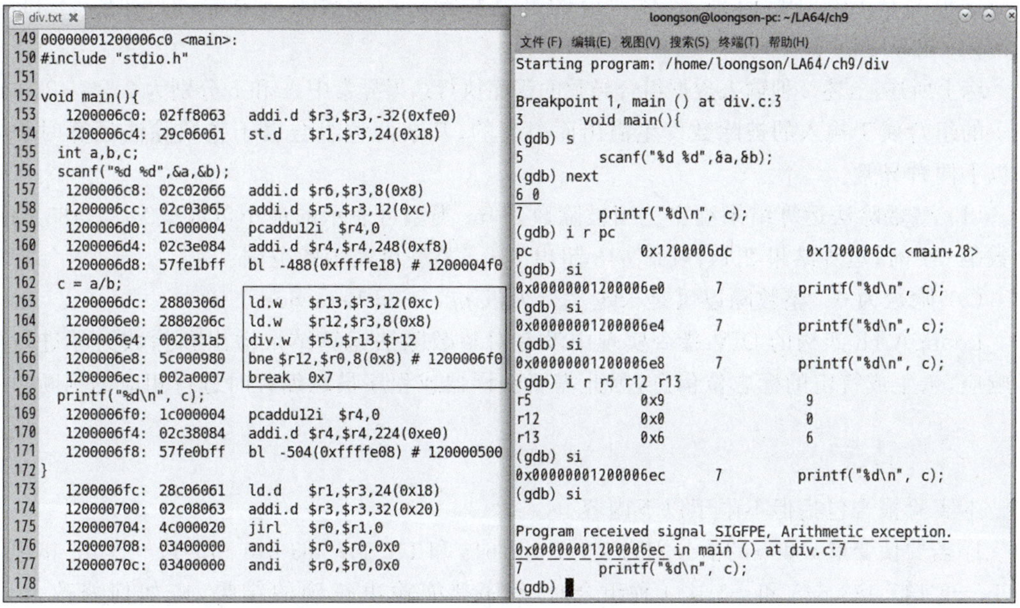

图 9.4 a 和 b 分别为 6 和 0 时的执行过程

断点异常处理函数 do_bp()，通过 force_sig_fault() 函数向 div 对应进程发送 SIGFPE 信号。例如，在图 9.4 中，当指令"bne ＄r12，＄r0，8(0x8)"检测到 R[r12]＝0 后，接着执行指令"break 0x7"，从而触发断点异常（例外），0x7 为传递给异常处理程序的参数。具体细节参见主教材第 8 章内容。

SIGFPE(Floating-Point Exception)是 UNIX/Linux 系统中一个重要信号，用于表示程序执行中发生了与算术运算相关的异常。SIGFPE 名字中包含 Floating-Point（浮点），但 SIGFPE 不仅适用于浮点运算异常，也适用于整数运算异常。以下是 LoongArch 中 SIGFPE 的定义。

```
 * SIGFPE si_codes
#define FPE_INTDIV       1     /* integer divide by zero */
#define FPE_INTOVF       2     /* integer overflow */
#define FPE_FLTDIV       3     /* floating point divide by zero */
#define FPE_FLTOVF       4     /* floating point overflow */
#define FPE_FLTUND       5     /* floating point underflow */
#define FPE_FLTRES       6     /* floating point inexact result */
#define FPE_FLTINV       7     /* floating point invalid operation */
#define FPE_FLTSUB       8     /* subscript out of range */
#define __FPE_DECOVF     9     /* decimal overflow */
#define __FPE_DECDIV     10    /* decimal division by zero */
#define __FPE_DECERR     11    /* packed decimal error */
#define __FPE_INVASC     12    /* invalid ASCII digit */
#define __FPE_INVDEC     13    /* invalid decimal digit */
#define FPE_FLTUNK       14    /* undiagnosed floating-point exception */
#define FPE_CONDTRAP     15    /* trap on condition */
#define NSIGFPE          15
```

当除数为 0 时，如图 9.4 所示，程序 div 执行结果显示的"浮点数例外"是指返回给 div

对应进程的是 SIGFPE 信号，具体对应的是整数除法中除数为 0 异常，即 FPE_INTDIV（integer divide by zero）。

综上所述，上述 3 种输入数据组合导致的程序执行结果异常中，a 和 b 分别为 2 147 483 648 和 1 的组合属于输入的被除数发生溢出而引起的，其余两种组合属于整数除法运算时引发的以下两种异常。

（1）整数除法运算结果溢出。当被除数是 int 类型可表示的最小负数 −2 147 483 648、除数是 −1 时，运算结果 2 147 483 648 超出了 int 类型可表示的范围。

（2）除数为 0。整数除以零是未定义行为（Undefined Behavior，UB）。

LoongArch 架构的 DIV 指令实现中没有对整数除法运算结果溢出和除数为零进行异常响应，未生成特定的标志位信息，因此需要编译器或程序员在编程时进行相应的判断。

五、实验报告

本实验报告包括但不限于以下内容。

1. 若要使变量 a 和 b 的值分别为 2 147 483 648 和 1、2 147 483 648 和 −1、−2 147 483 648 和 1、−2 147 483 648 和 −1 这 4 种组合时，程序都能输出正确的结果，应如何修改 div.c 程序？

2. 给出 C 语言程序 break5.c，代码如下。

```c
#include "stdio.h"
void main(){
    int a=8, b=9, c;
    c = a+b;
    asm volatile(
      "break 5\r\n"
    );
    c=c+4;
    printf("%d\n", c);
}
```

在终端窗口中进行以下操作。

（1）输入命令"gcc -g -O1 break5.c -o break5"，将 break5.c 编译转换为可执行目标文件 break5。

（2）输入命令"objdump -S break5 > break5.txt"，对 break5 进行反汇编，并将反汇编结果保存在文件 break5.txt 中。

（3）输入命令"gdb break5"和"run"，调试信息如图 9.5 所示。

```
(gdb) run
Starting program: /home/loongson/LA64/ch9/break5

Program received signal SIGTRAP, Trace/breakpoint trap.
main () at break5.c:5
5           asm volatile(
(gdb)
```

图 9.5　break5 的调试过程

请回答下列问题。

（1）说明图 9.5 中 SIGTRAP 信号的含义。

（2）从异常分类的角度，说明指令"break 5"和指令"break 7"的区别。

实验 2　整数除法运算未定义行为检测

一、实验目的

掌握对整数除法运算中结果溢出和除数为 0 的判断方法，理解 C/C++ 标准中的未定义行为和编译器处理方法。

二、实验要求

使用编译选项-fsanitize＝undefined 和-fsanitize-undefined-trap-on-error 对实验 1 中的 C 语言程序 div.c 进行编译转换，通过对整数除法运算结果溢出和除数为 0 两种情况对应的异常检测及其处理代码进行分析和调试执行，确认 C 语言源程序中存在整数除法运算未定义行为的原因。

三、实验准备

1. 编辑生成上述 C 语言源程序 div.c，并将其保存在目录"～/LA64/ch9"中。

2. 打开终端窗口，设置终端窗口的当前目录为"～/LA64/ch9"。在终端窗口中进行以下操作。

（1）输入命令"gcc -g -O1 -fsanitize＝undefined -fsanitize-undefined-trap-on-error div.c -o div2"，将 div.c 编译转换为可执行目标文件 div2。

（2）输入命令"objdump -S div2 ＞ div2.txt"，对 div2 进行反汇编，并将反汇编结果保存在文件 div2.txt 中。

（3）输入命令"./div2"，从键盘输入数据：－2147483648 －1，观察程序输出结果。

（4）输入命令"./div2"，从键盘输入数据：6 0，观察程序输出结果。

上述操作后终端窗口中的内容如图 9.6 所示。

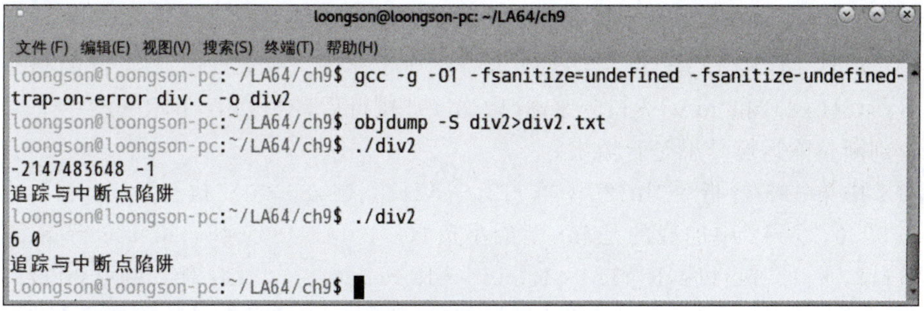

图 9.6　上述操作后终端窗口中的内容

在图 9.6 中，当出现整数除法运算结果溢出或除数为 0 时，均出现了"追踪与中断点陷阱"提示信息。

四、实验分析

1. 函数 main() 对应机器级代码分析

打开文件 div2.txt，函数 main() 对应的反汇编结果如图 9.7 所示。其中，方框标出了与实验 1 中 div 的机器级代码相比，在 div2 中增加若干指令，在图 9.7 中用方框标出了这些指令。

```
152  void main(){
153    1200006c0: 02ff8063      addi.d  $r3,$r3,-32(0xfe0)
154    1200006c4: 29c06061      st.d    $r1,$r3,24(0x18)
155    int a,b,c;
156    scanf("%d %d",&a,&b);
157    1200006c8: 02c02066      addi.d  $r6,$r3,8(0x8)
158    1200006cc: 02c03065      addi.d  $r5,$r3,12(0xc)
159    1200006d0: 1c000004      pcaddu12i $r4,0
160    1200006d4: 02c46084      addi.d  $r4,$r4,280(0x118)
161    1200006d8: 57fe1bff      bl  -488(0xfffe18) # 1200004f0 <__isoc99_scanf@plt>
162    c = a/b;
163    1200006dc: 2880206e      ld.w    $r14,$r3,8(0x8)
164    1200006e0: 2880306f      ld.w    $r15,$r3,12(0xc)
165    1200006e4: 1500000c      lu12i.w $r12,-524288(0x80000)
166    1200006e8: 0011b1ec      sub.d   $r12,$r15,$r12
167    1200006ec: 0240058c      sltui   $r12,$r12,1(0x1)
168    1200006f0: 02c005cd      addi.d  $r13,$r14,1(0x1)
169    1200006f4: 024005ad      sltui   $r13,$r13,1(0x1)
170    1200006f8: 0014b58c      and $r12,$r12,$r13
171    1200006fc: 024005cd      sltui   $r13,$r14,1(0x1)
172    120000700: 001531ac      or  $r12,$r13,$r12
173    120000704: 44002980      bnez    $r12,40(0x28) # 12000072c <main+0x6c>
174    120000708: 002039e5      div.w   $r5,$r15,$r14
175    12000070c: 5c0009c0      bne $r14,$r0,8(0x8) # 120000714 <main+0x54>
176    120000710: 002a0007      break   0x7
177    printf("%d\n", c);
178    120000714: 1c000004      pcaddu12i $r4,0
179    120000718: 02c37084      addi.d  $r4,$r4,220(0xdc)
180    12000071c: 57fde7ff      bl  -540(0xffffde4) # 120000500 <printf@plt>
181  }
182    120000720: 28c06061      ld.d    $r1,$r3,24(0x18)
183    120000724: 02c08063      addi.d  $r3,$r3,32(0x20)
184    120000728: 4c000020      jirl    $r0,$r1,0
185    c = a/b;
186    12000072c: 002a0000      break   0x0
```

图 9.7　div2 中函数 main() 对应的反汇编结果

（1）读取输入数据 a 和 b。

在图 9.7 中，从函数 scanf() 的参数传递顺序可知，变量 a 和 b 的地址分别为 R[r3]+12 和 R[r3]+8，即 M[R[r3]+12]=a，M[R[r3]+8]=b。故第 163、164 行的指令"ld.w $r14，$r3，8(0x8)"和"ld.w $r15，$r3，12(0xc)"执行后，R[r14]=b，R[r15]=a。

（2）判断整除运算结果是否溢出。

图 9.7 中第 165 行指令"lu12i.w $r12，-524288(0x80000)"执行后，R[r12]=0xffff ffff 8000 0000，即 r12 中加载的是 int 型最小负数 -2 147 483 648。第 166 行指令"sub.d $r12，$r15，$r12"执行后，R[r12]=R[r15]-R[r12]=a-0xffff ffff 8000 0000。第 167 行指令"sltui $r12，$r12，1(0x1)"将 R[r12] 与立即数 0x1 按无符号整数进行大小比较，如果 R[r12]<1，则置 R[r12]=1；否则，置 R[r12]=0。该 sltui 指令执行前，R[r12]=a-0xffff ffff 8000 0000，故仅当 a 为 -2 147 483 648 时，第 167 行 sltui 指令执行后 R[r12]=1；a 为其他值时，R[r12]=0。

因此，第 165～167 行指令用于判断被除数 a 是否为 int 型最小负数 -2 147 483 648。

若是,则 R[r12]=1;否则,R[r12]=0。

第 168 行指令"addi.d $r13,$r14,1(0x1)"执行后,R[r13]=R[r14]+1=b+1。第 169 行指令"sltui $r13,$r13,1(0x1)"将 R[r13]与立即数 0x1 按无符号整数进行大小比较,如果 R[r13]<1,则置 R[r13]=1;否则,置 R[r13]=0。该 sltui 指令执行前 R[r13]=b+1,故仅当 b 为−1 时,第 169 行 sltui 指令执行后 R[r13]=1;b 为其他值时,R[r13]=0。

因此,第 168、169 行指令用于判断除数 b 是否为−1。若是,则 R[r13]=1;否则,R[r13]=0。

第 170 行指令"and $r12,$r12,$r13"执行后,R[r12]=R[r12] & R[r13]。因此,仅当 a 为−2 147 483 648 且 b 为−1 时,即出现整除运算结果溢出时,R[r12]=1;其他情况下,R[r12]=0。

(3) 判断除数是否为 0。

第 171 行指令"sltui $r13,$r14,1(0x1)"将 R[r14]与立即数 0x1 按无符号整数进行大小比较,若 R[r14]<1,则置 R[r13]=1;否则,置 R[r13]=0。该 sltui 指令执行前,R[r14]=b,故仅当 b 为 0 时,即除数为 0 时,该 sltui 指令执行后 R[r13]=1;b 为其他值时,R[r13]=0。

(4) 合并两种整除运算异常情况。

第 172 行指令"or $r12,$r13,$r12"执行后,R[r12]=R[r12] | R[r13]。当整数除法运算结果溢出或除数为 0 时,R[r12]=1;否则,R[r12]=0。

第 173 行指令"bnez $r12,40(0x28)"判断 R[r12]是否为 0,当 R[r12]不为 0,即存在整数除法运算结果溢出或除数为 0,则置 PC=0x1 2000 0704+0x28=0x1 2000 072c,以跳转到第 186 行指令执行;否则,继续执行下一条指令。

(5) 整除运算异常的处理。

第 186 行指令"break 0x0"在 LoongArch 架构中是一个通用的断点指令,用于触发调试异常(Breakpoint Exception),使执行流程转移到异常处理程序,因而,如图 9.6 中显示的程序执行结果所示,在出现整除运算结果溢出和除数为 0 时,均出现了"追踪与中断点陷阱"提示信息。由此可知,在整除运算出现异常的情况下,程序执行结果并不是通过执行相应的整除指令得到的,而是直接通过执行指令"break 0x0"陷入操作系统内核,由相应的异常处理程序和信号处理程序给出相应的提示信息。

(6) 正常情况下整除运算的处理。

第 173 行指令"bnez $r12,40(0x28)"判断 R[r12]是否为 0,当 R[r12]为 0 时,继续执行下一条(第 174 行)指令"div.w $r5,$r15,$r14",以实现 a/b 的功能。因此,仅当整数除法运算结果不溢出且除数不为 0 时,才会执行 div.w 指令。

第 175 行指令"bne $r14,$r0,8(0x8)"执行后一定发生跳转,因为 R[r14]=b,R[r14]一定不为 0,所以 PC=0x1 2000 070c+0x8=0x1 2000 0714,从而转去调用函数 printf() 执行,然后结束函数 main() 的执行。

综上所述,增加编译选项-fsanitize=undefined 和-fsanitize-undefined-trap-on-error,编译器会检查两种整除运算异常情况,当发生运算结果溢出或除数为 0 时,直接执行陷阱指令 "break 0",以陷入内核进行处理。

2. C/C++ 标准中的未定义行为

在 C/C++ 标准中定义了其程序代码中存在的一些未定义行为（Undefined Behavior），主要是指那些符合语言标准规范但未明确指定其结果的行为。若源程序中包含未定义行为，则目标程序的每次运行结果可能不同，或在不同平台下运行结果可能不同。例如，C 语言标准规定，最小负整数除以 −1 和整除 0 的结果都是未定义的，故在不同平台中运行包含这两种运算的程序可能得到不同的结果。

Undefined Behavior Sanitizer（UBSan）是一种在 C/C++ 程序开发中使用的用于检测程序中未定义行为的工具，编译选项-fsanitize = undefined 和-fsanitize-undefined-trap-on-error 均可用于在编译时启用 UBSan 工具进行处理。当程序中存在未定义行为时，编译器会在生成的代码中插入额外的未定义行为检测代码，如图 9.7 中方框标出的代码。UBSan 可以检测多种未定义行为，例如整数运算结果溢出、除数为零、空指针引用、越界访问数组、类型转换错误等。这些行为在 C/C++ 标准中都规定是未定义的，可能导致程序崩溃、安全漏洞或不可预测的结果。

使用编译选项-fsanitize = undefined 检测到未定义行为时，UBSan 会打印详细的错误信息，如错误类型、文件名、行号等，程序默认会继续运行。编译选项-fsanitize-undefined-trap-on-error 则启用 UBSan 的"陷阱模式"，当检测到未定义行为时，程序会立即触发执行一条陷阱指令，例如在 LoongArch 架构中使用指令"break 0"，以使程序陷入操作系统内核进行处理，从而避免未定义行为导致的进一步破坏。如果不能及时检测出未定义行为，而是将错误的计算结果作为中间值继续进行下一步计算，那么最终可能使程序得到完全错误的结果。

通常，UBSan 适合在开发和测试阶段使用，可以快速捕获未定义行为，通过使程序立即触发执行一条陷阱指令来帮助开发者定位发生问题的代码，开发者通过不断修改代码，最终消除所有的未定义行为，使得在最终交付用户使用时不再发生问题。程序代码在交付正式使用后，就不再适合用 UBSan 工具进行未定义行为的检测和处理。

五、实验报告

本实验报告包括但不限于以下内容。

1. 对 a 和 b 分别为 −2 147 483 648 和 −1、6 和 0、6 和 2 这 3 种组合进行 div2 的调试执行，并给出关键调试步骤的数据和截图。

2. 对于下列 C 语言程序：

```c
#include "stdio.h"
void main(){
    int * ptr=NULL;
    * ptr=10;
    printf("%d\n", * ptr);
}
```

分别用命令"gcc -g -O1 ptr.c -o ptr"和"gcc -g -O1 -fsanitize = undefined -fsanitize-undefined-trap-on-error ptr.c -o ptr2"进行编译转换，并分别用命令"objdump -S ptr＞ptr.txt"和"objdump -S ptr2＞ptr2.txt"进行反汇编，将反汇编结果分别保存为文件 ptr.txt 和

ptr2.txt。完成下列任务或回答下列问题。

（1）执行程序 ptr 和 ptr2，观察程序执行的结果有什么不同。

（2）比较 ptr.txt 和 ptr2.txt 中函数 main()对应的机器级代码的差异，为什么 ptr2.txt 中函数 main()的机器级代码中只有一条指令"break 0x0"？

（3）对程序 ptr 进行跟踪和调试执行，给出关键调试步骤的数据和截图，找出发生错误的指令，并说明异常处理程序发送给 ptr 对应进程的信号是什么。

第 10 章
标准 I/O 库函数的系统调用分析

一、实验目的

理解 LoongArch＋Linux 系统平台中 C 语言标准 I/O 库函数的底层实现原理以及系统调用执行机制，深刻理解 I/O 子系统的层次化结构。

二、实验要求

在 LoongArch＋Linux 平台计算机系统中，调试执行下列 hello.c 程序。

```c
#include "stdio.h"
void main(){
    printf("Hello,World! \n");
}
```

跟踪函数 printf()执行过程中在用户态被调用执行的相关函数以及实现系统调用的陷阱指令 SYSCALL 的执行过程，观察系统调用时入口参数、系统调用号以及系统调用的返回值等信息及其所存放的位置。

三、实验准备

1. 编辑生成 C 语言源程序 hello.c，并将其保存在目录"～/LA64/ch10"中。

2. 打开终端窗口，设置终端窗口的当前目录为"～/LA64/ch10"。在终端窗口中进行以下操作。

（1）输入命令"gcc -g -O1 -static hello.c -o hello"，将 hello.c 编译转换为可执行目标文件 hello。

（2）输入命令"objdump -S hello > hello.txt"，对 hello 进行反汇编，并将反汇编结果保存在文件 hello.txt 中。

（3）输入命令"./hello"，以启动可执行文件 hello 执行。

上述操作后终端窗口中的内容如图 10.1 所示。

```
loongson@loongson-pc:~/LA64/ch10$ gcc -g -O1 -static hello.c -o hello
loongson@loongson-pc:~/LA64/ch10$ objdump -S hello>hello.txt
loongson@loongson-pc:~/LA64/ch10$ ./hello
Hello,World!
loongson@loongson-pc:~/LA64/ch10$
```

图 10.1 终端窗口中的内容

在图 10.1 中,hello.c 的编译转换使用了编译选项-static,即采用了静态链接方式,因此,可执行文件 hello 的目标代码中包含了函数 printf()的目标代码,这样便于解析其具体的实现机制。

四、实验分析

1. 函数 printf()相关的函数调用关系

打开文件 hello.txt,可执行文件 hello 对应的反汇编结果以及进行相关调试执行后终端窗口中的部分内容如图 10.2 所示。其中,用下画线标注了几处关键信息。

图 10.2　main 过程反汇编结果及程序调试执行后终端窗口中的部分内容

在图 10.2 中,程序的断点设置在__libc_write 过程中地址 0x1 2001 cb98 处。因此,通过命令"run"执行文件 hello 后,程序暂停在地址 0x1 2001 cb98 处指令的位置。此时,执行命令"bt"(backtrace),显示当前 hello 程序的函数调用关系。根据"bt"命令的执行结果可知,最顶层的函数调用是源程序文件 hello.c 中第 3 行的 printf()函数调用,然后依次是 puts()→_IO_new_file_overflew()→_IO_new_do_write()→new_do_write()→_IO_new_file_write()→write()。调用链中的各函数对应的机器代码在虚拟地址空间中的地址会显示在"bt"命令执行结果列表中,因而根据所显示的地址均可在 hello.txt 文件中查看到这些函数,故都属于运行在用户空间的 I/O 函数,如图 10.3 所示。

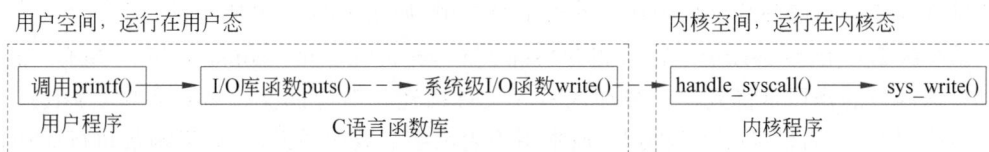

图 10.3　调用 printf()的执行过程

这里 hello 程序中 printf()输出的仅是字符串内容,故执行到调用 printf()的语句时,编译器调用标准 I/O 库函数 puts()来完成字符串输出功能。puts()函数的执行过程中通过一系列对 GNU C 库(glibc)中 I/O 函数的调用,最终转到系统级 I/O 函数 write()执行。若程序中 printf()输出的不是字符串常量,而是输出带有格式符的变量中的信息,则编译生成的代码中,应该调用 printf()来完成输出功能,printf()执行过程中通过一系列的函数调用,最终转到 write()执行。

puts()属于 C 语言的 I/O 标准库函数,用于将字符串输出到标准输出(终端)。_IO_puts()是 GNU C 库(glibc)内部函数,用于实现 puts()函数的功能。在 C 语言源程序中的

puts() 函数调用，将直接转换为对过程 _IO_puts 进行调用的 bl 指令。

write() 是 POSIX 标准中定义的系统调用封装函数，可在 C 语言程序中直接调用，是用户空间中最低层的 I/O 函数，通过其包含的指令序列的执行可直接陷入操作系统内核，因此属于系统级 I/O 函数。__libc_write() 是 glibc 内部函数，用于实现 write() 函数的功能。在 C 语言源程序中的 write() 函数调用，将直接转换为对过程 __libc_write 进行调用的 bl 指令。

2. write() 函数的原型和入口参数

在如图 10.2 中终端窗口所示的 gdb 调试命令执行的基础上，可继续进行 gdb 调试，调试执行后各窗口中的部分内容如图 10.4 所示。

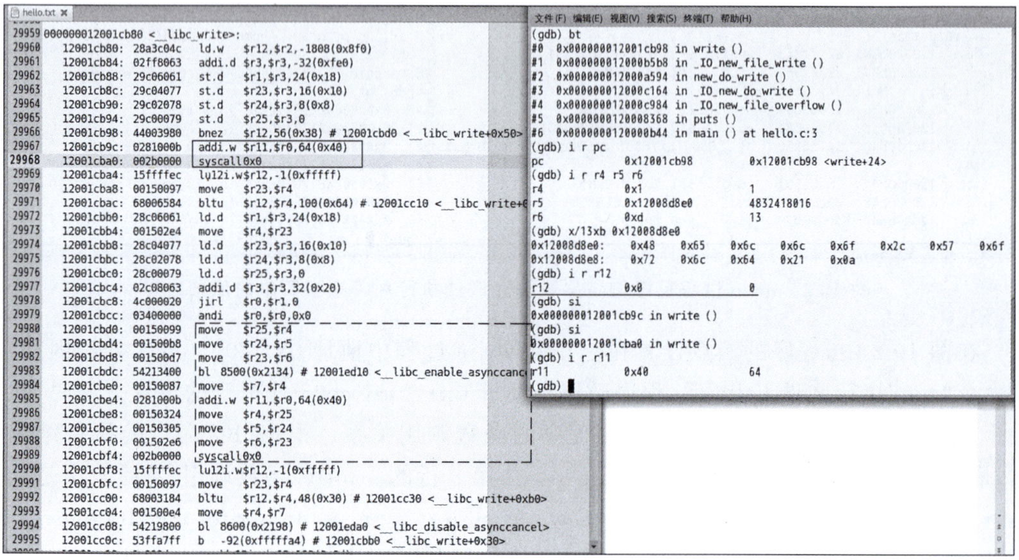

图 10.4　__libc_write 过程反汇编部分结果及程序调试执行后终端窗口中的部分内容

由于文件 hello.txt 较大，需使用搜索工具，按"12001cb98"内容搜索后，__libc_write() 函数对应的反汇编部分结果显示在文本编辑窗口中，如图 10.4 左侧所示。

系统级 I/O 函数 write() 的原型为"ssize_t write (int fd, const void * buf, size_t n);"。该函数的作用是将数据从缓冲区写入文件描述符对应的文件或设备中。ssize_t 是函数的返回类型，为带符号整数类型，通常用于表示字节数或错误码，如果函数执行成功，则返回实际写入的字节数；如果失败，则返回 -1，并设置 errno 来指示具体的错误。fd 表示文件描述符（file descriptor），用于标识打开的文件或设备，标准输出设备 stdout 的文件描述符为 1。buf 是指向缓冲区的指针，缓冲区中存放了要写入文件或设备的数据。const 表示该指针指向的数据是只读的，函数不会修改缓冲区的内容。n 是要写入文件或设备的字节数。size_t 为无符号整数类型，通常用于表示大小或长度。

在图 10.4 中，命令"i r r4 r5 r6"用于显示 __libc_write() 函数的 3 个入口参数。R[r4]=1，对应标准输出设备 stdout 的文件描述符 1；R[r6]=13，说明需要输出 13 字符；R[r5]=0x1 2008 d8e0，用命令"x/13xb 0x12008d8e0"显示该地址开始的 13 字节内容，正好为"Hello, World!\n"的 ASCII 码，因此，0x1 2008 d8e0 为输出数据缓冲区的首地址。

第一条"si"命令执行指令"bnez ＄r12,56(0x38)",用于判断 R[r12]是否等于 0,若 R[r12]不为 0,则跳转到 0x1 2001 cb98＋0x38＝0x1 2001 cbd0 处执行。图 10.4 的实线方框中是 R[r12]为 0 时实现 write 系统调用所执行的两条指令"addi.w ＄r11,＄r0,64(0x40)"和"syscall 0x0";虚线方框中是 R[r12]不为 0 时实现 write 系统调用所执行的指令,此时需先执行第 29983 行指令"bl 8500(0x2134) ♯ 12001ed1",以调用＿＿libc_enable_asynccancel()函数执行,临时启用线程的异步取消模式,再通过指令"addi.w ＄r11,＄r0,64(0x40)"和"syscall 0x0"实现 write 系统调用,虚线方框中的若干伪指令 move 用于在过程＿＿libc_enable_asynccancel执行前后保存或恢复 write 系统调用所需的入口参数(即 r4、r5、r6 中的内容),并将＿＿libc_enable_asynccancel()函数的返回值保存到 r7 中。

通过命令"i r r12"可查看到指令"bnez ＄r12,56(0x38)"执行前 R[r12]的值为 0,因此,第二条"si"命令执行第 29967 行指令"addi.w ＄r11,＄r0,64(0x40)",将系统调用号 64 存入 r11 中。64 是 LoongArch＋Linux 系统中 write 系统调用号,有关 LoongArch 中系统调用相关内容可参见主教材 8.3.7 节。

3. write 系统调用的实现

在如图 10.4 中终端窗口所示的 gdb 调试命令执行的基础上,可继续进行 gdb 调试,调试执行后各窗口中的部分内容如图 10.5 所示。其中,方框标注了运行 hello 程序时所执行的＿＿libc_write 过程对应的指令序列。

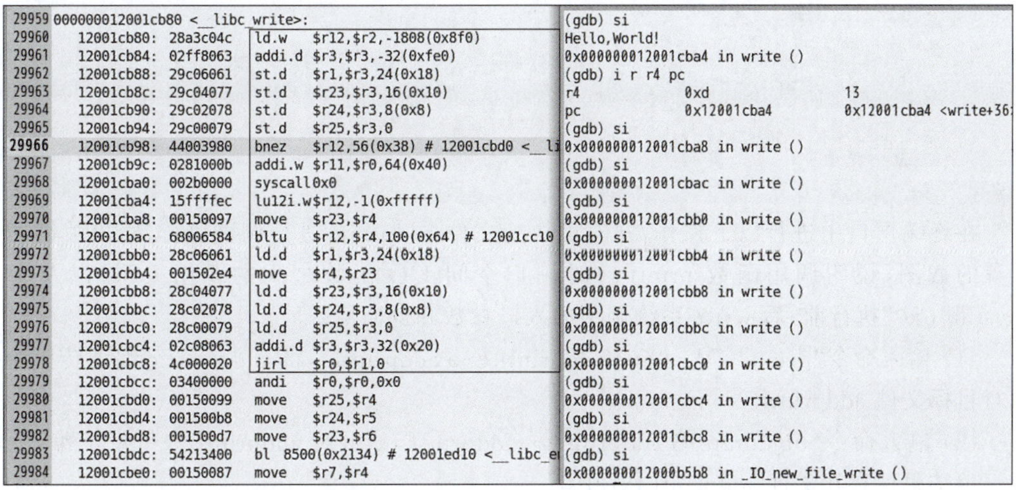

```
29959 000000012001cb80 <_libc_write>:                          (gdb) si
29960   12001cb80: 28a3c04c    ld.w    $r12,$r2,-1808(0x8f0)    Hello,World!
29961   12001cb84: 02ff8063    addi.d  $r3,$r3,-32(0xfe0)       0x000000012001cba4 in write ()
29962   12001cb88: 29c06061    st.d    $r1,$r3,24(0x18)         (gdb) i r r4 pc
29963   12001cb8c: 29c04077    st.d    $r23,$r3,16(0x10)        r4              0xd                  13
29964   12001cb90: 29c02078    st.d    $r24,$r3,8(0x8)          pc              0x12001cba4          0x12001cba4 <write+36>
29965   12001cb94: 29c00079    st.d    $r25,$r3,0               (gdb) si
29966   12001cb98: 44003980    bnez    $r12,56(0x38) # 12001cbd0 <_li 0x000000012001cba8 in write ()
29967   12001cb9c: 0281000b    addi.w  $r11,$r0,64(0x40)        (gdb) si
29968   12001cba0: 002b0000    syscall 0x0                      0x000000012001cbac in write ()
29969   12001cba4: 15ffffec    lu12i.w $r12,-1(0xfffff)         (gdb) si
29970   12001cba8: 00150097    move    $r23,$r4                 0x000000012001cbb0 in write ()
29971   12001cbac: 68006584    bltu    $r12,$r4,100(0x64) # 12001cc10 (gdb) si
29972   12001cbb0: 28c06061    ld.d    $r1,$r3,24(0x18)         0x000000012001cbb4 in write ()
29973   12001cbb4: 001502e4    move    $r4,$r23                 (gdb) si
29974   12001cbb8: 28c04077    ld.d    $r23,$r3,16(0x10)        0x000000012001cbb8 in write ()
29975   12001cbbc: 28c02078    ld.d    $r24,$r3,8(0x8)          (gdb) si
29976   12001cbc0: 28c00079    ld.d    $r25,$r3,0               0x000000012001cbbc in write ()
29977   12001cbc4: 02c08063    addi.d  $r3,$r3,32(0x20)         (gdb) si
29978   12001cbc8: 4c000020    jirl    $r0,$r1,0                0x000000012001cbc0 in write ()
29979   12001cbcc: 03400000    andi    $r0,$r0,0x0              (gdb) si
29980   12001cbd0: 00150099    move    $r25,$r4                 0x000000012001cbc4 in write ()
29981   12001cbd4: 001500b8    move    $r24,$r5                 (gdb) si
29982   12001cbd8: 001500d7    move    $r23,$r6                 0x000000012001cbc8 in write ()
29983   12001cbdc: 54213400    bl 8500(0x2134) # 12001ed10 <_libc_e (gdb) si
29984   12001cbe0: 00150087    move    $r7,$r4                  0x000000012000b5b8 in _IO_new_file_write ()
```

图 10.5 ＿＿libc_write 过程部分反汇编结果及程序调试执行后各窗口中的部分内容

在图 10.5 中,第一条"si"命令执行指令"syscall 0x0"。在 LoongArch 架构中,SYSCALL 指令将立即无条件地触发系统调用,系统调用号存放在寄存器 a7 中,系统调用的参数从左到右依次存放在寄存器 a0～a6 中。a0～a7 分别为寄存器 r4～r11 的别名。

执行指令"syscall 0x0"前,系统调用号 64 存放在 r11(a7)中,r4(a0)中存放的是标准输出设备 stdout 的文件描述符 1;r5(a1)中存放的是输出字符串"Hello,World! \n"所在的缓冲区的首地址,r6(a2)中存放的是需输出的字符个数 13。指令"syscall 0x0"执行后,程序便从用户态陷入内核态,跳转到系统调用处理程序 handle_syscall()的第一条指令处开始执行,handle_syscall()根据调用号 64 跳转到系统调用服务例程 sys_write()执行,以完成在屏幕上输出"Hello,World! \n"的任务。handle_syscall()和 sys_write()均运行在内核空间，如图 10.3 右侧所示。handle_syscall()执行结束时，将从内核态返回到用户态，然后程序回到"syscall 0x0"指令的下一条指令继续执行。

命令"i r r4"执行后，显示 r4 中内容为 13，说明 write 系统调用成功输出了 13 个字符，并且将 13 作为系统调用的返回值存入返回参数寄存器 r4 中，后面指令可利用 r4 中的内容进一步进行处理。例如，在成功实现系统调用的情况下，将 r4 的内容作为__libc_write()函数的返回值。

最后的 10 条"si"命令依次执行第 19969～19978 行的 10 条指令，其中，第 29971 行指令"bltu \$r12,\$r4,100(0x64)"用于判断是否成功实现了系统调用。该指令将 r4 中内容与 R[r12]＝0xffff ffff ffff f000 按无符号整数进行比较，若 R[r12]＜R[r4]，则说明 write 系统调用没有成功，此时在 r4 中返回的是错误码，因此，跳转到地址 0x1 2001 cbac＋0x64＝0x1 2001 cc10 处进行出错处理；否则，说明 write 系统调用成功，r4 中存放的是输出字符个数，程序可继续正常执行。

五、实验报告

本实验报告包括但不限于以下内容。

1. 给定 C 语言程序 addprintf.c，代码如下。

```
#include "stdio.h"
void main(){
    int a=3, b=4, c;
    c=a+b;
    printf("%d\n", c);
}
```

在终端窗口中进行以下操作，并对可执行文件 addprintf 进行调试执行，给出关键调试步骤的截图，说明调用函数 printf()时用户空间 I/O 函数之间的调用关系，以及指令"syscall 0x0"执行前、后 write 系统调用的入口参数和返回值。

（1）输入命令"gcc -g -O1 -static addprintf.c -o addprintf"，将 addprintf.c 编译转换为可执行目标文件 addprintf。

（2）输入命令"objdump -S addprintf > addprintf.txt"，对 addprintf 进行反汇编，并将反汇编结果保存在文件 addprintf.txt 中。

（3）输入命令"./addprintf"，观察程序输出结果。

2. 给定 C 语言程序 app.c，代码如下。

```
#include <unistd.h>
#include <string.h>
#include <stdio.h>
int main() {
    const char * msg = "LoongArch is a RISC-based instruction set architecture
(ISA)\n";
    ssize_t bytes_written = write(1, msg, strlen(msg));
    if (bytes_written == -1)
```

```
        printf("error");
    return 0;
}
```

在终端窗口中进行以下操作,并对可执行文件 app 进行调试执行,给出关键调试步骤的截图,说明调用 write() 函数时用户空间 I/O 函数之间的调用关系,以及指令"syscall 0x0"执行前、后 write 系统调用的入口参数和返回值。

(1) 输入命令"gcc -g -O1 -static app.c -o app",将 app.c 编译转换为可执行目标文件 app。

(2) 输入命令"objdump -S app > app.txt",对 app 进行反汇编,并将反汇编结果保存在文件 app.txt 中。

(3) 输入命令"./app",观察程序输出结果。

3. 给定 C 语言程序 readwrite.c,代码如下。

```
#include "stdio.h"
void main(){
    int a, b, c;
    scanf("%d %d", &a, &b);
    c=a+b;
    printf("%d\n", c);
}
```

在终端窗口中进行以下操作,并对可执行文件 readwrite 进行调试执行,给出关键调试步骤的截图,说明调用函数 scanf() 时用户空间 I/O 函数之间的调用关系,以及指令"syscall 0x0"执行前、后 read 系统调用的入口参数和返回值。

(1) 输入命令"gcc -g -O1 -static readwrite.c -o readwrite",将 readwrite.c 编译转换为可执行目标文件 readwrite。

(2) 输入命令"objdump -S readwrite > readwrite.txt",对 readwrite 进行反汇编,并将反汇编结果保存在文件 readwrite.txt 中。

(3) 输入命令"./readwrite",观察程序输出结果。

图书资源支持

感谢您一直以来对清华版图书的支持和爱护。为了配合本书的使用，本书提供配套的资源，有需求的读者请扫描下方的"书圈"微信公众号二维码，在图书专区下载，也可以拨打电话或发送电子邮件咨询。

如果您在使用本书的过程中遇到了什么问题，或者有相关图书出版计划，也请您发邮件告诉我们，以便我们更好地为您服务。

我们的联系方式：

清华大学出版社计算机与信息分社网站：https://www.shuimushuhui.com/

地　　　址：北京市海淀区双清路学研大厦 A 座 714

邮　　　编：100084

电　　　话：010-83470236　　010-83470237

客服邮箱：2301891038@qq.com

QQ：2301891038（请写明您的单位和姓名）

资源下载： 关注公众号"书圈"下载配套资源。

资源下载、样书申请	图书案例	
书圈	清华计算机学堂	观看课程直播